天下文化
BELIEVE IN READING

誰說人是理性的

Predictably Irrational

消費高手與行銷達人
都要懂的行為經濟學

Revised and Expanded Edition:
The Hidden Forces
That Shape Our Decisions

丹‧艾瑞利 Dan Ariely 著

周宜芳、林麗冠、郭貞伶 譯

作者簡介

丹‧艾瑞利 Dan Ariely

18歲時的一場爆炸意外，讓艾瑞利全身皮膚70％遭灼傷，住在燒燙傷病房達三年之久。身穿彈性衣、頭戴面罩的他，活像個行動不便的冒牌蜘蛛人。在這段漫長、無聊，而又痛苦不堪的歲月裡，他發展出觀察人類行為的興趣，滿身疤痕的他最後終於成為一名行為經濟學家。

艾瑞利是杜克大學心理學與行為經濟學教授，杜克大學進階後見之明中心（Center for Advanced Hindsight）創辦人，論述常見於《紐約時報》、《華爾街日報》、《華盛頓郵報》、《波士頓環球報》等，為《紐約時報》暢銷書作者，著有《誰說人是理性的！》、《不理性的力量》、《誰說人是誠實的！》、《不理性敬上》、《動機背後的隱藏邏輯》。

現與妻子Sumi，以及兩個孩子Amit和Neta，定居在北卡羅來納州德罕（Durham）。

danariely.com

譯者簡介

周宜芳

自由譯者。對文字與家事的療癒力深有感應,喜歡分身於書房與廚房,享受創造的樂趣。賜教信箱:yifang.chou@icloud.com。

林麗冠

台大中文系學士,美國密蘇里大學新聞碩士。現為自由譯者。

郭貞伶

畢業於政治大學心理系及哲研所,目前任職出版業,深深祝福每個人都能活出喜悅與活力。

推薦語

艾瑞利巧妙的實驗深入探索，我們的經濟行為如何受到不理性力量和社會規範的影響。本書運用廣大讀者易於理解的迷人隨性風格，對理性經濟理論的解釋提出批評。

——肯尼斯・阿羅（Kenneth Arrow），
1972 年諾貝爾經濟學獎得主，史丹佛大學經濟學教授

本書相當具有獨創性，它揭露人們為什麼會犯下愚蠢、有時甚至是災難性的錯誤，而且頻率通常遠超出一般人願意承認的範圍。艾瑞利不只提供我們一本好讀物，也讓我們明智許多。

——喬治・艾克羅夫（George Akerlof），
2001 年諾貝爾經濟學獎得主，加州大學柏克萊分校經濟學教授

《蘋果橘子經濟學》認為，人們可能會以不理想、但總是合乎理性的方式回應誘因。艾瑞利則讓讀者看到，人們的不理性是多麼根深柢固，而且往往一再重蹈覆轍。

——奇普・希思（Chip Heath），
《創意黏力學》共同作者，史丹佛大學商學研究所教授

本書是令人著迷的著作，充滿了精巧的實驗、有趣的構想，以及令人愉快的軼事。艾瑞利是明智風趣的嚮導，能夠指出日常決策上的缺點、錯誤和大挫敗。

——丹尼爾・吉伯特（Daniel Gilbert），
哈佛大學心理學教授，《快樂為什麼不幸福》作者

一本絕佳的指引，闡明我們在市場及每個地方所表現的不理性行為，並且說明如何加以克服。

——傑佛瑞‧墨爾（Geoffrey Moore），
《跨越鴻溝》、《企業達爾文》作者

艾瑞利是了解人類行為的天才，沒有經濟學家比他更能夠揭露和解釋，在市場內外，我們怪異的行事方式背後的原因。本書會永久重塑你看待世界的方式。

——詹姆斯‧索羅維基（James Surowiecki），《群眾的智慧》作者

這是一本精彩、令人大開眼界的書，深刻、可讀性強，同時提供令人耳目一新的證據，證明在一些領域和情況中，物質誘因會以非預期的方式發揮作用。人就是人，具有一些會因為經濟收益的介入而被破壞的特質。一本必讀的好書！

——納西姆‧尼可拉斯‧塔雷伯（Nassim Nicholas Taleb），
《黑天鵝效應》作者

一本令人驚歎的著作，既發人深省，又極具娛樂性，涵蓋了安慰劑的威力和百事可樂的歡樂。艾瑞利揭發我們的心智在玩哪些把戲，也告訴我們如何不上當受騙。

——傑若‧古柏曼（Jerome Groopman），
《醫生，你確定是這樣嗎？》作者

看完這本書後，你會用全新的方式了解你所做的決定。

——尼可拉斯‧尼葛洛龐帝（Nicholas Negroponte），麻省理工學院媒體實驗室創辦人，及「一個孩子、一台筆電」非營利協會董事長

本書是科學性的，但也極具可讀性，確實洞察我們每天行事的習慣……以及為什麼即使我們「知道改變比較好」，但依然從未改變。

　　——溫妲‧哈里斯‧米拉德（Wenda Harris Millard），
瑪莎史都華生活媒體公司媒體總裁

這是一本重要的書，充滿了將會對你的公司、專業和私人生活造成影響的寶貴和有趣見解。

　　——傑克‧格林伯格（Jack M. Greenberg），
西聯公司董事長及麥當勞公司退休董事長和執行長

投資最困難的部分是管理自己的情緒，艾瑞利解釋，為什麼那對所有人會如此具有挑戰性，以及識別固有的偏見如何能夠協助你避免犯下常見的錯誤。

　　——查爾斯‧施瓦布（Charles Schwab），
嘉信理財集團董事長兼執行長

一本極為迷人、妙趣橫生的著作，透過決策科學，揭露情緒、社會規範、期望和環境將我們引入歧途的方式。

　　——《時代》雜誌

金融蠢事的分類學。

　　——《紐約客》雜誌

一項有趣的導覽，利用艾瑞利本身巧妙設計的實驗，說明人們違反自身最佳利益行事的許多方式。切身，而且容易了解。

——美國《商業週刊》

艾瑞利睿智、充滿活力的風格，以及發人深省的論點，促成了一本迷人、令人眼界大開的好書。

——《出版人週刊》

作者艾瑞利以創意的方式，讓理性受到考驗……新的實驗和樂觀的構想，彷彿山泉一般，從他身上傾瀉而出。

——《波士頓全球報》

創新、容易理解的描述，艾瑞利不只是有才華的說故事者，如果有更多研究人員能夠像他這般寫作，世界就會變得更美好。

——《金融時報》

靈活且易懂，本書遠比它不具威脅性的態度所透露的還要具有革命性。

——《紐約時報》書評

出乎意料的有趣、易於閱讀，艾瑞利的書讓經濟學和人類心智的奇怪現象變得有趣。

——《今日美國報》

目錄

Predictably Irrational

致讀者

　　歡迎閱讀《誰說人是理性的！》。從我年少時住進燒燙傷病房起[1]，我就很清楚，人類會涉及通常與理性背離、而且有時極不完善的行動和決策。這些年來，我嘗試要了解，我們全都會犯下的愚蠢、糊塗、怪異、有趣，而且有時危險的錯誤，希望藉由了解我們不理性的怪癖，重新訓練自己做出更好的決策。

　　我在「不理性」方面的理論和應用興趣，引導我走向新興的行為經濟領域，在這個領域中，我將這些怪癖納為人類行為的一個基本要素。在我的研究裡，我檢視各種人類缺點，詢問諸如以下的問題：如果某樣東西是「免費」的，為什麼我們會變得極度興奮？在我們的決策中，情緒扮演什麼角色？拖延是怎麼和我們玩遊戲？我們奇怪的社會標準有哪些功能？我們為何執著於錯誤的觀念，即使證據顯示事實正好相反？嘗試回答這些問題，讓我得到無限的樂趣，它所帶來的新領悟，已經改變了我的公私生活。

　　我同事和我所做的實驗，協助我們發現，受試者（以及包括我們自己在內的一般人）為何無法適當地推理。嘗試了解我們為何會這樣行事，是令人滿意的。此外，和同樣好奇自身決定的人們分享我們的研究結果，是件很有趣的事。

---

[1] 欲知詳情，請見下一篇的前言。

與「邏輯先生」的辯論

然而，在2008年金融危機之前，我試著詳細闡明我們的構想、實驗和研究結果的含意時，遇到許多障礙。例如，我在一項會議做完簡報後，一位我稱之為「邏輯先生」的人強留住我談話（多年來我曾和不少人爭辯過，而此人便是那些人的綜合體）。

「我喜歡聽你說明，你在實驗中證明的各種小規模的不理性行為，」他告訴我，並遞給我名片。「它們相當有趣，是適合在雞尾酒會談論的精彩故事。」他停頓了一下。「但你並不了解，事情在真實世界裡的運作方式。顯然，在論及重要決定時，這一切不理性都會消失，因為當事情真的很重要時，人們會先仔細思考手邊的選擇，然後才會行動。而且當然，談到股市這個十分仰賴『決定』的地方，這一切不理性都會消失，理性會佔上風。」

持這種觀點的人，並不僅限於芝加哥經濟學家，也就是理性經濟思想的菁英。我對於沒有受過經濟學特別訓練的人們普遍抱持這種觀點（我甚至敢稱之為灌輸），往往感到相當訝異。不知為何，在我們對周遭社會、世界的理解中，基本的經濟學概念，以及對整體理性的信念，已經變得根深柢固，因此各行各業的人們似乎都把它們視為基本的自然法則。談到股市，理性和經濟被認為是最佳拍檔，就像好萊塢銀幕情侶佛雷‧亞斯坦（Fred Astaire）和琴逑‧羅傑斯（Ginger Rogers）一般。

每當我遭遇這類批評，我會試著進一步追根究柢，詢問

為什麼每次人們在股市中做決定時，對於理性的信念就會顯現出來。我的談話夥伴通常會試著耐心說服我接受他的想法。「你不了解嗎？」邏輯先生會說，「如果要考慮的金額很大，人們會特別認真思考手邊的選擇，並且盡全力充分提高收益。」

我會反駁說：「盡全力，和能夠做出最佳決定，兩者並不一樣。那些把所有的錢投入自家公司股票，沒有充分多樣化投資[2]，結果損失慘重的個別投資人呢？快滿六十歲，卻還沒有加入退休計畫的人呢？他們放棄了公司提撥的錢，因為一到六十歲，他們幾乎馬上就可以一併領取公司相對提撥的金額！」[3]

他會勉強同意：「好，的確，有時候有些個人投資人會犯錯。但是根據定義，專業投資人必須理性行事，因為他們經手鉅款，而且拿人薪水，任務就是充分提高收益。此外，他們在競爭的環境中工作，這種環境讓他們保持警覺，並且確保他們總是會做出符合規範的決定。」

我斜眼看他：「你真的想要爭辯，只因為專業投資人以最符合本身利益的方式行事，他們就絕不會犯下重大錯誤？」

邏輯先生會冷靜地回答：「並非一直都是如此，但整體而言，他們會做出符合規範的決定。某個人會在這方面犯下

---

[2] 財務的主要課題之一，在於多樣化非常重要。我們替一家公司工作，就已經對它大幅投資，因此以多樣化而言，在同一家公司投資更多，是非常糟糕的事。

[3] James Choi, David Laibson, and Brigitte Madrian, "$100 Bills on the Sidewalk: Suboptimal Saving in 401(K) Plans," Yale University, working paper.

隨機錯誤，另一個人會在另一方面犯下錯誤，整體來說，這些錯誤會互相抵消，使市場定價保持最佳狀態。」

話談到這裡，我必須承認，我的耐心已開始逐漸喪失。我會問：「是什麼原因讓你認為，即使是專業投資人，人們犯的錯也只是隨機性質？想想安隆的例子，安隆的稽查人員涉及重大的利益衝突，最後促使他們對公司裡發生的事情睜一隻眼閉一隻眼（或者可能完全視而不見、塞住鼻子、掩住耳朵）。再想想財務經理的獎勵方案：客戶賺大錢，他們就賺大錢，但若是客戶慘賠，他們絲毫不受影響，這該怎麼說？在這種環境中，方向偏離的獎勵和利益衝突很普遍，人們很有可能會一再犯下同樣的錯誤，這些錯誤不會相互抵消。事實上，這些錯誤是最危險的，因為它們絕非隨機，而且整體來說，對經濟可能極具破壞力。」

這時，邏輯先生會從理性彈藥庫中拿出最後的武器，提醒我套利的力量，也就是排除個人錯誤所造成的影響，並且使整體市場充分理性行事的神奇力量。套利如何校正市場？當市場自由、沒有磨擦，而且即使大多數投資人是不理性的，也會有一小群超級聰明、理性的投資人利用別人的錯誤決定（例如，他們可能會買下那些錯誤低估股價者的股票），在爭奪大餅的過程中為自己賺大錢，同時使市場定價恢復理性和正確的水準。邏輯先生會洋洋得意地告訴我：「套利可以解釋，為什麼你的行為經濟學觀念是錯的。」

可惜的是，套利並不是我們可以實際測試的概念，因為我們無法操作某個版本的股市，這個股市包含像你我這種普通人，然後又操作另一個版本的股市，這個股市包含普通

人，再加上一些極為特別、超級理性的投資人，也就是每天拯救金融世界遠離危險，同時保持「克拉克・肯特」（Clark Kent）化名身分的超人。

當葛林斯潘認錯

　　但願我可以告訴你，我經常成功說服談話對象接受我的觀點，但是在幾乎所有的情況中，有一件事情變得非常清楚：我們彼此都無法改採對方的觀點。當然，我在和標準的理性經濟學家辯論「不理性」主題時，會遇到最大的難題。這些經濟學家對我的實驗資料漠視的程度，和他們對「理性」幾近宗教崇拜的程度不相上下。（如果亞當・斯密「看不見的手」聽起來不像上帝，我不知道什麼聽起來像上帝。）芝加哥兩位傑出經濟學家，史蒂文・李維特（Steven Levitt）和約翰・李斯特（John List）簡潔地表達了這種基本觀點。他們指出，事實顯示，行為經濟學的實用性充其量是微不足道的：

> 或許行為經濟學面臨的最大挑戰，是證明它在真實世界的適用性。在幾乎每一個例子中，實驗室都會得到最強大的實證，證明人類行為的不理性。但是有許多理由可以懷疑，這些實驗結果可能無法類推到真實的市場……例如，市場的競爭性質鼓勵個人主義行為，並且選擇具有那些傾向的參與者。因此，相較於實驗室行為，市場力量和經驗的結合，可能會減少這些特質在日常市場中的重要性。[4]

---

[4]　Steven Levitt and John List, *"Homo economicus* Evolves," *Science* (2008).

考量到這種反應，我通常會抓頭納悶：為什麼會有這麼多聰明的人相信，如果是關於金錢的重要決定，不理性的行為就會消失。為什麼他們會假設，機構、競爭和市場機制，可以讓我們避免錯誤？如果競爭足以克服不理性，它不也可以消除體育競賽中的打架鬧事，或是職業運動員的不理性自毀行為？所謂「牽涉到金錢和競爭的環境可能會讓人們更理性」的說法，究竟是怎麼一回事？主張「理性說」的人難道認為，我們有各種不同的腦部機制，一個可以做出大型或小型決定，另外還有一個又一個機制可以用來處理股市？或者，他們深深相信，看不見的手和市場的智慧，會保證所有情況下的最佳行為？

身為社會科學家，我不確定，哪個說明人類在市場中的行為理論最好（理性經濟、行為經濟，或其他理論），我真希望我們可以安排一連串實驗來釐清這一點。不幸的是，由於根本不可能對股市進行任何實際實驗，我還是不免疑惑，為什麼有人深信市場的理性。此外，我一直很想知道，我們是否真的想要根據這種基礎，來建立我們的金融機構、法律制度和政策。

當我自問這些問題時，有一件重大的事情發生。

就在《誰說人是理性的！》一書出版後不久，也就是2008年初，金融界就像科幻電影裡的情節一樣，遭到粉碎[5]。2008年10月，備受推崇的前聯邦準備理事會（Federal

---

5　我認為，《誰說人是理性的！》的出版，和金融海嘯之間，沒有任何因果關連。但是你必須承認，這個時間點很不尋常。

Reserve）主席葛林斯潘（Alan Greenspan）告訴國會，他很「震驚」市場未如預期運作，或是在理應自動自我修正時這麼做。他說，他犯了一個錯誤，這個錯誤，就是假定組織，特別是銀行和其他企業的自我利益，會讓他們能夠保護自己的股東。

就我而言，我感到震驚的是，葛林斯潘一向極力主張解除管制，而且深信要讓市場力量自行其是，如今他竟然公開承認，他對「市場理性」的假設是錯的。在他作這項告白的幾個月前，我根本無法想像，葛林斯潘會說出這樣的話。我除了確認自己的主張是正確的，同時也認為，葛林斯潘坦承錯誤，是向前邁出重要的一步。畢竟，他們說，邁向復甦的第一步，是承認自己有問題。

儘管如此，還是有很多人付出高昂的代價後才了解到，我們並不像葛林斯潘和其他傳統經濟學家所認為的那麼理性，這個代價就是失去房子和工作。我們學到的是，若只仰賴標準經濟理論做為建立市場和機構的指導原則，事實上可能很危險。顯然，我們所有人犯下的錯誤，絕不是隨機發生，而是人生狀況的主要部分。更糟的是，我們在判斷上的錯誤，會在市場中集結起來，產生彷彿地震、而且沒有人知道發生什麼事的情節。〔哈佛大學經濟學家、同時也是我認識的人當中數一數二聰明的艾爾·羅斯（Al Roth），在概述這個議題時說：「理論上，理論與實務之間沒有差別，但實際上差別很大。」〕

在葛林斯潘出席國會聽證會幾天後，《紐約時報》專欄作家大衛·布魯克斯（David Brooks）寫道，葛林斯潘的自

白，「……等於是行為經濟學家，以及把複雜的心理學帶進公共政策領域的其他人初次進入社交界宴會，至少，這些人有表面上講得通的理由可以解釋，為什麼有這麼多人對於自己所冒的風險，會有如此錯誤的看法。」[6]

突然間，一些人好像開始了解，對於小規模錯誤所進行的研究，並不只是飯桌上軼聞趣事的來源。我感到無罪一身輕。

對整體經濟而言，這是令人極度鬱悶的時刻；但是對所有個人而言，葛林斯潘態度的轉變，為行為經濟學，以及願意學習和改變思維及行事方式的人們，創造了新機會。危機就是轉機，或許這項悲劇會使我們最後接納新構想，並且如同我期望的，開始進行重建。

在e時代寫書，絕對是一大樂事，因為我不斷得到讀者的反應意見，這使我重新考慮和重新思索人類行為的不同層面。我也和讀者們進行一些非常有趣的討論，例如關於行為經濟學以及金融市場發生的事情之間的關連，以及與日常不理性行為相關的任何主題。

在本書最後，我提供一些關於某些章節的反思和軼事，以及我對金融市場的想法——是什麼因素讓我們陷入這種困境、要如何才能夠從行為經濟學的觀點了解這種困境，以及如何脫離。

但是首先，讓我們探索自己的一些不理性行為。

---

[6] David Brooks, "The Behavioral Revolution," *New York Times* (October 27, 2008).

一場意外傷害
領我走入人類的非理性層面

　　很多人曾告訴我，我看世界的方式很不尋常。在過去二十多年的研究生涯裡，我那不尋常的看世界的方式，讓我在尋找影響日常行為和決策的真正原因（相對於我們信心滿滿所認定的原因）時，從中得到許多樂趣。

　　我們經常下定決心節食、運動，但是在甜點餐車推過身邊時，卻總是把這個承諾拋至九霄雲外，你知道這是為什麼嗎？

　　有時候我們會興沖沖買下並非真正需要的東西，你知道這是為什麼嗎？

　　在吞下3元一顆的阿斯匹靈後，你的頭還是覺得痛；但是在服用150元的阿斯匹靈後，同樣的頭痛卻消失無蹤，你知道這是為什麼嗎？

　　想起十誡的人通常比沒有的人誠實（至少在想起十誡的當下是如此），你知道這是為什麼嗎？還有，榮譽守則確實能減少工作場所的欺騙行為，你知道這又是為什麼嗎？

　　讀完這本書，你就會知道這些問題的答案。本書也會解

答許多其他問題，將對你的個人生活、事業職涯和解讀世界的方式帶來重大啟示。例如，那個阿斯匹靈藥效問題的答案不但將影響你對藥物的選擇，也對我們社會所面臨的一項重大議題有所啟發：健保的成本及效益。了解十誡對不誠實行為的遏阻效應，或許有助於防止下一宗安隆弊案。而明白衝動飲食的原因，則有助於面對生活中其他一時興起的決策，包括可讓你知道為什麼要做到未雨綢繆會這麼難。

我的目標是幫助你在讀完本書後，從根本重新思考自己和周遭人們行為的背後動力。我希望借助許多相當有趣的科學實驗、發現和軼聞，帶領你思考。我認為，一旦你明白某些錯誤是如何地系統化（我們如何一再重蹈覆轍），就能開始學習如何避免其中一些錯誤。

不過，在我告訴你我對飲食、購物、愛情、金錢、拖延、啤酒、誠實和其他生活領域，所做的那些新奇、有用又有趣（有時候甚至令人食指大動）的研究之前，我認為有必要讓你知道，我這個多少帶點離經叛道色彩的世界觀，其起源何在（也因此是本書的起源）。我之所以踏入這個領域，不幸緣起於多年前一場一點也不有趣的意外。

燒燙傷病房的體驗

那原本應該是一個18歲以色列青年生命中的尋常週五午後，但就在一眨眼之間，一切都變了調，再也無法挽回。在一場熊熊鎂焰（那種在戰場上用來當夜間照明的火焰）的爆炸中，我全身有70％的皮膚遭到三度灼傷。

接下來的三年，我都裹著繃帶，待在醫院裡，偶爾才穿著合成布料緊身衣和面具現身公共場合，外表看起來像個冒牌的蜘蛛人。我沒有辦法像朋友和家人一樣參與日常活動，我覺得自己有部分和社會隔離，於是轉而開始以一個局外人的身分，觀察過去曾是我日常例行事務的活動。我假裝自己是個來自異文化（或外星球）的人，開始省思我自己和其他人的各種行為。例如，我開始思索我為什麼會愛上某個女生，而不是另一個女生；為什麼我的日常行程安排是為了配合醫生，而不是看自己方便；我為什麼喜歡攀岩，而不是研讀歷史；我為什麼這麼在意別人對我的看法；而最常在我腦海盤旋的問題是，我們人究竟是受到什麼因素驅使，而有這種種的所作所為？

我出意外後待在醫院的三年期間，對各類型疼痛經歷豐富，而且在治療和手術之間有許多時間思索疼痛這件事。起初，「泡澡」是我每日的痛苦重頭戲；在這個療程裡，我必須全身浸在殺菌藥水裡，拆除繃帶、剝除死皮細胞。皮膚完好無缺時，殺菌藥水只會引起輕微的刺痛感，繃帶也很容易卸除。但在體無完膚時（我就是這樣，因為我渾身都是灼傷），殺菌藥水帶來的刺痛感就難以忍受，繃帶也會黏住肉，而繃帶的拆除（通常是撕扯）實在讓我痛到無法用筆墨形容。

我住進燒燙傷病房之初，就常和幫我做每日藥浴的護士聊天，以了解他們對我用了什麼治療方式。護士通常會抓住一塊繃帶，盡可能快速地撕下來，產生時間相對短暫的一陣疼痛；他們重複這個程序大約一個小時，直到所有繃帶都拆

除為止。這個程序完成後，他們會幫我全身塗滿藥膏，換上新繃帶。等到第二天，同樣的程序會再來一遍。

我很快就明白，護士的理論是，對病患而言，快速撕扯繃帶時的短暫劇痛，要好過慢慢拉開繃帶時的長痛，雖然後者的痛感較不劇烈，但卻會延長療程時間，因此整體來說比較痛苦。護士們也認為以下兩種方法沒有任何差別：一是從身體最痛的部位開始拆繃帶，然後再依序處理較不痛的部位；二是從身體最不痛的部位開始拆繃帶，最後再處理最疼痛難耐的部位。

身為親身體驗拆除繃帶之痛的過來人，我並不同意他們這些未曾經過科學驗證的信念。此外，他們的理論沒有考量到病患因為預期心理而感受到的恐懼，沒有考慮到長時間面對痛感起伏的困難，沒有考慮到不知道疼痛何時開始、何時舒緩的不確定感，也沒有考慮到，確知疼痛會逐漸趨緩時的那份安心所帶來的好處。但是當時無助的我對於別人要如何治療我，實在沒有什麼影響力。

等到我回診的時間間隔變長時（接下來的5年，我偶爾還是要回診，接受一些手術和治療），我隨即進入台拉維夫大學（Tel Aviv University）就讀。第一個學期，我修了一門深深改變我對研究的觀點、並對我的未來具有決定性影響的課，那就是法蘭克（Hanan Frenk）教授開的腦生理學。除了法蘭克教授在課堂中所提出有關大腦運作的精彩資料之外，這門課最讓我印象深刻的是，他對問題和各種可能理論的態度。許多次，我在課堂上舉手發言或造訪他的辦公室，針對他發表的一些結果提出不同的解讀，他都回答說，我的

理論的確有可能（儘管成立的機會不大，卻是一種可能），然後要我提出和傳統理論全然不同的實證測試。

要想出這類測試並不容易，但是這讓我知道，科學是一個實證領域，包括像我這樣的新生在內的所有參與者都可以提出新理論，只要能找出實證方法檢驗這些理論。這個觀念為我開啟了一個新世界。某次造訪法蘭克教授的研究室時，我提出一個理論解釋癲癇在某個階段的發展，同時也提出要如何用老鼠做相關的實驗。

法蘭克教授對我的構想表示欣賞，而我在接下來的3個月裡拿了大約50隻老鼠做實驗，在牠們的脊髓植入導管，放入不同的藥物，以增強或減緩牠們的癲癇症狀。我在實際操作這項實驗時有個問題，那就是我的手因為受過傷，能做的活動非常有限，因此難以勝任老鼠的導管手術。我很幸運，我最好的朋友韋斯柏（Ron Weisberg）答應犧牲幾個週末，和我一起上實驗室，協助我進行實驗。他是個虔誠的素食主義者，也熱愛動物，這真是友誼的最佳考驗。

最後證明，我的理論是錯的，但這並沒有澆熄我的熱情。畢竟我能藉此了解我的理論，即使它是錯的，能確知這點也是件好事。我對事物的運作方式和人的行為模式總是有一肚子疑問，而我對科學的這個新了解（科學提供了工具和機會，可以檢驗任何我認為有意思的事物），引領我開始研究人的行為模式。

長痛好，還是短痛好？

有了這些新工具，我一開始就把大部分心力投入於理解我們如何體驗疼痛。很自然地，我最關心的是像做藥浴這種必須長時間感受疼痛的情況。這種疼痛的整體痛苦程度可能減緩嗎？接下來的幾年，我有機會在實驗室裡對我自己、朋友和志願者進行一套實驗，藉由熱氣、冷水、壓力、高分貝音量引發痛感，甚至運用在股市賠錢所引發的心理痛苦，逐一探索答案。

實驗完成時我體認到，雖然燒燙傷科的護士都是仁慈寬厚的人（嗯，有一個是例外啦），浸泡、拆除繃帶的經驗豐富，但對於怎麼做才能把病患的痛感降到最低，他們的理論並不正確。我納悶，以他們的豐富經驗，怎麼會錯得如此離譜？因為我和這些護士有些私交，我知道他們的行為並非出於惡意、愚昧或疏忽，而很可能是受到長久以來對病患疼痛的錯誤認知所害；即使他們經驗豐富，顯然也無法扭轉這種錯誤認知。

基於這些原因，我那天早上特別期待要去燒燙傷科回診。我告訴他們我的實驗結果，希望能改變其他病患的繃帶拆除程序。我告訴護士和醫生，實驗結果顯示，在痛感低、時間較長的療程裡，病人的痛苦程度會低於痛感高、時間較短的療程。換句話說，如果他們能慢慢拉開繃帶，而不是採用快速撕扯法，我本來可以少受點折磨。

我的結論令護士們震驚不已，而我最喜歡的護士艾娣的回答也同樣讓我大吃一驚。她承認他們不曾理解到這點，而

他們也應該改變方法。但是她也指出，要探討藥浴治療所引發的疼痛時，也應該考量護士在病患痛苦尖叫時所感受的心理痛苦。她解釋說，如果快速撕扯繃帶確實能讓護士提早結束折磨，他們會這麼做是可以理解的。不過我們最後都同意，治療的程序應該做些改變，而有些護士也真的遵照我的建議去做。

據我所知，我的建議不曾大幅改變拆除繃帶的程序，但這段插曲讓我印象特別深刻。如果經驗豐富的護士都誤解了他們關切至深的病患的真實處境，那麼其他人或許也會誤解自身行為所帶來的後果，以至於做錯了決策。因此我決定拓展研究範疇，從研究疼痛轉而檢視那些個人無法借鏡過去經驗、一再重蹈覆轍的事例。

莎士比亞的詠嘆

因此，本書是一段探索人類許多非理性行為的旅程。我優游於這個主題時，所踏入的學科領域稱做「行為經濟學」（behavioral economics），又名「判斷與決策理論」（judgment and decision making，簡稱 JDM）。

行為經濟學是一個相當新的領域，跨足心理學和經濟學。它引領我研究各種事物，從人們不願存退休金的心態到性欲高漲時思緒無法清晰的狀況。不過，我想剖析的不只是行為本身，還包括你、我和其他所有人這些行為背後的決策程序。在繼續論述之前，先讓我簡短地解釋行為經濟學到底是什麼，而它和標準經濟學又有何不同。在此，我先引用莎

士比亞的一段話做為開場白：

> 人是何等偉大的天工之作！理性何等崇高！才能何
> 等廣大！儀態動作何等俐落大方、令人激賞！舉止
> 如天使！悟性如神祇！堪稱天地之大美、萬物之
> 靈！
>
> ——《哈姆雷特》，第二幕第二場

　　這段引言反映出大部分經濟學家、政策制定者、非專業
人士和一般人心目中的主流人性觀點。當然，這個觀點大體
是正確的。我們的心智和身體有著令人讚嘆的能力。我們能
看到從遠方丟擲過來的球、迅速計算它的投射軌道和力道，
然後移動我們的身體和手接住它。我們學新語言輕而易舉，
小朋友尤其如此。我們能精通棋藝。我們能辨識數千張臉孔
卻不會混淆。我們能創造音樂、文學、藝術、科技等無數
事物。

　　莎士比亞對人類心智的鑑察力並非慧眼獨具。事實上，
我們也都用莎翁的描繪來評價自己（雖然我們確實常常體認
到，我們的鄰居、配偶和老闆並未符合這個標準）。在科學
領域中，關於我們有完美推理能力的這些假設，已經在經濟
學找到一席之地。在經濟學裡，這個基本觀念叫做「理性」
（rationality），是經濟學的理論、預測和建議的根基。

　　從這個觀點以及我們都相信人類理性能力的事實來看，
我們都是經濟學家。我不是說我們每個人都有一種本能，
能發展複雜的賽局理論模型或理解「一般顯示性偏好公理」
（generalized axiom of revealed preference, GARP）；我的意思

是，我們對人性都抱持經濟學所憑藉的根本信念。在本書中，我所說的理性經濟學模型，指的是大部分經濟學家和我們大多數人對人性所秉持的基本假設，也就是「我們有能力為自己做出正確決策」這個簡單明瞭而具說服力的觀念。

儘管我們有十足的理由可以讚嘆人類的能力，但是打從心底讚賞人類能力和假設人類具備完美理性能力，兩者之間還是存有很大的差距。事實上，本書要探討的正是人類的非理性層面，也就是我們和完美境界之間的差距。我相信，體認到我們和理想之間的差距有多遠，是想真正了解自我的一道重要課題，也能帶來許多實際的利益。了解非理性層面對我們的日常行為和決策有其重要性，這也是了解我們如何設計環境和了解環境呈現哪些選擇的關鍵。

我進一步觀察到，人類不只是非理性，而且是可預測的非理性，也就是我們的非理性行為會一再重複出現。不管我們的角色是消費者、生意人或政策制定者，理解我們非理性行為的固定軌跡，可改進決策品質、改善生活。

我也由此陷入傳統經濟學和行為經濟學之間真正的「困境」（rub，莎士比亞可能如是說）。在傳統經濟學，「我們都是理性人」的這個假設意味著，我們在日常生活中會計算所有選擇的價值，然後採取最佳的行動。要是我們犯錯、做出不理性的事怎麼辦？對此，傳統經濟學也有解答：「市場力量」會向我們襲來，快速讓我們回歸理性的正途。事實上，從亞當‧斯密（Adam Smith）以降，代代經濟學家都根據這些假設，針對從稅賦到健保政策、物品勞務的訂價等包羅萬象的事物，導出影響深遠的結論。

　　但是，如同你將在本書看到的，我們的理性程度實在遠低於標準經濟理論的假設。再者，我們這些非理性行為既非隨機出現，也不是出於無知。它們不但具系統性，而且可以預測，因為我們會一再重蹈覆轍。所以，調整標準經濟學、遠離天真心理學（通常禁不起推理、探究以及實證檢驗），不是很有道理嗎？這正是行為經濟學這個新興領域想達成的目標，而本書正屬於這個陣營的小小一員。

陽光教授的搞怪實驗

　　正如你在接下來的章節將看到的，本書每一章都是根據我過去與許多同事聯手進行的一些實驗而來（我在書末附有這些優秀合作者的簡介）。為什麼要做實驗？因為生活複雜多變，我們同時受到多股力量的影響，而其中的複雜性讓人難以斷定，各股力量是如何塑造我們的行為。在社會科學家眼中，實驗就像顯微鏡或頻閃閃光燈（strobe light），能幫助我們慢速分解人類的行為，顯示事件經過的格放畫面，區分個別力量，並更加謹慎而詳細地檢視這些力量。實驗讓我們能直接而明確地測試我們行為背後的原因。

　　關於實驗，我還想強調一點。如果從實驗中學到的課題僅限於實驗所處的獨特環境，它的價值也就有限。但是，我希望讀者把實驗看成通則的例證，可以藉此了解我們如何思考和做決策：它不只能解釋我們身在特定實驗情境的思考和決策，也能延伸到生活的許多場景。

　　因此，我在每一章都將實驗發現進一步擴展至他處，描述它們對生活、商業和公共政策的啟示。當然，我所提出的應用只是略舉一二，並非全部。

　　要從這裡以及一般社會科學汲取真正有價值的結論，關鍵在於身為讀者的你必須花點時間，思考如何將這些實驗所發現的人類行為原則運用在你的生活。我建議你，在讀完每章之後停下來思考，實驗所揭露的原則是否會讓你的生活變得更好或更糟，同時更重要的是，根據你對人性的全新認知，重新思考你將如何改變行為，這才是這段探險之旅真正刺激有趣的地方。

　　現在，讓我們一同啟程。

第*1*章

相對性的真相

為何我們那麼愛比較？

　　某天當我上網瀏覽時（當然是為了工作，不是純打發時間），偶然間在《經濟學人》的網站上看到下列廣告（見圖1.1）。

　　我逐一閱讀這些訂閱方案。第一個訂閱方案（59美元的網路版）看來很合理。第二個選項（125美元的雜誌版）看來有點貴，不過也算合理。

　　接著，我讀到第三個訂閱方案：125美元的雜誌版加網路版。我讀了兩遍，目光又回到之前的訂閱方案。我感到納悶，既然網路版加雜誌版的價格一樣，有誰只想要訂雜誌版？雜誌版訂閱方案可能是個排版錯誤，但我懷疑《經濟學人》倫敦總部的那些聰明人（他們都是聰明人，十足英式俏皮作風）其實是想左右我的選擇。我相當確定他們希望我跳過網路版訂閱方案（他們假設這是我的選擇，因為我在讀網路上的廣告），選擇較貴的訂閱方案：網路版加雜誌版。

　　但是他們要如何左右我的選擇？我猜《經濟學人》的行銷達人（我幾乎能想像他們穿著風格簡練的領帶和西裝外套

圖1.1

Economist.com	訂閱方案
評論	**歡迎光臨** 經濟學人訂閱中心
世界	
商業	請點選你想要的訂閱或續訂方案：
財經	□網路版：59美元 一年內任意瀏覽經濟學人網站自1997年 起的各期文章
科技	
人物	□雜誌版：125美元 《經濟學人》紙本雜誌一年份
藝文	□網路版及雜誌版：125美元 《經濟學人》紙本雜誌一年份，以及一年 內任意瀏覽經濟學人網站自1997年起的 各期文章
市場與資料	
其他	

的模樣）知道人類行為的一個重要層面：人類鮮少以絕對條件選擇事物。我們內在沒有一把價值量尺，告訴我們事物價值幾何。我們關注的是事物之間的相對優勢，並據此估計價值。例如，我們不知道一部六汽缸的汽車要多少錢，但是我們可以假設它比四汽缸的汽車來得貴。

以《經濟學人》的訂閱方案來說，你可能不知道59美元的網路版訂閱方案是否優於125美元的雜誌版訂閱方案，但是你一定知道125美元的雜誌版及網路版合訂方案比125美元的雜誌版訂閱方案優惠。事實上，你可以從雜誌版加網路版的合訂方案合理推斷出：網路版是免費的！我幾乎可以聽到《經濟學人》那幫人在泰晤士河畔大聲疾呼：「這是跳樓大賤賣啊！下單吧，各位！」我必須承認，如果我想訂閱《經濟

學人》，我可能也會選擇合訂方案。後來我對許多受試者測試這套訂閱方案，大部分人都偏好雜誌版加網路版合訂方案。

有比較才能做決定

　　這是怎麼一回事？我先從一個根本現象說起：除非有東西可以比較，否則大多數人都不知道自己要什麼。我們要等到在環法自行車賽看到冠軍選手騎的車型，才知道我們想要哪一種越野自行車。我們要等到聽過一組音響比前一組音響的音效好，才知道自己要買哪組音響。我們甚至要等到發現某位親朋好友做的正是我們認為自己應該要做的事，才知道自己的人生應該怎麼過。所有事情都是比較得來的，這就是重點。我們就像要在黑夜著陸的飛機駕駛，希望跑道燈能在我們左右，引領我們到達著陸點。

　　以《經濟學人》這個例子而言，在網路版和雜誌版訂閱方案之間做選擇，需要稍微思考一下。思考是痛苦的，因此《經濟學人》的行銷人員提供我們一個不須思索的選擇：比起只訂雜誌版，網路版和雜誌版合訂方案更為划算。

　　《經濟學人》的天才們不是唯一發現這點的人。以某個名叫山姆的電視購物銷售員為例，他在決定把哪些電視機種擺在一起展示時，對消費者玩的也是同一套花招：

36 吋國際牌電視機，690 美元

42 吋東芝牌電視機，850 美元

50 吋飛利浦電視機，1,480 美元

你會選哪一台？在此例中，山姆知道顧客會不知如何計算各項選擇的價值。（誰真的知道690美元的國際牌電視是否優於1,480美元的飛利浦電視？）但是山姆也知道，面對這三個選擇，大部分人會挑中間選項，就好像飛機著陸時要落在左右跑道燈之間一樣。因此猜猜看，山姆在訂價時把哪台電視機訂為中間選項？答對了，就是他想賣的那一台！

當然，聰明人不是只有山姆一個。《紐約時報》最近刊載了一篇專門為菜單訂價的餐廳顧問拉普（Gregg Rapp）的報導。拉普知道羊肉今年相對於去年應該如何訂價、羊肉要配南瓜還是義大利燉飯比較好，還有，當主菜價格從39美元漲到41美元時，點餐數是否會減少。

拉普知道，即使沒有人會點菜單上的高價餐點，這些餐點還是能增加餐廳的收入。為什麼？因為即使人們通常不會點菜單上最貴的項目，卻會點次高價的。因此一家餐廳能靠著昂貴菜色，誘使顧客點次貴的菜餚。有技巧地運用這點，可以帶來較高的利潤[1]！

現在，我們用慢動作分解《經濟學人》的手法。

回想一下，它的三項訂閱方案如下：

1. 網路版，59美元
2. 雜誌版，125美元
3. 雜誌版加網路版，125美元

---

[1]   Jodi Kantor, "Entrees Reach \$40," *New York Times* (October 21, 2006).

圖 1.2

Economist.com	訂閱方案
評論	**歡迎光臨** 經濟學人訂閱中心
世界	
商業	請點選你想要的訂閱或續訂方案：
財經	□網路版：**59美元** 一年內任意瀏覽經濟學人網站自1997年 起的各期文章
科技	
人物	□網路版及雜誌版：**125美元** 《經濟學人》紙本雜誌一年份，以及一年 內任意瀏覽經濟學人網站自1997年起的 各期文章
藝文	
市場與資料	
其他	

我把這些訂閱方案告知100名麻省理工（MIT）史隆管理學院的學生，而選擇各方案的人數如下：

1. 網路版，59美元：16人
2. 雜誌版，125美元：0人
3. 雜誌版加網路版，125美元：84人

目前為止，這些史隆的MBA學生還算是聰明人。他們都看到合訂方案優於單訂雜誌版方案。但是，他們的選擇是否只受到單訂雜誌版方案的影響呢（接下來我都以「誘餌」這個恰如其分的名字稱呼這類選項）？換句話說，假設我移除「誘餌」訂閱方案，只剩兩種選擇如圖1.2。

如此一來，學生的反應會和之前一樣嗎（16人選網路版，84人選合訂方案）？

圖1.3

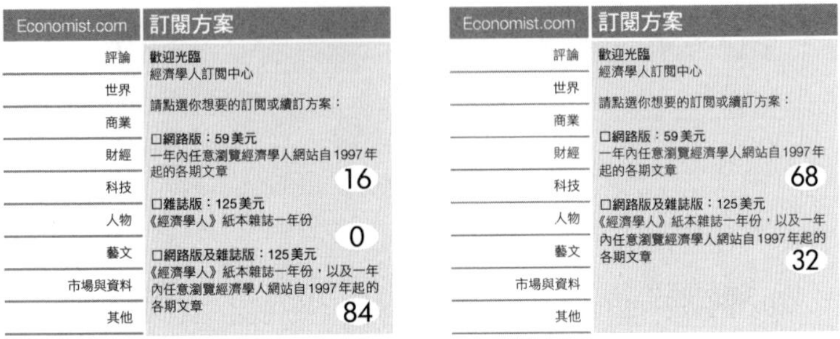

　　當然會一樣，不是嗎？畢竟，我剔除的是沒有人要的選項，所以不會產生任何影響，對嗎？

　　一點都不對！這一次，選擇59美元網路版的人數從之前的16人增加為68人；選擇125美元合訂方案的學生從之前的84人降到32人[2]（如圖1.3）。

　　是什麼讓他們改變了心意？我向你保證，不會是理性的原因。讓那84人選擇合訂方案（並讓16人選擇網路版）的原因，不過就是一個誘餌。沒有了誘餌，他們的選擇也變得不一樣：32人選合訂版，68人選擇網路版。

　　這不只是非理性行為，甚至是可預測的非理性行為。為什麼？很高興你問到這點。

　　圖1.4可用來說明相對性。你可以看到，左右兩圖中間的黑色圓形似乎大小不太一樣。放在較大的圓圈當中時，它變得較小；放在較小的圓圈當中時，它又顯得較大。當然，

---

[2]　全書中每當我提及差異時，都是指在統計上具顯著差異的狀況。對統計分析細節有興趣的讀者，可以參考書末所附的學術論文和延伸閱讀資料的原文。

圖1.4

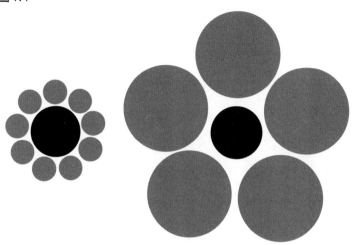

　這兩個中間的圖形大小其實一樣，但它看起來的大小會因周遭的事物而異。

　　這或許不過是個耐人尋味的有趣現象，卻反映出人類心智的運作方式：我們看待身邊事物時，總是根據它們與其他事物的相對關係來評判。我們就是忍不住會這麼做。我們不但可以在選烤麵包機、腳踏車、小狗、餐廳菜色和配偶等實體層面的選擇印證這點，在假期、教育等經驗層面的選擇也是如此，甚至連情緒、態度和觀點等瞬息萬變的事物也適用同一個邏輯。

　　我們總是拿工作比工作，拿假期比假期，拿情人比情人，拿酒比酒。這些比較在在都讓我想起電影《鱷魚先生》（Crocodile Dundee）裡的一句對白。當街頭小混混對著我們的英雄霍根（Paul Hogan）亮出彈簧刀時，霍根不敢置信地

說：「那也算刀嗎？」然後從靴筒後方抽出一把精美的博伊
（bowie）經典格鬥刀，狡黠一笑道：「這才叫刀。」

誘餌效應

相對性容易理解。但是相對性有個層面卻會不斷愚弄我
們，那就是我們不但傾向拿事物相互比較，也傾向去注意容
易相互比較的事物，避開不容易比較的事物。

這個概念可能讓人有點困惑，所以我要舉個例子說明。
假設你正在新搬去的市鎮找房子，房屋仲介帶你看了三間房
屋，你對每一間都有興趣。其中一間是現代風格，另外兩間
是殖民風格。三間的價格都差不多，房子本身也都一樣美觀
舒適，唯一的差異是其中一間殖民風格房子（「誘餌」）的
屋頂需要翻新，而屋主已經將售價降了幾千美元，以補貼買
屋者額外的整修費用。

那麼，你會選哪一間？

你很可能不會挑現代風格的那間，也不會選那間需要翻
修屋頂的殖民風格房屋，而是會選擇另一間殖民風格房屋。
為什麼？理由就是（這個理由其實相當不理性）：我們喜歡
依據比較做決策。以這三間房屋而言，我們對現代風格的那
間一無所知（我們沒有另一間現代風格的房屋可供比較），
因此不予考慮。不過我們確實知道，這兩間殖民風格的房
屋，其中一間優於另外一間，也就是屋頂完好的優於屋頂有
問題的。因此我們的推論是，屋頂完好的那間房子整體而言
狀況較佳，結果最後會選擇沒有修繕問題的殖民風格房屋，

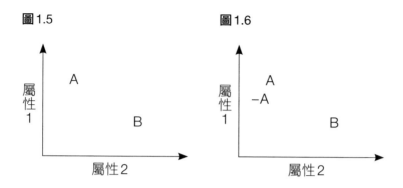

圖1.5 圖1.6

而淘汰現代風格及屋頂需要翻修的殖民風格房屋。

　　想更清楚了解相對性如何運作，請看圖1.5及1.6。圖
1.5有A、B兩個選擇，各有不同的優點。A在屬性1佔上
風（比方說屬性1為品質），B在屬性2較為突出（比方說屬
性2是美觀）。這兩個選項顯然非常不同，而要在其中選出
一個並不容易。如果我們現在加上一個叫做「–A」的選項
（參見圖1.6），情況會如何？這個選項顯然比A差，但是與
A非常近似，因此兩者易於比較，而且會讓人覺得，A不但
優於–A，也優於B。

　　基本上，誘餌–A的加入會使它和A之間形成一個簡單
的比較，並讓A顯得更好，而且不只是優於–A，從整體看
來也較具優勢。於是，就算沒人會選擇–A，但在組合中加
入–A，會讓人們最後傾向選擇A。

　　這個選擇過程聽起來很耳熟嗎？還記得《經濟學人》搭
配的訂閱促銷方案嗎？那些行銷人員明白，我們不知道自己
想訂閱網路版還是雜誌版；但是他們知道，在那三個選擇方
案裡，雜誌版加網路版的組合方案會是我們的選擇。

下列是另一個誘餌效應的例子。假設你計畫去歐洲蜜月旅行，也決定要挑一座知名的浪漫城市。經過篩選後，你要從羅馬和巴黎這兩座最喜愛的城市挑一座。旅行社提供你兩座城市的套裝產品，費用都包含機票、住宿、觀光行程和每日免費精緻早餐。你會選擇哪一個？

對大部分人而言，要在羅馬七日遊和巴黎七日遊裡選一個是件傷腦筋的事。羅馬有競技場，巴黎有羅浮宮。兩座城市都充滿浪漫氣息，都是令人嚮往的美食之都，也都是時尚購物天堂，這個決定並不簡單。不過現在假設旅行社提供你第三個選擇：沒有附贈早餐的羅馬假期，也稱為「－羅馬」或「誘餌」。

你在考量這三項選擇（巴黎、羅馬、－羅馬）時立刻體認到，附贈早餐的羅馬假期和巴黎假期，兩者吸引力不相上下，但是沒有附贈早餐的羅馬假期就差了一截。和明顯較差的選項（－羅馬）相較之下，附贈早餐的羅馬假期看起來更勝一籌，甚至在比較之下，「－羅馬」這個選項已經為附贈早餐的羅馬假期加分，會讓你認為它優於無從比較起的附贈早餐的巴黎假期。

科學怪博士

一旦你明白誘餌效應的運作方式，就會體認到在許多我們想都想不到的決策裡作怪的，正是這個神祕客。誘餌效應甚至幫我們決定約會對象，最後還幫我們選擇結婚對象。下列就是探索這個主題的一項實驗。

　　在一個寒冷的週間日，學生們在麻省理工校園裡匆匆來去，我在路上攔人，問他們是否願意讓我拍下照片，用來進行一項實驗。有些學生擺臉色給我看，有些學生逕自走開，不過大部分學生都很樂意參與。不久之後，我的數位相機記憶卡就裝滿了帶著微笑的學生照片。我回到辦公室，印出其中的60張，男女各30張。

　　接下來的一個禮拜，我對25名大學部學生提出一個不尋常的要求。我要他們將30張男生照片和30張女生照片根據外表吸引力配對（男生和男生配，女生和女生配）。也就是說，我要他們找出麻省理工的布萊德·彼特和喬治·克隆尼，也要他們找出麻省理工的伍迪·艾倫和丹尼·狄維托（伍迪和丹尼，得罪了）。我再從這30對裡挑出我的學生認為最相似的6對（3對女生、3對男生）。

　　然後，我就像創造科學怪人的博士一樣，著手為這些臉孔做一些特殊處理。我用Photoshop軟體稍微改造這些照片，為每張臉孔創造出另一個差異微小、但看得出來比較不好看的版本。我發現，只要輕輕改動一下鼻子就能讓臉失去對稱感，接著再用另一項工具放大其中一隻眼睛，削去一些頭髮，還加上一點痘疤。

　　我的實驗室沒有雷電交加，荒野裡也沒有傳來狗的吠叫聲，不過，這仍然是個適合做科學實驗的好日子。照片改造工程大功告成後，我手中有麻省理工玉樹臨風版的喬治·克隆尼（A）和布萊德·彼特（B），也有兩眼略顯無神、鼻子稍微大了點的喬治·克隆尼（–A，即誘餌），以及一個臉稍微歪斜的布萊德·彼特（–B，另一個誘餌）。此外，我也

用同樣的程序改造出比較不帥的組合，除了有帶著招牌歪嘴笑容的麻省理工版伍迪·艾倫（A），也創造出一個眼睛不大對勁、讓人看了渾身不舒服的伍迪·艾倫（–A），另外還有丹尼·狄維托（B）和稍微醜化過的丹尼·狄維托（–B）。

　　事實上，這12張照片的每一張，我都有個正常版和一個經過醜化處理的誘餌版。下列照片（見圖1.7）即是這項研究所採用的兩個範本。

你想和誰約會？

　　現在，實驗的重頭戲上場。我帶著所有照片組合前往學生會，逐一詢問每名學生，請他們參與實驗。在對方的同意下，我給他們看一張有著三張照片的單張（格式如圖1.7所示）。有些組合是A正常版、A的誘餌版–A，加上另一個B正常版。有些則是B正常版、B的誘餌版–B，加上另一個A正常版。

　　例如，某張單張裡的照片組合可能有正常版喬治·克隆尼（A）、醜化版喬治·克隆尼（–A）和正常版布萊德·彼特（B）；也可能是正常版布萊德·彼特（B）、誘餌版布萊德·彼特（–B）和正常版喬治·克隆尼（A）。受訪學生根據自己的偏好選出一張男生或女生的單張後，我要求對方在這張單張上圈出他們願意約會的對象。這些程序需要花點時間；實驗結束時，我總共發出600張單張。

　　我做這些的動機何在？就是為了確認醜化版照片（–A或–B）的存在，是否會促使受試者選擇類似但未經改造的

圖1.7

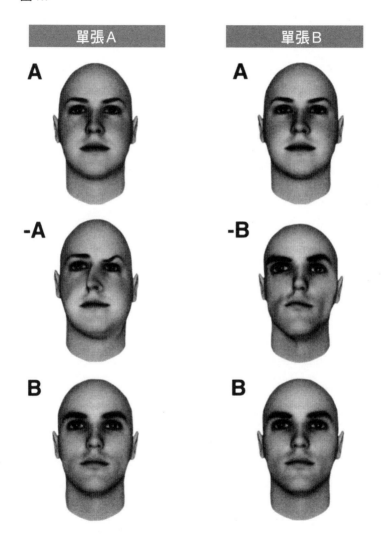

附注:請注意,照片中的臉孔來自電腦繪圖,而不是麻省理工學生的照片。而且當然,實際的照片上並未標示出字母。

照片。換句話說，一個比較不好看的喬治‧克隆尼（−A）是否會讓受試者捨棄完美版的布萊德‧彼特，而選擇完美版的喬治‧克隆尼？

我在實驗裡當然沒有採用喬治‧克隆尼和布萊德‧彼特的照片，A和B都是一般學生的照片。還記得嗎？屋頂需要翻新的殖民風格房屋會促使人們捨棄現代風格房屋、選擇完好的殖民風格房屋，只因為誘餌版的殖民風格房屋提供人們一個完好的殖民風格房屋的比較對象。在《經濟學人》的廣告裡，125美元的雜誌版訂閱方案不也促使人們接受125美元的網路版和雜誌版合訂方案？同理，一個較不完美的人（−A或−B）的存在，是否也會促使人們挑選對應的完美選擇（A或B），只因為「誘餌」選項提供了比較的基準？

的確如此。每當我展示有著正常版、醜化版和另一個正常版的照片組合時，參與者都表示偏好與「正常版」的人約會，也就是看起來近似、卻明顯優於醜化版的那個人，而不是另外那個未經醜化的人。兩者的差距並不小，有75％的參與者都是如此選擇。

這是為什麼？在進一步解釋誘餌效應之前，我要先告訴你一件關於麵包機的趣事。家居用品商威廉斯索諾瑪（Williams-Sonoma）首度引進家用「麵包烘焙機」（售價275美元）時，大部分消費者都興趣缺缺。家用麵包機到底是什麼玩意兒？它好不好用？我們真的需要在家裡自製麵包嗎？幹嘛不在家裡放一台時髦的咖啡機就好了？悽慘的銷售數字讓麵包機廠商不知所措，因而求助於一家行銷研究公司。行銷公司建議的解決方案為：引進另一型麵包機，不但體積比

先前的款式笨重，價格也要貴個50％。

接著，麵包機的銷售額開始成長，只不過賣出去的不是後來推出的大型麵包機。為什麼？這完全是因為消費者現在有兩款麵包機可以選擇。既然其中一款明顯比另一款笨重又昂貴，人們就不必憑空做決策。他們可以說：「嗯，我對麵包機並不在行，可是如果真要買一台，我寧可花較少的錢選那台比較輕巧的。」這就是麵包機開始熱賣的時候[3]。

談完了麵包機，現在我們來看看一個完全不同情況下的誘餌效應。假設你是單身，希望在即將來臨的一場單身聯誼活動裡盡可能吸引最多的潛在約會對象，你要怎麼做？我的建議是與一名外表特質（膚色、體型、五官等）和你類似、但較不吸引人的朋友（也就是一個「－你」）一同出席。

為什麼？因為在沒有現成比較基準時，你想要吸引的對象難以對你做評估。然而，如果把你和一個「－你」比較，做為誘餌的那名朋友會為你加很多分，而且不只是和誘餌比起來，甚至和一般人、和在活動會場的所有人比起來，都有加分效果。這聽起來可能不盡合理，我也無法保證這個策略一定奏效，不過你很有可能會得到較多注意。當然，不要只考慮外表。如果談笑風生能讓你成為贏家，請務必挑一個在表達的流暢度、反應的機靈度都無法與你相較的朋友，和你一同出席單身聯誼活動。透過比較，你會看起來更優秀。

既然你明白了這個玄機，就要小心了：要是有個和你外

---

[3] Itamar Simonson, "Get Closer to Your Customers by Understanding How They Make Choices," *California Management Review* (1993).

型類似、但比你好看的同性朋友邀請你晚上一起出席社交活動，你可能要想想，你到底是受邀作陪，或不過是個誘餌。

「比較」的黑暗面

「比較」可以幫助我們做出生活中的種種決策，但也會害慘我們。為什麼？因為嫉妒和羨慕是由比較自身和他人的生活際遇而來。畢竟，十誡的訓誨不是沒有道理的：「不可貪戀人的房屋；也不可貪戀人的妻子、僕婢、牛驢、並他一切所有的。」這可能是最難遵守的誡律，因為我們骨子裡天生就是愛比較。

現代生活甚至突顯了這個弱點。比如說，我曾在幾年前遇到一家大型投資公司的高階主管，在我們的對話裡，他提到有名員工最近向他抱怨薪資待遇。

他問這名年輕人：「你在公司待多久了？」

對方回答：「三年。我大學一畢業就進入公司。」

「你加入我們公司時，期望在三年內達成怎樣的薪資水準？」

「我當時希望年薪大約是10萬美元。」

這位主管好奇地望著他說：「現在你的薪資已經將近30萬美元，怎麼還會不滿意？」

「這個嘛，」這名年輕人吞吞吐吐地說，「因為坐我旁邊的那幾個傢伙不比我出色，卻可以賺31萬。」

這位主管聽了，不禁搖頭。

這個故事諷刺的地方在於，美國聯邦證券管理機關在

1993 年首度強制規定，公司必須揭露高階主管的薪資及津貼細節。這道命令的立意在於，一旦主管的薪酬待遇必須公開，董事會就不會給主管高得離譜的薪資和福利，希望藉此遏止主管薪酬的飆漲。過去不管是訂定規章、法令或由股東施壓，對此問題一直無法改善。而此風確實不可長：1976 年美國執行長的平均薪資是一般工作者的 36 倍；到了 1993 年，這個比例已經高達 131 倍。

但是猜猜看，後事發展如何？一旦薪資成為公開資訊，媒體便持續發布特別報導，按薪資高低為執行長們排名。資訊公開不但沒有抑制主管津貼的增長，反而讓美國的執行長們開始比較彼此的薪資，結果薪資更是飆上天價。薪津顧問公司更進一步「煽風點火」（投資大師巴菲特尖刻地用「加一點、再加一點，這就對了」來描繪他們的形象），建議他們的執行長客戶要求高得離譜的加薪。結果呢？現在執行長平均薪資大約是一般工作者的 369 倍，約為強制公開主管薪資之前的 3 倍。

由於留意到這點，我對我遇到的那位主管提出幾個問題。

「如果貴公司上下都能得知大家的薪資多少，不知道會怎樣？」我大膽地問。

他嚴正地看著我說：「我們公司有能力克服許多問題，如內線交易、財務醜聞等等，但要是人人對彼此的薪資都瞭若指掌，事情就真的不可收拾了。除了薪水最高的人之外，所有人都會覺得自己的薪水太少，而如果這些人要離開公司另謀高就，我一點也不意外。」

　　這不是很奇怪嗎？研究不斷顯示，薪資水準和快樂之間的關連不如預期中強烈（其實是相當薄弱）。研究甚至發現，有著「最快樂」人民的國家，國民平均所得並非名列前茅。然而我們卻不斷追求高薪，原因大多要歸咎於嫉妒心理。如同二十世紀新聞記者、諷刺作家、社會評論者、憤世主義者兼自由思想家孟肯（H.L. Mencken）所指出的，一個人對自己的薪資是否滿意，取決於（準備好聽答案了嗎？）他是否比連襟賺得多。為什麼是連襟？因為這是個現成的鮮明對照（我認為孟肯的太太應該是把她姊妹的老公的薪水毫不保留地告訴了孟肯）[4]。

　　執行長薪酬的浮濫已經對社會造成傷害。每次得寸進尺的加薪都鼓勵執行長要得更多，而不是讓他們自覺羞愧。「在網路世界，」根據《紐約時報》的一則頭條標題，「現在是有錢人嫉妒更有錢的人。」

　　在另一則新聞報導裡，有位醫生說，他從哈佛畢業時滿心期望有天能以癌症研究拿諾貝爾獎，那是他的雄心壯志，他的夢想。但是幾年後，他發現有幾個幫華爾街公司擔任醫療投資顧問的同事賺得比他還多。之前他對自己的薪資水準還很滿意，但是聽到朋友擁有遊艇和度假小屋後，就突然覺得自己很窮。因此他轉換跑道，走上華爾街之路[5]。等到畢業20年的同學會舉行時，他的所得是大部分當醫生的同儕的

---

[4] 既然你知道了這點，假設你還單身，在追尋靈魂伴侶時可以把這件事納入考量。找個兄弟姐妹的另一半賺錢能力不強的人吧！

[5] Louis Uchitelle, "Lure of Great Wealth Affects Career Choices," *New York Times* (November 27, 2006).

10倍。你幾乎可以看到他站在同學會的會場中間，手裡拿杯飲料，身邊吸引了許多擁有小光環的人，圍著他形成一個大大的光環。他沒有拿諾貝爾獎，而是為了一份華爾街的薪水放棄夢想，以爭取一個不再自覺「貧困」的機會。因為有比較心理，年平均收入達16萬美元的家醫科醫生喊窮都不奇怪[6]。

同樣都是7美元

面對「比較」的問題，我們該怎麼辦？

好消息是，我們有時候可以選擇自己的身邊由哪些人包圍，刻意轉向能增強相對幸福感的小光環。參加同學會時，若會場中出現一個吹擂自己高薪的大光環，可以刻意退避三舍，和其他人談話；考慮買新屋時，可以先淘汰那些價格超出能力範圍的房屋，再去看屋；考慮買新車時，可以把注意力只放在負擔得起的車款。

我們也可以改變關注點、拓展我們的目光。現在我就要解釋一下由特沃斯基（Amos Tversky）和康納曼（Daniel Kahneman）這兩名優秀研究人員所主持的一項研究。假設你今天要出去辦兩件事，第一趟是為了買支新鋼筆，第二趟是買上班用的西裝。你在一家文具店發現一支要價25美元的精美鋼筆，當你打算買下它時，卻想起離這裡15分鐘路

---

[6] 當然，醫生這一行也有其他的問題，包括保險表格、官僚體制和醫療疏失的官司風險。

程的另一家店裡，同樣的筆打折後只要18美元。這時你會怎麼做？你會花15分鐘省7美元嗎？大部分面對這問題的人都說，他們會走一趟省7美元。

現在，你要進行你的第二項任務：買西裝。你找到一套455美元的灰色細條紋西裝，就在你決定掏錢買下時，有位顧客悄聲地告訴你，同樣一套西裝在另一家店打折，只要448美元，而那家店離這裡只有15分鐘的路程。你會花15分鐘走一趟嗎？這時候，大部分人都說不會。

這究竟是怎麼了？你的15分鐘到底值不值7美元？在現實世界裡，不管你怎麼算，7美元就是7美元。上述兩種情況下，你唯一應該自問的問題是，為了多省下7美元，值不值得你多花15分鐘走到另一家店去？至於這7美元是從10元或1萬元裡省下來的，應該無關緊要。

這就是「比較」的問題：我們從相對角度評估決策，並用現成的選項做為比較基礎。我們比較便宜鋼筆和昂貴鋼筆的相對利益，在對比之下，我們顯然應該多花點時間省這7美元。同時，那套較便宜西裝的相對利益就非常小，因此我們寧可多花7美元，省得麻煩。

這就是為什麼人很容易在5,000美元的外燴服務加點一道200美元的湯，而同一個人，卻會拿25分錢折價券去買一罐1美元的濃縮湯料。同理，我們會輕易多付3,000美元，把25,000美元的汽車升級為真皮座椅，但同樣是3,000美元的全新皮沙發，我們卻買不下手（即使知道我們待在沙發上的時間比在車上來得長）。然而，只要我們從更寬廣的角度思考這件事，就能在考慮升級座椅時，對這3,000元的開支

有更完善的評估。如果把這 3,000 元拿來買書、買衣服或度假，會不會對我們更好？要像這樣拓寬思路並非易事，因為根據比較做判斷是我們的自然思維方式。你能掌控自己的思維嗎？我知道有人可以。

他就是約會網站 Hotornot.com 的共同創辦人詹姆士‧洪（James Hong）。詹姆士和他的同事吉姆‧楊（Jim Young）、李奧納‧李（Leonard Lee）、柳文斯坦（George Loewenstein）等人與我正在進行一項計畫，研究一個人自身的「魅力」如何影響他對別人的「魅力」的看法。

當然，詹姆士賺了很多錢，但是他周遭有人賺了更多錢。事實上，他有個好朋友就是網路付款服務 PayPal 的創辦人之一，身價數千萬美元。但是詹姆士知道如何縮小生活中的光環，而不是擴大它們。以他為例，他從賣掉保時捷 Boxster 敞篷車、換成一台豐田 Prius 做起[7]。

「我不想過著開 Boxster 的生活，」他告訴《紐約時報》，「因為等到你有了 Boxster，就會想要一台更貴的保時捷 911。可是你知道開保時捷 911 的車主想要什麼嗎？他們希望擁有一台法拉利。」

這是我們都可以學習的一課：擁有愈多，就會想要更多。唯一的解藥就是打破相對性的循環。

---

[7] Katie Hafner, "In the Web World, Rich Now Envy the Superrich," *New York Times* (November 21, 2006).

第2章

供需的謬誤

珍珠的價格誰說了算？

　　第二次世界大戰之初，義大利鑽石商詹姆士・阿賽爾（James Assael）從歐洲逃到古巴。他在古巴找到一項新生計：美國軍隊需要防水錶，而阿賽爾能透過他在瑞士的聯絡人，滿足美軍的需求。

　　大戰結束後，阿賽爾與美國政府的生意也隨之停擺，但他手中還剩下數千隻瑞士錶。日本人也需要錶，但是他們沒有錢，不過日本人有的是成千上萬顆珍珠。不久，阿賽爾教自己的兒子如何用瑞士錶換日本珍珠。這項生意蒸蒸日上，很快地，他的兒子薩爾瓦多・阿賽爾（Salvador Assael）成為人們口中的「珍珠王」。

　　1973年的某天，珍珠王把他的遊艇停泊在法國的聖托貝（Saint-Tropez），而帥氣瀟灑的法國年輕人布魯耶（Jean-Claude Brouillet）也在這時從鄰船上岸。布魯耶剛剛賣掉他的航空事業，用獲利在法屬玻里尼西亞買下一座環礁島，這是專屬於他和他那大溪地年輕妻子的藍色珊瑚礁天堂。布魯耶說，那座島的碧綠海水裡，到處都是黑蝶貝這種黑唇牡

蠣。就在那些牡蠣的黑色唇肉之間，藏著讓人眼睛一亮的東西：黑珍珠。

當時大溪地黑珍珠還沒有市場，需求也很小。但是布魯耶說服了薩爾瓦多‧阿賽爾和他一起合作採收黑珍珠，把它賣到世界各地。起初，阿賽爾的銷售工作遭遇挫敗。這些珍珠呈鐵灰色，大約是毛瑟槍子彈大小，而他一樁生意也沒有做成，只好黯然返回玻里尼西亞。阿賽爾大可以一股腦把所有黑珍珠都丟棄，或是賤賣給折扣商店，他也可以用一些白珍珠搭配這些黑珍珠，想辦法把它們賣給消費者。但是阿賽爾沒有這麼做，他等了一年，等到生產出一些較優質的樣本，然後讓身為傳奇珠寶商的老朋友溫斯頓（Harry Winston）看看這些黑珍珠。溫斯頓同意把這些黑珍珠放在他位於紐約第五大道的商店櫥窗裡展示，並標上天價。同時，阿賽爾也在最時髦高檔的雜誌上刊登了一則全頁廣告。廣告的畫面裡有一堆零散放置的鑽石、紅寶石和綠寶石，襯托著一串閃閃發亮的大溪地黑珍珠。

這些珍珠，不久之前還藏於玻里尼西亞海中的黑牡蠣裡，現在卻貼著紐約市闊綽名媛的粉頸，穿梭於曼哈頓的街道。阿賽爾把價值令人存疑的東西變成令人驚嘆的絕世精品。或者，正如馬克‧吐溫曾經對《湯姆歷險記》裡的人物湯姆所做的評論：「湯姆發現了人類行為的重大法則，那就是，要讓人們渴求一個東西，唯一要做的就是讓這個東西難以取得。」

人類和小鵝沒兩樣

珍珠王是怎麼辦到的？他怎麼讓上流社會為大溪地黑珍珠趨之若鶩，並心甘情願掏出錢來？要回答這個問題，我要先描述一個關於鵝寶寶的現象。

幾十年前，自然學家羅倫茲（Konrad Lorenz）發現，小鵝在破殼而出時，會對牠們所看見的第一個會動的物體（通常是牠們的母親）產生依賴感。羅倫茲之所以知道這點是因為，在某項實驗裡，他自己成為小鵝睜開眼睛後看見的第一個物體，此後牠們就死心塌地緊緊跟著他。由於這個發現，羅倫茲證明了小鵝不但一開始會根據環境有哪些東西來做選擇，一旦做出選擇，也會堅持下去。羅倫茲稱這個自然現象為「銘印」（imprinting）。

那麼，人腦的構造是否和鵝腦類似呢？我們的第一印象和一開始的決策是否也會對我們造成銘印效果呢？如果是，這種銘印效果如何在我們的生活中發揮作用呢？例如當我們遇到新產品時，是否會接受一開始所看到的價格？更重要的是，對於我們日後購買該產品所願意支付的價格，這個初始價格〔在行為經濟學裡，我們稱之為「anchor」（定錨點）〕是否具長期影響力？

用來解釋小鵝行為的原理，似乎也適用於人類，包括定錨的效應。例如，阿賽爾一開始就把他的珍珠「定錨」為世界最上品的寶石，而它的價格就永遠跟著這個定位走。同理，我們一旦以某個價格買下一件新產品，我們就會對這個價格產生先入為主的印象。但是，定錨效應究竟是如何發生

作用的？我們為什麼會接受某個定錨點？

想一想：假設我要你說出你的社會安全號碼末兩碼（我的是79），並問你是否願意用這個金額（以我而言，就是付79美元）買下一瓶1998年的隆河丘（Côtes du Rhône）紅酒，這個建議數字是否會影響你願意花多少錢買酒？這問題聽起來很荒謬，是不是？等你看到一群麻省理工史隆管理學院學生幾年前的反應後再說吧！

先入為主的實驗

「我們這裡有一瓶隆河丘Parallel紅酒，」史隆管理學院教授普雷克（Drazen Prelec）以讚賞的神情舉起酒瓶說，「它的年份是1998年。」

當時在他面前坐著的，是55名修他的行銷學課程的學生。這一天，普雷克、柳文斯坦（卡內基美隆大學教授）和我要對這群未來的行銷專家提出一個不尋常的要求。我們要他們寫下自己的社會安全號碼末兩位數字，並告訴我們，他們是否願意以這個金額購買一些商品。接著，要求他們出價競標一些物品，包括這瓶酒。

我們要證明什麼？我們要證明所謂「任意連貫性」（arbitrary coherence）的存在。「任意連貫性」的基本觀念是：雖然初始價格（如阿賽爾的珍珠價格）是「任意」決定的，一旦這些價格深植人心，不但會構成現在價格，也會是未來價格的依據（因而兩者具「連貫性」）。所以，社會安全號碼是否足以創造定錨點？而這個初始定錨點是否具長期

的影響力？這正是我們想知道的。

「不大懂酒的人可以參考以下資訊，」普雷克繼續說，「這瓶酒曾獲得《美酒家》（*Wine Spectator*）雜誌86分的評價。它帶有紅莓、摩卡和黑巧克力的風味；這是一瓶醇厚度及濃烈度中等、口感恰到好處的紅酒，喝起來很順口。」

普雷克又舉起一瓶1996年的艾米塔吉La Chapelle（Hermitage Jaboulet La Chapelle），它曾得到《愛酒者》（*Wine Advocate*）雜誌92分的評價。「這是La Chapelle系列自1990年後出廠的極品，」當著一群面露好奇的學生，普雷克鄭重地說道，「限量8,100箱……」

接下來，普雷克又陸續展示了四樣物品：羅技（Logitech）的無線軌跡球；羅技的無線鍵盤滑鼠組；一本設計書《完美套裝》；最後是一盒一磅裝的新屋牌（Neuhaus）比利時巧克力。

普雷克發下一張列出所有物品的表格。「現在我要你們在頁面上方寫下你的社會安全號碼末兩碼，」他指示，「然後在表格中的各項物件旁邊再寫一次，做為價格。也就是說，如果你的社會安全號碼末兩碼是23，就寫23美元。」

「寫好了之後，」他又說，「用簡單的『是』或『否』回答你是否願意用該價格購買各項產品。」

學生們以「是」或「否」做答完畢後，普雷克要他們寫下願意為各項物品支付的最高價格為何（即他們的出價）。學生寫完出價後，就把表格交給我。我把他們填的數字輸入筆記型電腦，並宣布得標者。各項產品的最高出價者依次上

台，在全班面前付款取貨[1]。

學生們參與這項課堂活動的興致高昂。我問他們是否認為寫下社會安全號碼末兩碼影響了他們最後的出價，他們馬上否認：絕對不可能！

我回到辦公室分析資料。社會安全號碼末兩碼究竟有沒有成為定錨點呢？結果出乎意外，社會安全號碼末兩碼的確產生了定錨效果：末兩碼最大（80至99）的學生出價最高，而末兩碼最小（1至20）的學生出價最低。例如，末兩碼位於最高20％的學生對無線鍵盤的平均出價為56美元；至於後20％的學生，平均出價是16美元。最後我們看到，社會安全號碼末兩碼位於前20％的學生，出價比末兩碼位於後20％的學生高出2.16倍到3.46倍（請參見表2.1）。

如果你的社會安全號碼末兩碼較高，我知道你現在在想什麼：「我這一輩子買東西都買貴了！」但是，事情並非如此。社會安全號碼在這項實驗中之所以成為定錨點，純粹是因為我們的要求。我們也可以採用當時的氣溫或製造商的建議零售價格做為定錨點。事實上，任何數字都可以創造定錨點。這看起來理性嗎？當然不。但我們真的就是這樣，和小鵝差不了多少。[2]

---

[1] 出價最高者實際支付的價格並不是自己的出價，而是次高出價。這稱為「次高價格拍賣」（second price auction）。在這種拍賣模式下，最符合投標者自身利益的做法就是出他們願意付的最高價（這也是 eBay 拍賣制度背後的一般邏輯）。維克瑞（William Vickrey）就是因為證明這點而獲得諾貝爾經濟學獎。

表2.1

拍賣會上,社會安全號碼末兩碼的五個群組分別對各項物件的平均出價,
以及社會安全號碼末兩碼與出價的相關係數。

物件	社會安全號碼末兩碼的區間					相關係數*
	00-19	20-39	40-59	60-79	80-99	
無線軌跡球	$8.64	$11.82	$13.45	$21.18	$26.18	0.42
無線鍵盤	$16.09	$28.82	$29.27	$34.55	$55.64	0.52
設計書	$12.82	$16.18	$15.82	$19.27	$30.00	0.32
新屋牌巧克力	$9.55	$10.64	$12.45	$13.27	$20.64	0.42
1998 年隆河丘紅酒	$8.64	$14.45	$12.55	$15.45	$27.91	0.33
1996 年艾米塔吉紅酒	$11.73	$22.45	$18.09	$24.55	$37.55	0.33

* 相關係數是衡量兩個變數變動相關程度的統計指標。相關係數的範圍介於 −1
  至 1 之間;0 表示某個變數值的變動與另一個變數值的變動毫無相關。

定錨點的威力

　　這份資料還有個更有趣的一面,雖然學生對各項物件願
意支付的價格是任意決定的,當中卻有邏輯連貫的一面。我
們檢視兩對相關產品(兩瓶酒和兩項電腦配件)的出價時發
現,它們的相對價格出奇地連貫。所有人對鍵盤的出價都高
於軌跡球,也願意付比 1998 年隆河丘紅酒還高的價格來買
1996 年艾米塔吉。這項發現的重要性在於,它指出一旦出價
者願意為某項物件支付某個價格,他們會根據這個價格(定
錨點)訂定對另一項同類物件的出價。

2　我曾經在麻省理工的主管教育課程裡,拿企業主管和經理人進行這項實
　　驗,結果也相仿,我成功地讓他們的社會安全號碼影響了他們對巧克
　　力、書籍和其他物件的出價。

　　這就是我們所謂的「任意連貫性」：初始價格大多為任意決定的，會受到隨機問題的影響；可是一旦這些價格印入人心，不但會影響我們願意為某個物品支付多少價格，也會影響我們對其他相關產品願意支付的價格（這就是連貫性所在）。

　　現在我必須為剛才的故事補充一點重要說明。生活裡我們飽受價格訊息的轟炸，我們會看到汽車、割草機、咖啡機的製造商建議零售價格，我們會聽到不動產仲介商對房屋標售價格的一番漂亮說辭。但是，標價本身並不是定錨點，只有當我們根據標價來考慮是否購買某項商品或服務時，標價才會成為定錨點。這就是銘印效果出現的時刻。自此之後，我們願意接受某個價格範圍，不過我們就像受到高空彈跳繩索的拉引一樣，總是會回頭參考原先的定錨點。因此，初始定錨點不但會影響當下的購買決策，也會影響後續的許多購買決策。

　　例如，我們看到一台正在促銷的57吋高畫質液晶電視賣3,000美元，它的標價目前還不是定錨點，但如果我們決定（或認真考慮）用該價格買下它，這個決定就成為我們自此對液晶電視價格的定錨點。這是我們的地樁，從此以後，不管我們是要再買一台液晶電視，或只是在後院烤肉時和朋友閒聊到液晶電視，都會根據這個價格來評斷所有的液晶電視。

　　定錨會影響所有購買決策。賓州大學經濟學家賽門松（Uri Simonsohn）和柳文斯坦就發現，搬到新城市的人通常會用前一個城市的房價做為定錨點。例如他們的研究發現，

從低廉房價市場〔如德州盧伯克市（Lubbock）〕搬到中等房價城市（如匹茲堡）的人，不會為了配合新市場而增加房屋支出[3]。他們的支出會和他們在前一個城市的支出相近，即使這麼做必須壓縮自己和家人的生活空間，住得比較不舒服。同樣地，從高房價城市移居到其他城市的人，為新住處所砸下的錢，和在舊居住地時差不多。換句話說，從洛杉磯搬到匹茲堡的人，房屋支出通常不會因為到了賓州而縮減多少，而會接近在洛杉磯時的支出水準。

我們似乎習慣了原居住地房市的種種情況，不容易隨時調整。走出這個框架的唯一方法就是，在新地點先租房子住個一年左右。如此一來我們就能適應新環境，做出順應當地市場狀況的購買決策。

噪音的代價

我們對初始價格會有先入為主的印象。但是，我們會由某個定錨價格跳到另一個定錨價格（你可以稱之為「翻盤」）、不斷改變出價嗎？還是說，長時間而言，我們遇到的第一個定錨點會持續在許多決策上成為我們的參考點？為了回答這個問題，我們決定進行另一項實驗。在這項實驗裡，我們企圖誘使受試者從舊的定錨點轉向新的定錨點。

我們找來大學生、研究生，以及代表公司來校園徵才的投資銀行人員參與這個實驗。實驗一開始，我們會給受

---

[3] 這並非由財富、稅賦或其他財務因素所致。

試者聽三段不同的聲音，每播放完一段，我們就問他們是否願意收某個金額的錢（這就是價格的定錨點），再聽一次剛剛那個聲音。第一段聲音是30秒的3000赫茲高音，有點像人的高聲尖叫。第二段是30秒的全頻噪音（也稱為「白噪音」），類似收不到視訊的電視畫面所發出的噪音。第三段是30秒高音和低音的跳接。（我不知道我們找的那些銀行人員是否確實了解他們在實驗裡會經歷什麼，但是和談論投資銀行業務比起來，我們用的噪音或許還比較不擾人。）

我們採用這些聲音是因為噪音沒有現成的市場，因此受試者無法用市場價格來思考這些聲音的價值。我們還有另一個原因，那就是沒有人喜歡這種噪音；如果我們用古典樂，有些受試者會比其他受試者喜歡這些聲音。在創造出數百種聲音後，我自己挑選出這三段。為什麼是這三段？因為我個人認為，它們同樣惹人厭。

我們讓受試者坐在實驗室的電腦螢幕前，戴上耳機。

等到房間安靜下來之後，第一組受試者的眼前會出現下列這段文字：「不久之後，你的耳機裡會出現一段不悅耳的聲音。我們想知道你有多討厭這段聲音。在你聽完一段聲音後，我們會立刻問你，假設給你10美分，你是否願意再聽一遍。」第二組受試者也會看到同樣的訊息，只不過這回訊息裡的價格是90美分，而不是10美分。

不同的定錨價格會造成任何差異嗎？為了一探究竟，我們播放了30秒的3000赫茲高音，有些參與者的表情出現扭曲，有些人則翻翻白眼，一副無所謂的樣子。

尖銳聲結束後，每位受試者都被問及那個假設的定錨問

題：如果可以選擇，你是否願意拿錢再聽一次（第一組是10
美分，第二組是90美分）？受試者回答這個定錨問題後，我
們要求他們在電腦螢幕上指出，如果要他們再聽一次剛剛那
個聲音的話，他們要求的最低價格是多少。順道一提，這個
決策是來真的，因為根據這個決策，會決定誰要再聽一次，
並得到錢[4]。

　　受試者輸入出價，不久競標結果揭曉。拍賣由出價夠
「低」的受試者「得標」，「贏」得再聽一次的（不幸）機
會，並因此得到金錢。出價太高的受試者無法再聽一次那個
聲音，也不能在這階段實驗得到金錢。

　　這麼做的用意何在？我們想要探究我們建議的初始價格
（10美分和90美分）是否能成為定錨點。結果是肯定的。被
問到是否願意拿10美分再聽一次的那組受試者，對於再聽
一次所要求的平均價格是33美分，遠低於被問到是否願意
拿90美分再聽一次的那組受試者；同樣擾人的聲音，後者
（90美分組）所要求的補償（平均為73美分）是前者（10美
分組）的兩倍多。看到建議價格造成的差異了嗎？

對外來決策的影響

　　不過，這只是此次探索的開端。我們也想要知道，定錨
點對未來決策的影響力有多深遠。假設我們給受試者一個放

---

[4] 為了確保受試者的出價是願意再聽一次噪音的最低價格，我們採用
「BDM程序」（Becker-DeGroot-Marschak procedure）。這是類似拍賣的程
序，讓每名受試者與電腦隨機抽取的價格來競標。

下某個定錨點、投向另一個定錨點的機會，情況會如何發展？他們會怎麼做？如果用小鵝來比喻，牠們會在歷經第一次的銘印後游過池塘、半路認新媽媽嗎？以小鵝來說，我想你知道牠們會跟定原來的母親，但是人類呢？接下來的兩個實驗階段能讓我們找出答案。

在實驗的第二個階段，我們讓分屬10美分組和90美分組的受試者聽20秒嗡嗡嗚嗚的白噪音。播放完畢後，我們問：「如果給你50美分，你願意再聽一次這個聲音嗎？」受試者在電腦上按個鍵，表示是或否。

「好，那到底要**多少錢**你才願意再聽一遍？」我們又問道。受試者輸入他們的最低要價，電腦便開始運算；然後根據受試者的出價，有些受試者會再聽一次那個聲音，並拿到他們要求的錢，有些受試者則否。我們比較受試者的出價時，10美分組的出價遠低於90美分組的出價。這表示，儘管兩組人都碰到50美分的建議價格，在他們回答「假設可以得到50美分，你願意再聽一次這個聲音嗎？」的問題時，他們對噪音的第一個價格定錨點（分別是10美分和90美分）仍然主宰了他們的回應，成為定錨中心點。

這是為什麼？或許10美分組的受試者對自己說了類似下面的話：「我之前聽那個討厭的聲音時，得到的補償金額較低。這個聲音也差不多討厭。既然我對聽之前那個聲音的要價那麼低，我想我可以用大約相同的價格忍受這個聲音。」而那些之前屬於90美分組的受試者也遵循同樣的邏輯，不過由於他們的出發點不同，因此結論也不同。這些人告訴自己：「我之前聽那個討厭的聲音時，得到的補償金額

較高。這個聲音也差不多討厭。既然我對聽之前那個聲音的要價那麼高,我想我可以用大約相同的價格忍受這個聲音。」第一個定錨點的影響確實存在,顯示出定錨點不但會影響現在的價格,也會持續影響未來的價格。

這項實驗還有一個步驟。在這最後一個步驟,我們讓受試者聽一段30秒高音和低音的反覆跳接。我們問10美分組:「如果給你90美分,你願意再聽一次這個聲音嗎?」同時,我們也問90美分組:「如果給你10美分,你願意再聽一次這個聲音嗎?」交換了定錨價格之後,現在我們要觀察哪個定錨價格具有最大的影響力。

這時,受試者仍需輸入「是」或「否」。接著我們要求他們進行真正的出價:「要多少錢才能讓你再聽一次這個聲音?」至此,受試者一共歷經了三個定錨價格:第一個是10美分或90美分,第二個是50美分,時間最近的第三個則是90美分或10美分。當中哪一個價格對他們再聽一次噪音的要價會具有最大的影響力?

同樣地,這就好像受試者再度告訴自己:「如果我可以用X美分的代價再聽一次第一段聲音,也可以用X美分的代價再聽一次第二段聲音,我當然可以接受以X美分的代價聽這第三段聲音!」而這正是他們的決策結果。那些在第一階段碰到10美分定錨價格的人接受了較低的價格,即使在遇到90美分的定錨價格後也是如此。另一方面,第一次碰到90美分定錨價格的人會持續要求較高的價格,不管之後遇到的定錨價格如何。

　　我們證明了什麼？實驗結果證實，我們最初的決定會不斷在後續一長串的決策裡迴盪不已。第一印象很重要，它讓你記得第一台DVD放影機的價格高於今天的DVD放影機價格，於是相較之下你會覺得現在買DVD放影機簡直賺翻了；或是讓你記得汽油以前一加侖只要1美元，因此現在每去一次加油站，你心就痛一遍。這些例子都說明，我們一路走來所遇到的、並受其左右的隨機或非純隨機的定錨點，即使在初始決策過了很久，還是一直跟著我們。

消費習慣如何形成？

　　在知道我們的行為就像小鵝之後，我們必須理解初始決策轉化為長期習慣的過程。我們用下列例子來說明這個過程。假設你走過一家餐廳，看到兩個人在門口排隊等著進去用餐。「有人在排隊，這家餐廳一定不錯。」你心裡這樣想，於是你也跟著排隊。另一個人經過，看到有三個人在排隊，也想：「這家餐廳一定棒呆了！」於是也跟著排隊，就這樣，其他人陸續加入人龍。我們把這類行為稱為「從眾」（herding）。從眾行為就是我們根據別人先前的行為而認定某事物是好（或壞）的，接著自己也跟進。

　　不過，還有另外一種我們稱做「自我因循」（self-herding）的從眾行為，那就是我們根據自己之前的行為而相信某事物是好或壞。基本上，一旦我們成為第一個在餐廳前排隊的人，我們就會在往後的經驗裡跟在自己後面排隊。聽起來很玄嗎？且聽我解釋。

　　回想一下你第一次去星巴克的情況，那可能是幾年前的事（我假設每個人都去過星巴克，因為星巴克在美國到處可見）。那是某個有事要辦的午後，你昏昏欲睡，迫切需要喝杯提神飲料。你瞥了一眼星巴克的櫥窗，走了進去。對一向認為喝唐肯甜甜圈（Dunkin' Donuts）的咖啡就是莫大享受的你而言，星巴克的咖啡實在貴得嚇死人。但是既然來了，你也開始好奇這種價格的咖啡嘗起來會是什麼味道，於是你做了一件連自己都嚇一跳的事：你買了一份小杯咖啡，享受它的味道和它的提神效果，然後離開。

　　接下來的那週，你又經過星巴克。你應該走進去嗎？理想的決策過程應該考慮到咖啡品質（星巴克 vs. 唐肯甜甜圈）、兩家咖啡的價格，當然還有走過幾個街廓到甜甜圈店的成本（或價值）。面對這個複雜的計算題，你訴諸一個簡單的辦法：「我之前去過星巴克，感覺不錯，咖啡也不錯，所以這對我是個好選擇。」於是你又走進星巴克，點了一份小杯咖啡。

　　這麼一來，你就變成第二個排隊的人，排在你自己後面。幾天之後，你再度經過星巴克。這一次，過去的經驗歷歷浮現腦海，於是你又走進星巴克買咖啡；就這樣，你變成第三個排隊的人，還是排在自己後面。幾個星期過去了，你不斷光顧星巴克，而每一次光顧都讓你更加感覺你是根據自己的偏好行動。這下子，到星巴克買咖啡已經成為你的習慣。

跟在自己後面排隊

不過，事情還沒結束。現在你已經習慣買高價咖啡，而在讓自己的消費曲線更上一層樓之後，其他的改變也變得更加容易。或許你現在會從買2.2美元的小杯咖啡變成買3.5美元的中杯咖啡，甚至買杯4.15美元的特大杯咖啡。即使你根本渾然不知自己是怎麼進入這個價格等級的，但你已經認定用相對優惠的價格換較大杯咖啡似乎很合理。而換換星巴克其他口味的咖啡，不管是美式咖啡、密斯朵、瑪奇朵、還是星冰樂，也很理所當然。

你究竟應不應該在星巴克花這些錢買咖啡，還是繼續在唐肯甜甜圈買較便宜的咖啡，或甚至只要喝辦公室的免費咖啡就好？如果你停下來思索，這個問題可能還是沒有清楚的答案，不過反正你已經不再考慮這些問題。你先前做過太多次這個決策，因此你現在認為錢就應該這樣花。你已經跟著自己一窩蜂，跟著你在星巴克的初始經驗而排隊，現在也躋身星巴「客」一族了。

然而，這個故事有個奇怪之處。如果定錨點是來自我們的初始選擇，星巴克如何在一開始成為我們的初始選擇？換句話說，如果唐肯甜甜圈的咖啡價格是我們之前的定錨點，那麼我們是怎麼把定錨點移轉到星巴克的？這是真正耐人尋味的地方。

舒茲（Howard Shultz）創立星巴克時，和阿賽爾一樣是個有生意頭腦的人。他努力地讓星巴克和其他咖啡店有所不同，不是用價格，而是用氣氛。他一開始設計星巴克時，就

刻意讓它感覺起來像歐陸的咖啡館。

　　早期的星巴克咖啡店瀰漫著烘焙咖啡豆的香味,而且它們的咖啡豆品質優於甜甜圈店的咖啡豆。它們販售花俏的法式濾壓壺,櫥櫃裡展示著杏仁可頌、義式脆烤餅、小紅莓蛋奶酥等誘人的點心。甜甜圈店賣的咖啡分大、中、小杯,而在星巴克,不同份量的咖啡稱做 Short、Tall、Grande 和 Venti,用的是 Caffè Americano(美式咖啡)、Caffè Misto(密斯朵)、Macchiato(瑪奇朵)、Frappuccino(星冰樂)等高級名稱。星巴克竭盡所能,凡事都要創造不同的顧客體驗,讓感受的差異大到顧客不會用甜甜圈店的價格做為定錨點,反而接納星巴克為我們準備的新定錨點,這是星巴克成功的主要祕訣。

趣事或苦差事,誰來定義?

　　柳文斯坦、普雷克和我都對任意連貫性的實驗興致高昂,決定進一步擴展這個構想。這一次,我們要探討一個新變化。

　　還記得《湯姆歷險記》裡一段著名的情節嗎?湯姆把波麗姑媽的籬笆粉刷工作變成玩弄朋友的把戲。我相信你一定記得,湯姆興高采烈地刷著油漆,假裝樂在這項工作。「你把這叫做工作?」他對朋友說,「有哪個男孩子有這樣的機會,可以每天粉刷籬笆?」因為這項「新資訊」,他的朋友開始發現粉刷的樂趣。不久,湯姆的朋友不只要付錢享受這項福利,也從粉刷工作得到真正的樂趣。真要說起來,這就

是「雙贏」。

在我們看來，湯姆把負面經驗轉化為正面經驗，也就是把一個需要得到補償的情境變成人們（湯姆的朋友）願意付錢得到樂趣的情境。我們能如法炮製嗎？我想我們可以試試看。

有一天，出乎學生們的意料，我選了惠特曼（Walt Whitman）《草葉集》（*Leaves of Grass*）裡〈現在擁抱著我的人〉（"Whoever You Are Holding Me Now In Hand"）的一些詩句，做為管理心理學課堂的開場白：

> 現在擁抱著我的人啊，
> 少了一件事，其他都屬無用，
> 在進一步誘惑我之前，我要給你中肯的忠告，
> 我並非如你所想，甚至差異極遠。
> 誰會是我的追隨者？
> 誰願意獻身成為我情感歸屬的候選人？
> 前路費人疑猜，結局如何無人有把握，或許盡頭將是毀滅，
> 你必須放棄所有，奉我為你唯一的金科玉律，
> 你的修行甚至將是一條心力交瘁的漫長道路，
> 你必須離棄生命過往的所有理論，還有對周遭生命的服從，
> 因此，在你讓自己深陷麻煩之前，放開我吧，
> 鬆開你環抱我肩頭的手，
> 把我放下，走你自己的路。

　　闔上書，我告訴學生，我要在那個星期五傍晚朗讀惠特曼《草葉集》裡的三首詩，短篇、中篇和長篇各一首。我告訴他們，由於座位有限，我要用拍賣決定誰能參加。我發下紙張讓他們出價。不過在他們投標之前，我有個問題要問他們。

　　我問其中一半的學生是否願意付我 10 美元聽我朗誦 10 分鐘，請他們寫下答案。我問另外一半學生是否願意收 10 美元聽我朗誦 10 分鐘，也請他們寫下答案。

　　這當然是定錨點。接著，我要求學生為我的讀詩會席次出價競標。你認為初始定錨點會影響後續的出價嗎？

　　在答案揭曉前，請先思考兩件事。第一，我的讀詩技巧稱不上一流，因此要求別人付 10 美元聽我朗誦 10 分鐘，可能有點強人所難。第二，即使我問學生是否願意付錢取得讀詩會的席次，他們卻不必照我說的方法出價，大可完全反其道而行，反過來要求我付他們錢。

　　現在，投標結果揭曉……（進鼓聲，謝謝）：那些被問到是否願意付我 10 美元的學生真的願意付錢取得入場權。平均而言，他們願意付大約 1 美元聽短篇，願意付大約 2 美元聽中篇，願意付 3 美元多聽我朗讀長篇。或許，我離開學術圈還是可以混口飯吃。

　　至於那些定錨點是設在收錢聽我讀詩（而不是付我錢）的人呢？你可能已經料到，他們也都要求收錢：平均而言，他們要收 1.3 美元才願意聽我朗讀短篇，中篇是 2.7 美元，如果要他們耐著性子聽長詩，則要收 4.8 美元。

　　這時我和湯姆差不多，都能將一種好壞很難說的經驗

（要是你聽到我的朗讀，就會明白這種經驗是好是壞有多難說）任意變成愉快或痛苦的經驗。兩組學生都不知道，以我的朗讀品質，付錢聽我讀詩究竟是件值回票價的事，或是除非能得到金錢補償，否則不值一顧（他們並不知道聽我讀詩會是愉快或痛苦）。可是一旦第一印象（也就是他們要付我錢或我付他們錢）成形，事情就成定局，錨也就此下定。此外，一旦做出初始決策，其他決策就會跟進，而且看起來順理成章。學生們不知道聽我朗讀是愉悅或痛苦，但不管他們最初的決策為何，在後續的決策裡，都會把它納入考量，而對三首詩的出價構成連貫的回應。

當然，馬克‧吐溫也有相同的結論：「如果湯姆像本書作者一樣，是個偉大而睿智的哲學家，他會明白工作是義務，而玩樂並非義務。」馬克吐溫進一步觀察到：「在英格蘭，闊綽的紳士願意在夏天裡駕著四匹馬的載客馬車，不辭辛勞，每天按固定路線跑個20或30英里路，那是因為他們為這個專屬權花了不少錢；如果這項服務變成有給職，成為一份工作，這些紳士會辭職不幹。」[5]

小決定大影響

這些觀念對我們有什麼啟示？它們說明了我們所做的許多決策，從微不足道的小決定到影響深遠的決策，都受到定錨點左右。要不要買麥香堡、抽菸、闖紅燈、到阿根廷的帕

---

[5] 我們在第4章討論社會規範和市場規範時，會回頭探討這項敏銳的觀察。

塔哥尼亞高原度假、聽柴可夫斯基的音樂、拚命寫博士論文、結婚、生子、搬到郊區、投共和黨等等，都要我們做決定。按照經濟學理論，我們是根據我們的根本價值觀（我們的好惡）下決策。

但是，從這些與生活相關的實驗裡，我們學到最重要的功課是什麼？難道我們如此精心營造的生活，大部分只是任意連貫性的產物嗎？難道我們在過去某個時點不經意做出某個決策（就好像小鵝認羅倫茲當爸爸），自此就認定最原始的決策是明智的，並根據那些決策來生活？我們是這樣選擇事業、配偶、衣著和髮型的嗎？它們一開始就是明智的選擇嗎？或者它們只是帶有隨機成分、脫軌演出的初始銘印？

笛卡兒說：「我思故我在。」但如果人類不過是一切天真、隨機行為與一開始的決定的總和，那怎麼辦？

這些問題或許都沒有簡單答案，但以我們的個人生活而言，我們可以主動改善我們的非理性行為。我們可以從對自己的弱點提高警覺著手。假設你打算買一款最新型的手機（附有300萬畫素、8倍變焦數位相機的那款），或甚至只是買杯每日例行的4美元研磨咖啡，你或許可以從質疑這些習慣著手。這些習慣是怎麼開始的？其次，自問這些事物能帶給你多少快樂。這份快樂是否真如你想像的那麼多？你可以減低一些花費，精打細算，把省下來的錢花在其他事物上嗎？其實你在決定每一件事的時候，都是訓練自己質疑重覆行為的機會。以手機來說，你是否能捨棄最新型手機，退而求其次，縮減開支，把一些錢用在別的事物上？咖啡也是一樣：與其自問今天要喝哪種口味的咖啡，不如問自己是否真

的應該維持喝高價咖啡的習慣[6]。

我們也應該特別留意在未來會衍生一長串決策的第一個決策（與衣著、飲食等相關的決策）。在面臨這種決策時，它看來可能不過只是一項決策，不管結果如何，沒什麼大不了的；但事實上，第一個決策的影響力可能持續很長一段時間，甚至會滲透到未來幾年的決策。因此第一個決策很關鍵，值得我們關注。

蘇格拉底曾說，未經反省的生命不值得活。或許我們該清點一下自己生命中的銘印和定錨點了。即使它們曾經完全合理，但現在仍然合理嗎？我們一旦重新思考過往的選擇，就能接納新決策，同時擁抱伴隨新的一天而來的新契機。這似乎才有道理。

價格易受人為操縱

上述關於定錨點和小鵝的討論，對消費者偏好還有更重要的啟示。傳統經濟學假設，市場的產品價格取決於兩股力量的平衡：每種價格下的生產（供給），以及擁有購買力的人在每種價格下對產品的欲望（需求）。這兩股力量的交集價格即是市場價格。

這是個簡練精妙的觀念，但其核心假設是：供需兩股力量是獨立的，且兩者共同決定市場價格。本章中所提出的所

---

[6] 這並不是說每天花錢來一杯、甚至好幾杯美味咖啡一定是個糟糕的決策，我只是說我們應該質疑自己的決策。

有實驗結果（以及任意連貫性這個基本觀念），在在都對這些假設提出挑戰。第一，根據標準經濟學架構，消費者的支付意願是決定市場價格的兩項因素之一（也就是需求）。但是如我們的實驗所顯示，消費者願意支付的價格容易被人操縱，而這意味著消費者其實無力掌握自己的偏好，也無法控制他們對各種財貨和體驗所願意支付的價格。

第二，儘管標準經濟學架構假設供給和需求的力量是獨立的，我們在本章中提出的定錨點操縱實驗卻顯示，供需其實是相依的。在現實世界中，定錨點的來源包括製造商建議零售價格、廣告價格、促銷等，全都是供給面的變數。我們看到的似乎不是消費者的支付意願在影響市場價格，而是市場價格在影響消費者的支付意願。這表示需求面並非完全自外於供給面的影響。

故事還沒結束。在任意連貫性的架構裡，我們所看到的市場供需關係（例如，優格打折時多買一點）並不是來自偏好，而是記憶。下列我們就用一個例子說明這個觀念。以你對牛奶和酒的消費為例，假設明天要實施兩項新稅制，其中一項會讓酒的價格跌一半，另一項讓牛奶價格提高一倍，你猜會發生什麼事？這些價格變動當然會影響消費行為，許多人因此心神飄飄然（因為多喝了酒），卻患了骨質疏鬆症（因為少喝牛奶）。現在想像一下，如果新稅制在實施時，人們剛好患了失憶症，忘記酒和牛奶過去的價格，事情又會如何？要是價格維持同樣的變動幅度，但你不記得這兩樣商品過去的價格，事情會如何？

我的推斷是，如果人們記得漲價之前的價格，而且注意

到價格上漲，價格變動就會對需求造成龐大衝擊。不過我也認為，如果人們對過去的價格不復記憶，這些價格變動即使會影響需求，效果也是微不足道。如果人們不記得過去的價格，牛奶和酒的消費基本上會維持不變，彷彿價格不曾變動一樣。換句話說，我們對價格變動的敏感，其實有大半是因為過去所支付價格的記憶，以及我們想和過去的決策保持連貫的結果，完全不是反映我們的真實偏好或需求程度。

如果哪天政府決定提高燃料稅，汽油價格增為兩倍，同樣的基本法則也適用。在傳統經濟學理論下，價格提高應該會降低需求，但真的會這樣嗎？一開始，人們當然會比較新價格和他們的定錨價格，而被新價格嚇呆了，進而縮減汽油消費，甚至換一輛油電複合動力車。但是長期下來，一旦消費者適應了新價格和新定錨點（一如我們習慣了耐吉運動鞋、瓶裝水等所有其他事物的價格），我們在新價格下的汽油消費可能會接近加稅之前的水準。此外，和星巴克那個例子十分類似的是，如果價格變動時也有其他變動跟著發生，例如出現新等級汽油或新型汽油（例如玉米基乙醇燃料），這個再調整過程會因此加速。

我並不是說汽油價格加倍對消費者需求沒有任何影響。不過我的確相信，以長期而言，它對需求的影響遠小於短期內所觀察到市場對漲價的反應。

自由市場對誰有利？

　　任意連貫性的另一個啟示和自由市場及自由貿易所宣稱的利益有關。自由市場的基本觀念是，如果我有某件對你比對我還有價值的物品（比如說一張沙發），這件物品的交易可以讓我們雙方都獲益。這表示貿易的互惠立基於一個假設：所有市場參與者都知道自己所擁有事物的價值，也清楚他們想要從交易中得到多少價值的東西。

　　但是，如果我們的選擇經常受到隨機初始定錨點所影響，一如我們在實驗裡所觀察到的現象，我們所做的選擇和交易就不見得能精確反應出那些產品給我們的真實快樂或效用。換句話說，有許多時候，我們在市場裡所做的決策可能無法反映我們從不同物件所得到的快樂程度。要是我們無法準確計算這些快樂值，甚至還經常受到任意定錨點的牽引，交易未必會為我們帶來好處。比如說，我們可能因為某些不智的初始定錨點，誤把真正帶給我們許多快樂（可惜初始定錨點偏低）的事物，拿去交換帶給我們較少快樂（卻因某些環境的隨機因素而初始定錨點偏高）的事物。如果我們的行為取決於這些定錨點和對這些定錨點的記憶（而非偏好），交易怎麼能被奉為一把極大化個人快樂（效用）的金鑰？

　　那麼，以上內容帶給我們什麼啟發？如果我們無法靠供給和需求的市場力量來決定最適市場價格，如果自由市場機制不能保證幫助我們極大化效用，那麼我們可能要另外找辦法，尤其是碰到諸如健保、醫療、水資源、電力、教育和其他重要資源等社會根本大計的時候。市場力量和自由市場無

法百分之百規範市場、確保市場處於最佳狀態，如果你接受這個前提，你可能會發現自己變成大政府主義的信徒，相信政府（我們期待這是一個理性而面面俱到的政府）在規範某些市場活動方面，應該扮演更吃重的角色，即使這會限制企業的自由發展。是的，要是人類真的是理性的動物，一個任由供給、需求自由運作，且無摩擦的自由市場可能是理想的極致。但人類確實有非理性的一面，政策應該考慮到這個重要因素。

第3章

零成本的成本

為何免費讓你更花錢？

你是否曾經拿過免費的咖啡豆兌換券，即使你不喝咖啡，甚至連咖啡機都沒有？吃自助餐時，你的盤子上是否會堆著多拿的免費食物，即使你吃下去的食物已經讓你的胃漲到發痛？還有，你家裡是否也囤積了像是電台廣告T恤、情人節巧克力附送的泰迪熊、保險經紀人每年送的磁性日曆等等沒有用的免費東西？

大家都知道，拿免費東西的感覺棒極了。原來「0」不只是個價格，「0」是開啟情緒的快速鍵，是非理性狂熱的源頭。標價50美分的東西打折賣20美分，你會買嗎？不一定。如果賣2美分呢？有可能。如果標價變成「0」，你會拿嗎？那還用說！

零成本為什麼魅力無法擋？「免費！」為什麼會成為讓人快樂的字眼？畢竟，「免費！」可能會讓我們自找麻煩：我們壓根沒想過要買的東西，一旦貼上「免費！」標籤，就會散發出致命的吸引力。比方說，你是否曾蒐集研討會發的免費鉛筆、鑰匙圈、筆記本，花了力氣把它們帶回家，但

大部分最後卻進了垃圾桶？你是否曾花很長的時間排隊，只為了拿到一杯免費的班和傑利（Ben and Jerry）冰淇淋？或者，你是否也曾為了「買二送一」而買下兩件一模一樣的商品，儘管你原來根本不打算買它們？

0 的歷史

「0」的歷史源遠流長。巴比倫人發明了「0」這個觀念；古希臘人為它辯論不休（既為「無」，何物之有？）；古印度學者平加剌（Pingala）將數字「1」和「0」配在一起，成為兩位數；馬雅人和羅馬人都將「0」納入他們的數字系統。但是「0」真正奠定它的地位，是西元498年左右的事。印度天文學家阿雅巴塔（Aryabhata）在某天早晨醒來，大聲呼喊：「挪個位，價值十倍！」十進位制的觀念就此誕生。接下來，「0」的出征連連告捷：它流傳到阿拉伯世界，在此蓬勃發展；它越過伊比利半島，進入歐洲（這得感謝西班牙的摩爾人）；它在義大利人手中經過一些改良；最後它遠渡大西洋，抵達新大陸，終於和「1」攜手，在一個叫做矽谷的地方找到許多就業機會。

關於「0」的歷史，我們的簡短回顧就到此結束。不過，我們對於「0」這個觀念在金錢方面的應用，理解就不是那麼徹底。事實上，我不認為這部分有任何歷史可言。然而，「免費！」的隱含意義很多，不但延伸至折扣價格和促銷，也及於「免費！」如何用來幫助我們做出有利於自己和社會的決策。

如果「免費！」是種病毒或亞原子粒子，我可能會用電子顯微鏡來研究它，用各種複合物浸染以揭開它的本質，或是切開它以顯現內在成分。不過在行為經濟學裡，我們用的是另一種工具，這種工具能讓我們用慢速度分解人類行為，隨著行為的開展，逐步檢視。讀到這裡，你一定猜到了，這個程序就叫做「實驗」。

賀喜巧克力逆轉勝

在一項實驗裡，麻省理工博士班學生珊潘妮爾（Kristina Shampanier）、多倫多大學教授瑪札爾（Nina Mazar）和我一起進入賣巧克力這一行。嗯，或多或少可以這麼說啦！我們在一棟大型公共建築擺了個攤位，提供瑞士蓮（Lindt）松露巧克力和賀喜（Hershey）的 Kiss 兩種巧克力。攤位上方掛著一張大型標示牌，寫著：「巧克力，一人限買一顆」。走上前的客人會看到兩種巧克力和它們的價格[1]。

如果你不是巧克力行家，以下資訊可以供你參考：瑞士蓮巧克力是一家瑞士公司的產品，該公司調配上等巧克力已有 160 年的歷史。瑞士蓮的松露巧克力尤其享負盛名，濃滑馥郁的細緻口感，就是讓人無法抗拒。我們向廠商大量採購時，成本大約是一顆 30 美分。反觀賀喜的 Kiss 巧克力，雖

---

[1] 我們刻意讓客人一定要走近攤位才看得到標價。這麼做是希望確保上門的客人不是在其他情況下受到吸引而來，藉以避免所謂的自我選擇（self-selection）偏誤。

然也是品質優良，但說真的，它相當平凡無奇：賀喜一天出產八千萬顆Kiss巧克力。在賓州的賀喜市，連街燈都做成隨處可見的賀喜Kiss巧克力形狀。

我們的「顧客」聚集在攤位前時，發生了什麼事？我們把瑞士蓮松露巧克力價格訂為一顆15美分、Kiss巧克力訂價一顆1美分，毫不意外地，顧客採取了極為理性的行動：他們比較了兩者的價錢及品質後做出決定。大約有73％的人選瑞士蓮，17％的人選了賀喜。

接著，我們決定看看「免費！」會如何改變情勢。於是我們把瑞士蓮訂為14美分，而賀喜是免費。實驗結果會起變化嗎？畢竟，兩種巧克力的價格都只降了1美分。

果然，「免費！」力量大！平凡無奇的Kiss巧克力竟然大受歡迎。我們的顧客約有69％選了免費的Kiss巧克力（前一回合是27％），放棄了用非常優惠的價格購買瑞士蓮松露巧克力的機會。同時，瑞士蓮松露巧克力慘遭滑鐵盧，青睞它的顧客從前次的73％降為31％。

這是怎麼回事？首先我要說，拿免費東西在許多情況下完全合情合理。舉例來說，要是你在百貨公司看到一籃免費的運動襪，這時你能帶多少就該拿多少，這麼做一點壞處也沒有。但是當「免費！」成為免費物品和其他物品的拔河時，關鍵問題就來了，因為在這場拔河裡，「免費！」會導致我們做出不明智的決策。例如，假設你要上運動用品店買一種腳跟部加厚、趾尖部經特殊處理的白襪。15分鐘後你離開運動用品店，帶回家的卻不是你原本打算要買的襪子，而是另一款你本來一點也不中意的襪子（腳跟部沒有加厚，趾

尖部也沒有特殊處理），只不過因為它比較便宜，而且買一送一。在這裡，你放棄了一樁比較理想的交易，選擇了原本不是你想要的東西，一切只因為你受到「免費！」的誘惑。

為了在我們的巧克力實驗裡複製這個經驗，我們告訴顧客，他們只能在瑞士蓮和賀喜中選一個。二選一的決定，就像要在兩種運動襪裡挑一種一樣。「免費！」將是顧客對Kiss巧克力的反應如此熱烈的原因，因為除此之外，兩種巧克力的折扣金額都一樣，兩者的價差沒有改變，預期從兩者所得到的愉悅感也沒有變化。

根據標準經濟學理論（單純的成本效益分析），巧克力的降價應該不會改變消費者行為。降價前，約有27％的人選擇賀喜，73％的人選擇瑞士蓮。既然相對條件沒有任何變動，顧客對減價的反應應該和減價前沒有兩樣才對。事實上，如果有傳統經濟學理論陣營的經濟學家經過我們的攤位，他可能會一邊把弄著手杖，一邊說道，既然所有條件都不變，我們的顧客應該會根據同樣的偏好[2]，選擇瑞士蓮松露巧克力。

然而我們在實驗裡看到的是，人潮一波波上前爭拿賀喜Kiss巧克力，不是因為他們在撥開人群、擠到攤位前面之前做了合理的成本效益分析，而是因為Kiss巧克力是免費的。我們人類是多麼奇怪（但可預測）的動物啊！

很巧地，這個實驗的結論也和其他實驗結果不謀而合。在某項實驗中，我們把賀喜Kiss巧克力訂為2美分、1美分

---

[2] 關於一名理性消費者如何在上述案例裡做決策，請參閱本章附錄。

和0元，瑞士蓮松露巧克力的價格則分別是27美分、26美分和25美分。我們這麼做是為了看看，將賀喜從2美分降到1美分、將瑞士蓮從27美分降到26美分時，是否會影響顧客的比例。答案是否定的。不過，當賀喜Kiss變成「免費！」，顧客的選擇比例就出現劇烈變化，一面倒地選擇了賀喜。

我們認為，這個實驗結果可能失於偏頗，因為消費者或許不想翻皮包或背包找零錢，或是他們身上根本沒有錢，免費巧克力可能會因為這種人為效果而變得較具吸引力。為了消除這個可能的因素，我們又在麻省理工的一間自助餐廳進行了另一場實驗。在這次的實驗設計裡，巧克力是擺在結帳處收銀機旁，做為餐廳的例行促銷活動。想買巧克力的學生，只要在排隊付款時，把巧克力和午餐一起結帳即可。結果呢？學生仍然一面倒地選擇了免費的巧克力。

害怕損失的心理

「免費！」到底為什麼這麼有吸引力？我們為何會有一股投奔「免費！」的非理性衝動，即使那個免費事物不是我們真正想要的？

我相信這個問題的答案如下。大部分交易都有利有弊，而當某個事物是免費的時候，我們就會忘記它的缺點。「免費！」是如此具情緒感染力，以至於免費事物在我們眼中的評價，大大超出了它真正的價值。為什麼？我想這是因為人類天生害怕損失，而「免費！」真正的誘惑力和這種恐懼息

息相關。我們選擇免費的東西時，沒有可見的可能損失（它不花一毛錢）。假如我們選擇的不是免費事物，就會有做出錯誤決策的風險，而我們可能因此蒙受損失。所以如果能夠選擇的話，我們會選擇免費的東西。

基於這個原因，在訂價的領域裡，「0」不只是一個價格。當然，加減個10元可以引發需求大幅變動（假設你賣的是幾百萬桶的原油），但沒有什麼能和「免費！」所引發的衝動相比。「零元效應」（zero price effect）就是這樣自成一格。

沒錯，「不花錢就能買」（buying something for nothing）這句話有點矛盾，但是且讓我舉個例子，說明我們一般會如何因為「免費！」這個黏人的玩意兒而掉入陷阱，買下我們可能不想要的東西。

我最近看到一則電子用品大廠的報紙廣告，打出「買全新高畫質DVD放影機，七片DVD免費大方送」促銷活動。首先，我現在需要一台高畫質放影機嗎？不見得。即使是，等降價之後再買不是比較明智嗎？DVD放影機一定會降價，今天600美元的高畫質放影機，明天就變成200美元的普通機器。其次，在這項促銷活動背後，這家DVD廠商撥的顯然是另一副算盤。這家公司的高畫質DVD規格正在和許多製造商支持的藍光DVD規格打割喉戰。目前藍光規格領先，而且可能會主宰市場。等到這台機器過時之後（就好像Beta錄影帶的命運），「免費！」究竟還剩多少價值呢？以上兩個理性思維，可避免被「免費！」魔咒迷惑。不過話雖如此，那些免費DVD就是讓人心動！

萬聖節的考驗

談到價格，「免費！」當然很吸引人，但如果「免費！」不在價格，而是物品交換呢？我們對免費物品會像對免費價格一樣那麼容易被打動嗎？幾年前快過萬聖節時，我想出一個可以探索這個問題的實驗。這一次，我甚至可以坐在家裡等答案自己上門。

傍晚剛至，一個名叫喬伊的九歲男孩打扮成蜘蛛人模樣，帶著一個黃色大袋子，走上我家前廊階梯。他的母親陪他前來，以防有人給她孩子一顆裡面藏有刀片的蘋果。（順道一提，萬聖節從未出現過內藏刀片的蘋果這種事；這只是個城市傳說。）不過，喬伊的媽留在人行道上，好讓喬伊覺得他自己是「不給糖就搗蛋」的主角。

在喬伊照例問完「要給糖還是搗蛋？」之後，我請喬伊打開右手，把三顆賀喜Kiss巧克力放在他的右手掌上，請他這樣拿著等我一下。「你也可以在這兩條士力架巧克力棒中選一條，」我說，並把一條大的和一條小的士力架給他看。「其實呢，如果你給我一顆Kiss巧克力，我就給你這條小士力架。如果你給我兩顆Kiss，我就給你這條大士力架。」

雖然這個小孩打扮得像一隻巨型蜘蛛，但是他並不笨。小士力架重1盎司，大士力架重2盎司。喬伊只要多給我一顆Kiss（重約0.16盎司），就可以多拿到1盎司的士力架巧克力棒。這樁交易或許會難倒火箭科學家，但對一個九歲小孩來說，是道簡單的計算題：選擇大士力架，投資報酬率高達6倍多（以巧克力淨重計算）。喬伊以迅雷不及掩耳的速

度，把兩顆Kiss放到我手中，拿走那條2盎司的士力架、放入他的袋子裡。

表現如此果決的孩子不只喬伊一個。那天傍晚上門討糖的孩子裡，除了一個孩子之外，其他所有孩子在面對我這個提議時，都拿兩顆Kiss換一條大士力架。

繼喬伊之後，柔依是第二個上門的孩子。她打扮成公主模樣，穿著長長的白色洋裝，一手拿著魔杖，一手拿著橘色的萬聖節南瓜造型提籃。她的妹妹舒適地依偎在爸爸的臂彎裡，全身小兔子裝扮，看起來一副惹人憐惜的可愛模樣。他們走近時，柔依用可愛的童音高聲喊著：「要給糖還是搗蛋？！」我承認，以前我有時候會故意回答：「搗蛋！」聽到我這麼回答時，大部分孩子會呆站在那裡垂頭喪氣，因為他們從沒有想過竟然會得到這個答案。

但是這一次我乖乖地給柔依糖果，也是三顆Kiss巧克力。不過，這次我確實想稍微搗個蛋。我向小柔依提議：用一顆她的Kiss巧克力換一條大士力架，或是一顆糖都不用給，再拿一條小士力架。

現在，只要稍微理性地計算一下（就像喬伊之前充分展現的）就可以知道，最合算的交易是放棄免費的小條士力架，用一顆巧克力換大條的士力架。如果只看重量，犧牲一顆巧克力換取大條士力架（重2盎司），遠比只拿小條士力架（重1盎司）划算。對喬伊和所有要付出成本交換大小士力架的孩子們來說，這個邏輯再清楚不過。那麼柔依會怎麼做呢？她那精明的小腦袋能做出理性的選擇嗎？或是她會受到小士力架一閃一閃的「免費！」訊號所蒙蔽，而看不到正

確的理性答案？

你可能已經猜到了，柔依和其他面對這個提議的孩子，完全受到「免費！」蒙蔽。大約有70%的孩子放棄了較划算的交易，只因為「免費！」而選擇了較不合算的交易。

為了不讓你以為珊潘妮爾、瑪扎爾和我專門和小朋友過不去，我必須說，我們後來也找了較大的孩子來做同樣的實驗（其實就是麻省理工學生活動中心的學生）。在麻省理工的實驗結果與我們在萬聖節看到的模式如出一轍。確實，零成本的魅力不只限於金錢交易。不管是得到免費商品或省下金錢，我們就是無法抗拒「免費！」的吸引力。

那麼，你自認對「免費！」
有克制力嗎？

好，這裡有項測驗。假設我要你從免費的10美元亞馬遜網路商店禮券和價值20美元、卻賣7美元的禮券中選一樣，你會選哪一樣？快決定！

如果你選了免費禮券，你和大部分在波士頓某購物中心的受試者站在同一邊。但是再看一遍這兩項選擇：20元禮券只賣7元，獲利是13元，明顯優於免費的10元禮券（只賺10元）。你現在看到其中的非理性行為了吧[3]？

---

[3] 我們也進行了另一項實驗，提供另一種組合：10美元禮券賣1美元。而在這一回合裡，大部分受試者都選擇賣7元的20元禮券。

免運費的誘惑

讓我說段故事，你就能明白「免費！」對我們行為真正的影響力。幾年前，亞馬遜網路商店展開一項「購物滿額免運費」的優惠活動。比方說，買一本16.95美元的書，要另外付3.95美元的運費；但如果再買一本書，總購書金額湊成31.9美元，則運費全免。

有些買書人可能並不想要那第二本書（這也是我個人的經驗之談），但「免運費！」是如此吸引人，買書人寧可多花一本書的錢來省運費。亞馬遜的工作人員對這項優惠活動的成效十分滿意，不過他們注意到，在法國的銷售額並沒有增加。這難道是因為法國消費者比其他地方的消費者理性嗎？似乎不大可能。原來，法國消費者面對的是不同的優惠方案。

整件事情的始末如下。法國的亞馬遜在訂單達某個金額時並未免運費，而是提供運費只要1法郎（約20美分）的優惠。這看起來和免運費似乎沒有什麼太大差別，但其實有。事實上，當亞馬遜在法國改變促銷策略、推出免運費服務之後，法國也和其他國家一樣銷量大增。換句話說，1法郎的運費（非常實在的優惠）得不到法國人的青睞，「免運費！」卻能引發熱烈迴響。

幾年前，美國線上（America Online，簡稱AOL）的收費方式從時數制轉成月費制時（月付19.95美元，不限時數上網），也有類似的經歷。AOL在規畫新訂價結構時，原本估計需求只會小幅提升，但結果呢？一夜之間，登入系

統的人數由14萬人爆增至23萬6千人，平均上網時間增加一倍。這種盛況乍看之下很好，可惜實情並非如此。AOL的顧客上網時線路大塞車，AOL很快就不得不向其他網路業者租用服務線路（這些網路業者巴不得趁此機會海削一筆，加碼把頻寬賣給AOL）。當時的AOL總裁彼特曼（Bob Pittman）沒有體認到，消費者在面對「免費！」這份誘惑時，反應就像飢民來到吃到飽餐廳一樣。

因此，要在兩樣東西之間抉擇時，我們通常會對免費的那個反應過度。我們可能會選擇開設「免費！」但沒有任何附帶利益的支票帳戶，而不是每月收取帳戶管理費5美元的支票帳戶，儘管收5美元管理費的支票帳戶還給你免費的旅行支票、線上帳單等「免費！」支票帳戶沒有的服務，而為了使用這些服務，「免費！」帳戶所產生的手續費支出可能還高於5美元。同理，我們也可能選擇一個沒有解約金、但利率和手續費卻高得離譜的房貸方案；還有，我們也可能收下一個不是我們真正想要的東西，只因為它是免費奉送的禮物。

這方面，我最近一次的親身體驗是在買車時。幾年前開始在找新車時，我知道自己真正應該買的是廂型休旅車，而且我仔細研讀了本田各款廂型休旅車的資料，對它們瞭若指掌。但是後來，有部奧迪吸引了我的目光，它吸引我的原因是一項誘人的優惠方案：「免費！」三年換油。我怎麼可能抗拒這份誘惑？

坦白說，當時我內心其實仍在抗拒扮演育有兩名幼童、成熟且負責的父親角色，而那輛紅色動感的奧迪正好在這時

候出現。因此，與其說我完全受到免費換油優惠的左右，不如說從理性觀點來看，它對我產生莫名的強大影響力。但因為「免費！」，它成為讓我更難以割捨的誘惑。

所以我買下這部奧迪，得到了免費的換機油服務。（幾個月後，我在高速公路上飛馳時，變速器竟然故障，不過這是另一個故事了。）當然，如果我的腦袋冷靜下來，我可能會理性一點地撥撥算盤。我一年開車的哩程數大約是 7,000 哩，而車子每跑 1 萬哩才需要換一次機油，每次換機油的費用大約是 75 美元。因此三年下來，我大約可以省下 150 美元，差不多是車價的 0.5%，這實在不足以做為我選擇奧迪的理由。不過，更糟的還在後頭：我的奧迪現在被玩偶、一輛幼兒推車、一輛腳踏車和其他幼兒用品塞得滿滿的。天哪！如果有部廂型休旅車該有多好！

「零熱量」讓你吃更多

「0」的觀念也適用於時間。畢竟，把時間花在某項活動上，就是犧牲從事另一項活動的時間。因此，如果我們花 45 分鐘排隊等待拿免費冰淇淋，或是花半小時填長長的表格換一點折價券，我們就會失去做其他事的時間。

我個人最喜歡舉的例子是某家博物館的免費入場日。儘管大部分博物館的門票都不是很貴，但免門票還是最能勾起我的藝術胃口。當然，這種人不只我一個，因此我發現一到免費入場日，博物館經常是人山人海，大排長龍，幾乎什麼都看不到，而且在展覽館和餐廳裡人擠人實在難受。我明不

明白在免費入場日去博物館是個錯誤？我當然明白，但我還是照去不誤。

「0」也可能會影響採購食物的行為。食品製造商必須在外包裝盒上傳達各種資訊，告知消費者熱量、脂肪成分、纖維含量等資訊。「零熱量」、「零反式脂肪」、「零碳水化合物」對我們是否會產生像「免費！」一樣的吸引力？如果「免費！」的吸引力法則對食品也適用的話，標示「0卡路里」的百事可樂應該會比標示「1卡路里」賣得更好。

假設你現在身處酒吧，和一些朋友聊得正起勁。某個牌子的啤酒是無熱量啤酒，另一個牌子的啤酒是3卡路里。哪個牌子會讓你覺得自己喝的是真正的低熱量啤酒？儘管兩種啤酒的熱量差異微乎其微，但無熱量啤酒更能讓你覺得自己在健康上做了明智的選擇。而且你可能會因為感覺太好而開懷暢飲，甚至來一盤薯條當下酒菜。

「免費！」是神的境界

所以，你可以維持現狀，堅持收20美分的手續費（就像法國亞馬遜網路商店收的運費），或者你也可以推出某種「免費！」的促銷優惠，創造一窩蜂的熱潮。想想看這是多麼有效的構想！「0」不只是個折扣；「0」是個完全不同的境界。2美分和1美分的差異微乎其微，但1美分和0元可就相差了十萬八千里！

假如你是生意人，明白這點可以讓你成就不凡。想要吸引群眾嗎？快快打出免費牌！想要拉抬產品銷售數字嗎？那

就搭售「免費！」商品吧！

同理，我們可以運用「免費！」訴求，推動社會政策。想要鼓勵民眾開電動車嗎？不要只是降低牌照稅及檢測費，你應該免除這些費用，運用「免費！」的力量。同樣地，如果你關心全民健康，希望以早期檢測降低重大疾病的發生率，或希望民眾定期接受大腸鏡、乳房攝影、膽固醇、糖尿病等檢查，你不應該只是減少檢查費用（減少部分負擔的金額），而是免費提供這些重要檢查。

我認為大部分政策規畫者都沒有體認到「免費！」是他們手中的王牌，更遑論知道如何打這張牌。在這個縮減預算的時代，打免費牌在直覺上當然讓人覺得不對勁，但在三思之後你就會明白，「免費！」不但威力大，而且十分有道理。

附錄

　　我現在要解釋，標準經濟學理論的邏輯如何應用在我們的實驗設計。一個人要在兩種巧克力中選一種，而且只能選一種的時候，他需要考慮的不是每種巧克力的絕對價值，而是相對價值，也就是他所得到和放棄的東西。理性消費者採取的第一步是計算兩種巧克力的淨相對利益（預期的美味價值減去成本），然後根據巧克力的淨利益擇其高者。當瑞士蓮松露巧克力成本15美分、賀喜Kiss巧克力成本為1美分時，消費者如何分析？理性消費者會估計他分別從瑞士蓮巧克力和賀喜巧克力得到的快樂有多少（假設快樂值分別是50單位和5單位），然後減去他因為花15美分和1美分而感受的痛苦（假設痛苦值分別是15單位和1單位）。如此一來，瑞士蓮巧克力帶給這位消費者的快樂期望值是35單位（50─15），而賀喜巧克力的快樂期望值則是4單位（5─1）。瑞士蓮巧克力比賀喜巧克力多了31單位，因此瑞士蓮勝出。

　　當兩種巧克力的價格等額降低時（瑞士蓮變成14美分、賀喜不用錢），又是如何？這時，我們還是套用同樣的邏輯。巧克力的美味程度沒有改變，因此理性消費者對兩者的快樂估計值仍然分別是50單位和5單位。變動的是由成本而來的痛苦感。這次，理性消費者由兩種巧克力感受到的痛苦值都較低，因為兩者的價格都降了1美分（等於1單位痛苦值）。重點來了：既然兩種巧克力的折扣金額相同，兩者間的利益差異也就不變。瑞士蓮巧克力的快樂期望總值現

在是36單位（50—14），而賀喜Kiss則是5單位（5—0）。
這個選擇也應該一樣容易，瑞士蓮勝出。

如果理性的成本效益分析是決策背後運作的唯一力量，
那麼這的確是選擇模式「應該」有的樣子。但是，我們的實
驗結果卻與上述推論大相逕庭，歷歷事證都明白地告訴我
們，決策背後一定還有其他因素，而「0元」在我們的決策
過程裡，扮演了獨特的角色。

第4章

社會規範的成本

為何人們樂於自發行事，不喜歡拿錢辦事？

　　你到丈母娘家吃感恩節大餐，看看她為你準備的滿桌豐盛佳餚！火雞烤到表皮金黃，裡面的填料完全自製，非常合你的口味。你的孩子們雀躍不已，因為香甜的馬鈴薯上面覆蓋了軟軟的棉花糖。而你老婆覺得受寵若驚，因為她最喜歡的南瓜派獲選為飯後甜點。

　　慶祝活動一直持續到晚上，你鬆開腰帶，啜飲一杯酒，感激地注視坐在對面的丈母娘，然後站起身掏出你的皮夾。「媽，你為這場盛宴投注了所有的愛，我該付你多少錢？」你誠懇地說。在你揮舞一把鈔票的同時，現場頓時鴉雀無聲。「你覺得300美元夠嗎？不，等等，我應該付你400美元！」

　　這絕不是插畫大師諾曼・洛克威爾（Norman Rockwell）筆下所畫的場景。聽完你說的話，有人不小心打翻一杯酒，丈母娘面紅耳赤地起身，小姨子惡狠狠地瞪你，外甥女也突然放聲大哭。看來，你明年的感恩節慶祝活動，可能是在電視機前吃冷凍食品。

有些東西不能用錢買

這是怎麼一回事？為何提議付費會讓大家這樣掃興？如同克拉克（Margaret Clark）、米爾斯（Judson Mills）和費斯克（Alan Fiske）許久以前所說的，這個問題的答案是：我們同時生活在兩個不同的世界裡，其中一個由社會規範（social norms）所支配，另一個則由市場規範（market norms）所支配。社會規範包括人們回應彼此所提出的友善要求，比方請人幫忙搬沙發、幫忙換輪胎。社會規範牽涉到我們社會性的本質和我們對社群的需求，這些規範通常是溫暖而模糊的。你不需要立即回報；你可能會幫鄰居搬沙發，但並不表示他必須立即反過來幫你搬沙發。這就像幫別人開門一樣，你和對方都因此感到愉快，並不需要立即相互回報。

另一個由市場規範所支配的世界可就天差地遠了。它沒有溫暖而模糊的部分，所有的交換都是清楚分明的，包括工資、價格、房租、利息、成本與效益。這種市場關係不一定是邪惡或卑鄙的——事實上，它們也包括自力更生、創新和個人主義——但是它們確實牽涉到可比較的利益，也要求你立即回報。在市場規範的領域中，你付出多少就可得到多少。

當我們明確區分社會規範和市場規範之後，生活會比較沒有衝突。以性愛為例，在社會規範中，我們可以免費擁有性愛，並且期望它既溫馨又滋潤心靈。但是在市場規範中也有性愛存在，也就是因應需求、需要花錢消費的性愛。兩者

的分別很直接明確，因為不會有丈夫（或妻子）要求另一半付50美元才願意上床，也不會有妓女希望得到永遠的愛情。

當社會規範和市場規範發生衝突時，麻煩就會產生。再以性愛為例，某位男士請一個女孩吃飯看電影，之後他又再約她，並且再度買單。等到他們第三度約會，吃飯娛樂的帳單還是由他支付，但是這次他希望在送女孩回家時，女孩至少能用熱吻做為回報。他的荷包日益消瘦，但更糟的是他腦子裡的想法：他很難調和社會規範（追求愛情）與市場規範（用錢換取性愛）。第四次約會時，他若無其事地提到這場戀愛花了他多少錢，並暗示女孩應該有所回報。現在的他已經越界了，違規！結果她罵他是禽獸，之後拂袖而去。他早該知道，將社會規範和市場規範混為一談，尤其是在這種情況下，等於暗示那個女孩是可以用錢買到的歡場女子。他也應該記住名導演伍迪·艾倫的名言：「最昂貴的性愛是免費的性愛。」

給不給錢的差別

幾年前，聖湯瑪斯大學（University of St. Thomas）教授海曼（James Heyman）和我決定要探索社會規範和市場規範的影響。如果能夠模擬上述感恩節事件，那就再好不過了，但是考量到這麼做可能會傷害到受試者的家庭關係，因此我們挑選了較為普通的事情來實驗。事實上，那是我們所能找到最無聊的任務之一（社會科學的一個傳統就是運用非常無聊的任務）。

　　在這項實驗中，電腦畫面的左邊出現一個圓圈，右邊出現一個方形，受試者的任務是使用電腦滑鼠將圓圈拖曳到方形上。一旦順利將圓圈拖曳到方形上，圓圈就會從畫面消失，而起點會再出現新的圓圈。我們請受試者盡其所能多拖曳一些圓圈，然後計算他們在5分鐘內拖曳多少個圓圈。希望藉此估計他們的勞動產出，也就是對這項任務投入了多少心力。

　　這項安排如何能幫助我們了解社會交換和市場交換？在這項簡短的實驗中，有些受試者會得到5美元酬勞，他們一走進實驗室就先拿到錢。工作人員會告訴他們，5分鐘過後，電腦會提醒他們任務已經結束，這時他們就可以離開實驗室。因為是付錢請他們參與，我們預期他們會以市場規範來衡量這個情況，並且照著市場規範行事。

　　第二組受試者所得到的基本指示與任務都和第一組相同，但是獲得的酬勞遠低於第一組（一項實驗是50美分，另一項實驗是10美分）。同樣地，我們預期受試者會應用市場規範，然後照著市場規範行事。

　　最後，我們告訴第三組受試者這項任務是「社會服務」，我們並沒有對這組受試者提供任何實質的回報，更沒有提到金錢酬勞，這只是我們請他們幫的一個小忙。我們預期受試者在此情況下會套用社會規範，依照社會規範行事。

　　這三組人投入的程度有何差異？獲得5美元的受試者在行動上符合市場規範，平均拖曳了159個圓圈，而獲得50美分的參與者平均拖曳了101個圓圈。一如預期，受試者獲得的酬勞更多，就會更積極、更努力工作（提高大約50％）。

　　至於沒有酬勞的受試者情況如何？這些受試者的工作效率是否低於酬勞微薄的受試者，或者他們會因為是無償工作，而將社會規範套用在這個情況，並且更努力工作？結果顯示，他們平均拖曳了168個圓圈，遠超過得到50美分的受試者，並且略高於獲得5美元的受試者。換句話說，在與金錢無關的社會規範下工作的受試者，比受到萬能金錢驅使而工作的受試者更努力。

　　或許我們早該預期到這點，有很多例子可以說明，人們為了理想、會比為了金錢更加努力工作。例如幾年前，美國退休人員協會（AARP）詢問一些律師是否願意降低收費為貧窮的退休人員提供服務，比方說一小時只收取30美元，但是律師們卻拒絕了。後來美國退休人員協會的經理想出一個妙計：他詢問律師們是否願意為貧窮的退休人員提供免費服務，結果律師們一致表示同意。

　　這到底是怎麼一回事？免費服務怎麼會比收30美元更能說服人？這是因為一提到錢，律師們會套用市場規範，並且發現相對於他們的市場薪資，這項提議無利可圖。如果不提到錢，律師們會套用社會規範，並且願意提供免費諮詢服務。他們為何不接受30美元，把自己想成是酌收一點費用的志工？這是因為一考慮市場規範，社會規範就會退出。

　　在哥倫比亞大學擔任經濟學教授的西徹曼（Nachum Sicherman）在日本學武術時也碰到類似的情況。西徹曼的武術老師免費教學生武術，學生們都覺得這樣對老師不公平，因此有一天向老師建議要付學費，只見老師放下竹刀，平靜地回答，如果他要收費，沒有學生付得起。

送禮物好，還是送錢好？

在之前的實驗中，得到50美分的受試者並沒有對自己說：「我真為自己高興，我幫這些研究人員一個忙，還因此得到一些酬勞。」然後比分文未得的受試者更努力工作。相反地，他們改採市場規範，判斷50美分並不是一筆大數目，因此沒有很認真投入工作。換句話說，當市場規範進入實驗室之後，社會規範就會被拒於門外。

但如果我們用禮物取代酬金，情況會如何？你的岳母大人當然會欣然接受一瓶好酒，或是在朋友喬遷誌喜時，送個禮物給對方也不錯（例如送一盆環保的盆栽）。用禮物進行交換，可讓我們維持在社會交換規範嗎？得到這類禮物的受試者，會從社會規範轉換到市場規範嗎？還是說，以禮物取代酬金會讓受試者維持在社會規範之中？

為了解禮物交換方式究竟會讓人套用社會規範或市場規範，海曼教授和我決定再進行一項新實驗，這次我們請受試者將圓圈拉過電腦畫面，但是我們不提供酬金，而是贈送禮物。我們把50美分的酬金換成士力架巧克力棒（價值50美分）一條，並且把5美元酬金換成一盒比利時Godiva巧克力（價值5美元）。

受試者進入實驗室之後拿到贈品，照自己的意願工作，然後離開。接著我們觀察結果，發現所有三個小組在任務期間都一樣賣力，不論他們得到的是一小條巧克力棒（這些受試者平均拖曳162個圓圈），或什麼都沒拿到（這些受試者平均拖曳168個圓圈）。結論是：沒有人因為得到小禮物而

感到不快，因為即使只是一份小禮物，也會讓我們繼續待在社會交換的世界中，並且遠離市場規範。

　　但如果我們將代表這兩類規範的訊號混合，情況會如何？如果我們把市場規範與社會規範混在一起，會有什麼結果？換句話說，如果我們明白表示，受試者會得到一條「價值50美分的士力架巧克力棒」或一盒「價值5美元的Godiva巧克力」，他們會有何表現？「價值50美分的士力架巧克力棒」會和「士力架巧克力棒」一樣，讓受試者同樣努力工作嗎？或者這個訊息會和50美分一樣，讓受試者敷衍了事？又或者結果會介於兩者之間？下一項實驗就是在測試這些想法。

　　實驗的結果是，得到價值50美分的士力架巧克力棒絲毫沒有讓受試者變得更積極，他們投注的努力和他們得到50美分時所做的努力相同。對於價格明確的禮物，他們的反應和得到現金時的反應完全一樣，禮物不再喚起社會規範，因為一提到價格，禮物就走進市場規範的領域。

　　順帶一提，我們後來又如法炮製，詢問路人是否願意幫我們把沙發從卡車上卸下來，這項實驗也得到一樣的結果。人們願意免費幫忙，也願意拿合理的工資幫忙；但若提供的酬勞太過微薄，他們會拒絕幫忙。送禮物請人搬沙發的結果也是一樣的。送人禮物，哪怕是很小的禮物，也能打動他們伸出援手；但如果你提到禮物的成本，可能你話還沒說完，他們就已經轉身離開。

啟動市場規範的按鈕

　　這些結果顯示，要讓市場規範出現，只要提到錢就夠了（即使還沒實際給出錢也一樣）。但是市場規範當然不只和付出程度有關，另外也和各種行為，包括自食其力、幫忙他人和個人主義有關。是不是只要讓人們想到金錢，他們在這些方面就會有不同的表現？明尼蘇達大學教授沃斯（Kathleen Vohs）、佛羅里達州立大學研究生米德（Nicole Mead），以及英屬哥倫比亞大學研究生古德（Miranda Goode）對這項假設做了一系列相當好的實驗，他們要求受試者完成「重組造句作業」，也就是把一組字的順序重新整理、並組成句子。其中一組受試者是造中性的句子（例如「外面很冷」），另一組受試者是造與金錢有關的名詞或句子（例如「高薪」[1]）。用這種方式讓受試者考慮到金錢，就足以改變他們的行為方式嗎？

　　在其中一項實驗裡，受試者完成造句的作業後，工作人員拿給他們一個高難度的拼圖，要他們將12片拼圖排成一個正方形。工作人員離開實驗房間時告訴受試者，如果他們需要任何協助，可以來找他。你認為誰會比較快尋求協助？是以暗示金錢的「薪水」詞彙來造句的小組，或是以天氣和其他類似主題來造「中性」句子的小組？結果，以「薪水」為主題造句的學生和拼圖纏鬥了大約五分半鐘，才請求協助，而造出中性句子的人大約三分鐘後就發出求救聲。想到

---

[1] 這項程序稱為「促發」（priming），重組句子的目的是要讓受試者思考特定的主題，即使並沒有直接指示要他們這麼做。

金錢，「薪水」小組的成員就變得比較自立自強，比較不願意尋求協助，但是這些受試者也比較不願意幫助他人。事實上，在想到金錢之後，這些受試者就不大願意協助工作人員輸入資料，比較不會協助另一位似乎不了解狀況的受試者，也比較不願意協助某個「意外」將一盒鉛筆撒滿地的「陌生人」（由工作人員假扮）。

整體而言，從「薪水」小組的人身上可以看出市場的許多特性：他們比較自私和自立；喜歡花更多時間獨處；比較可能選擇需要單打獨鬥而非團隊合作的工作；而且當他們選擇座位時，他們會刻意遠離工作人員指定的合作對象所坐的位子。的確，只要一想到金錢，人們的行為就會和大多數經濟學家所預期的一樣，而且比較不像日常生活中的社會動物。

這讓我有一個最終的想法：你和約會對象到餐廳用餐時，千萬別提到餐點的價格。沒錯，它們的價格已經清清楚楚印在菜單上。沒錯，這可能是你讓約會對象注意到餐廳水準有多高的機會，但如果你一再提起，你可能會將你與對方的關係從社會規範轉移到市場規範。沒錯，你的約會對象可能沒有發現這頓飯讓你荷包大失血。沒錯，你的岳母大人可能認為你送的那瓶酒是售價10美元的混合酒，而它其實是價值60美元的特選級梅洛紅酒，但那是為了將你們的關係保持在社會規範內並遠離市場規範所必須支付的代價。

謹防傷害人際關係

因此，我們生活在兩個世界裡：一個世界的特徵是社會交換，另一個世界的特徵是市場交換，我們將不同規範套用到這兩種關係中。此外，如我們所見，將市場規範導入社會交換，就會違反社會規範，並傷害到人際關係。一旦犯下這類錯誤，就很難恢復社會關係；一旦你提議要為愉快的感恩節晚餐付費，你的丈母娘一輩子都會記得這件事。如果你向可能晉升為情人的交往對象提議打開天窗說亮話，把交往期間的費用均分，並且直接上床發生關係，你很可能會就此毀掉這段戀情。

我在加州大學聖地牙哥分校擔任教授的好友格尼齊（Uri Gneezy）和明尼蘇達大學教授拉提奇尼（Aldo Rustichini）針對從社會規範切換到市場規範的長期效應，做了一項非常巧妙的測驗。

幾年前，他們研究以色列的一家托兒所，看看對於遲接小孩的父母施以罰款是否具有嚇阻效用。格尼齊和拉提奇尼的結論是，罰款不僅效果不彰，而且還有長期的負面效果。為什麼？在實施罰款之前，老師和父母之間有一個社會契約，其中包含對於遲到的社會規範。因此父母如果遲到（他們偶爾如此）會覺得內疚，而且這種內疚會促使他們日後更早來接小孩。（在以色列，自責似乎是讓人順從的有效方式。）但是自從實施罰款辦法之後，托兒所無意間把社會規範轉換成市場規範，既然父母因為遲到而付罰款，他們會從市場規範來解讀這種情況。換句話說，他們既然被罰錢，就

可以自己決定要不要晚一點來接小孩，而且他們往往會選擇晚到。不消說，這並不是托兒所的本意。

但是真正的故事才要開始。最有趣的部分發生在幾週後，也就是托兒所撤消罰款辦法時。現在托兒所重新回到社會規範，家長也會跟著重返社會規範嗎？他們的內疚感會恢復嗎？一點都沒有。罰款辦法取消後，家長的行為並未改變，他們繼續遲接小孩，甚至遲接小孩的件數還略為增加（畢竟，社會規範和市場規範都被移除了）。

這項實驗說明了一個不幸的事實：當社會規範與市場規範相衝突時，社會規範會退場，而且久久不會再出現。換句話說，社會關係不容易重新建立。一旦玫瑰花朵從枝莖上掉落，就不可能接回去；同樣地，一旦社會規範被市場規範超越，就很難恢復過來。

我們同時生活在社會世界和市場世界裡，這項事實對我們的個人生活有許多影響。我們三不五時都會需要別人幫忙搬搬東西、看看孩子，或是在我們出遠門時幫忙收信件。什麼是打動朋友鄰居幫忙我們的最佳方式？給錢有用嗎？還是送禮物？要給多少？或者什麼也不必給？我想你知道，這種社交規則不容易理解，尤其是有可能將某種關係推進市場交換領域時。

下列是部分的答案。要求朋友幫忙搬一大件家具或搬幾個箱子還可以，但若要求朋友幫忙搬很多箱子或家具，就得另當別論，特別是朋友和一些付錢請來的搬運工一起做相同的差事時。在這種情況下，你的朋友可能會開始覺得自己被利用了。同樣地，請當律師的鄰居在你出門度假時幫你收信

件還可以，但若請他花同樣的時間替你準備租賃合約，那就
不大恰當了。

做形象，還是在商言商？

　　社會規範和市場規範之間的微妙平衡，在商業界也很明
顯。過去數十年，企業嘗試將自己塑造成社會夥伴（social
companion）來做行銷，換言之，企業希望消費者認為他們
和消費者是一家人，或至少是住在同一條街上的朋友。令人
熟悉的標語，除了「State Farm 保險公司是大家的好鄰居」
之外，還有家得寶（Home Depot）公司的溫柔鼓勵：「你能
做到，我們能幫忙。」（You can do it. We can help.）

　　不論是誰開始用社交方式對待客戶，他想到的絕對是一
個好主意。如果客戶和公司成為家人，公司就可以從客戶那
裡得到許多好處，例如極高的忠誠度、比較能容忍一些小狀
況發生（弄錯客戶帳單、甚至是小幅提高你的保險費率）。
當然，雙方的關係會有高低起伏，但是整體而言，建立社會
關係是件很好的事。

　　但我覺得奇怪的是，雖然企業在行銷和廣告上砸下重金
來建立社會關係（或至少建立社會關係的形象），他們似乎
不了解社會關係的本質，特別是其中的風險。

　　例如，當客戶的支票跳票時，會有什麼情況發生？如果
這項關係是建立在市場規範上，銀行會收取滯納金，而客戶
就要乖乖照繳。在商言商，雖然滯納金讓人討厭，卻不得不
接受。但是在社會關係中，重罰滯納金（而非銀行經理打來

的一通友善的提醒電話，或是自動豁免滯納金）不僅會損害彼此關係，更是致命的一擊。消費者會採取人身攻擊，他們會憤怒地離開銀行，並且花好幾小時向朋友抱怨這家銀行有多差勁。畢竟，這應該是以社會交換來建構的關係。不論銀行提供多少餅乾、標語和友誼象徵，違反社會交換就表示消費者會重回市場交換，轉瞬間一切都改變了。

結論是什麼？如果你是一家公司的老闆，我的建議是，切記不要同時採用社會規範和市場規範。你不能一下子將客戶視為家人，一下子又用缺乏人情味的方式對待他們；或更糟的是，一下子又將他們視為討厭鬼或競爭者，只因為這樣會更方便或更有利可圖。這不是社會關係運作的方式。如果你想要社會關係，就去努力爭取，但切記不管發生任何情況都要保持這種關係。

另一方面，如果你認為有時必須強硬一點，例如為額外的服務多收費用，或是施加處罰來管束消費者，你一開始就不需要浪費錢將公司定位成讓人感覺溫馨的企業。在那種情況下，你要堅持簡單的價值主張：說明你提供的東西以及你預期的回報。既然你沒有設定任何社會規範或期望，你也不會違反任何規範；畢竟，那只是做生意而已。

我為公司，公司為我？

現在的企業也嘗試要和員工建立社會規範，但是以前並非如此。多年以前，美國的勞動力比較偏向工業性、市場導向的交換。那時候大家經常抱著朝九晚五、當一天和尚敲一

天鐘的心態,每週工作40小時、週五等著領薪水。由於是支領時薪,員工完全知道自己何時是在替老闆工作,何時不是。只要工廠汽笛聲一響(或類似的裝置一發出聲音),雙方的交易就暫告結束。這是明確的市場交換,交易雙方對這點都了然於胸。

現在的企業發現,建立社會交換機制有一項優點。畢竟在目前的市場中,我們是無形產品的製造者,創意比工業機器更有價值。工作與休閒之間的區分同樣也變得模糊,經營者希望我們隨時隨地、包括開車和洗澡時都想到工作,他們提供我們筆記型電腦、行動電話和黑莓機,以縮短工作地點和家庭之間的距離。

讓朝九晚五的工作型態進一步模糊的是,許多公司逐漸將給薪制度從時薪改為月薪。在這種一週七天、一天24小時的工作環境中,社會規範有一大優點:它們可讓員工充滿熱情、勤奮工作、靈活彈性和積極投入。在員工對雇主的忠誠度愈來愈低的市場中,社會規範是促使員工忠誠和積極最好的方式之一。

開放原始碼軟體顯示了社會規範的潛力。以 Linux 和其他協同合作計畫為例,你可以在網路公佈欄上張貼一個程式碼的錯誤,看看有哪些人肯利用自己的閒暇時間快速回應你的要求,幫你修補這個軟體問題。你可以為這種層次的服務付費嗎?很有可能,但如果你想雇用擁有相同能力的人才,可能會所費不貲。幸好這種社群裡的人大多很樂意花時間服務社會(他們因此得到的社會利益,和我們為朋友油漆房間所得到的社會利益相同)。我們可以從中學到什麼,應用到

商業界呢？我們學到的是，社會獎勵可以強力地激勵行為，但公司卻鮮少使用社會獎勵和聲譽做為鼓勵的辦法。

在對待員工方面（一如對待顧客的情況），企業必須了解他們有哪些應該負責的長期承諾。如果員工願意更加努力以便在重要期限之前完成工作（甚至為此耽誤了家務事），如果公司要求他們一接到通知就立即搭飛機去開會，他們必須獲得相對的回報，比方說生病時獲得支援，或在市場危及工作權時，仍然能保有工作。

雖然有些公司成功地和員工共同建立社會規範，但是目前企業對於短期獲利、外包及大幅削減成本的熱中，恐怕將破壞這一切。畢竟在社會交換理論中，人們相信如果有些事出了差錯，另一方會挺身而出，保護、協助他們。這些看法在社會契約中並沒有詳細載明，但在必要時提供關懷和協助卻是一般認定的義務。

同樣地，企業無法同時採行社會規範和市場規範。尤其我很擔心最近出現的員工福利削減措施，幼兒照護、退休金、彈性工時、健身房、員工餐廳、郊遊等等福利都能免則免，如此可能會損及勞資之間的社會交換關係，進而影響員工的生產力。我特別擔心醫療福利的削減可能會將大半的勞資社會關係轉換為市場關係。

如果企業想要從社會規範的優點中獲益，就需要加強建立那些規範。醫療福利，特別是提供全面性的醫療照護，是企業支持社會交換最好的方式之一。但是許多公司所做的，都是要求提高保險計畫中的員工自付額，同時減少員工福利的涵蓋範圍。簡單地說，他們正在破壞公司和員工之間的

社會契約，改採市場規範。當企業的態度轉向、使員工從社會規範滑向市場規範時，我們能責怪員工因為發現更好的機會而跳槽嗎？難怪用來形容員工對公司的忠誠度的「企業忠誠」（corporate loyalty）一詞，已經顯得矛盾突兀。

組織也可以仔細思索，人們在社會規範和市場規範下有何不同的舉措。你應該給員工價值 1,000 美元的禮物，或是給員工 1,000 美元現金？哪一種比較好？如果你問員工，大多數人很可能偏好現金而非禮物，但是禮物有它的價值，雖然有時這種價值少有人了解——它可以提升員工與雇主之間的社會關係，因此對每個人都有長期的好處。用下列的方式來想：你認為誰可能會更努力工作、顯示更高的忠誠度，而且真心熱愛自己的工作，是得到 1,000 美元現金的員工，或是得到禮物的員工？

當然，禮物是一種象徵性的表示，而且可以確定的是，人們會為了薪水工作，不會為了禮物工作。就此而言，沒有人會願意無償工作。但如果你觀察像 Google 這種對員工提供各種福利的公司（包括免費的美味午餐），你就能看到強調公司和員工關係的社會層面，可以傳達出多少善意。當社會規範（例如共同成就某件事的興奮之情）比市場規範（例如每一次升等就加薪）更強大時，企業（尤其是新創公司）可以從員工身上得到更高的績效。

如果企業開始從社會規範來思考，他們會發現，這些規範建立了忠誠度，而且更重要的是，這些規範能讓員工願意視企業目前的需要而擴展自我，變得更彈性、更投入，而且樂意做出貢獻。這就是社會關係的好處所在。

激勵員工的方法

這個職場社會規範的問題，是我們應該經常思考的。美國人的生產力愈來愈仰賴員工的能力和努力，我們會因此將商業從社會規範的領域推向市場規範嗎？員工是從金錢、而非從忠誠和信任等社會價值來思考嗎？就創意和承諾而言，這會對美國人長期的生產力造成什麼影響？此外，政府和人民之間的「社會契約」又是如何？它也開始搖搖欲墜嗎？

在某種程度上，我們全都知道答案是什麼。例如我們了解，光是薪水並不足以讓人們冒生命危險。警察、消防隊員和軍人不會為了週薪而赴死。激勵他們放棄自身生命和健康的，是社會規範，也就是以本身職業為榮和責任感。我在邁阿密的一位朋友曾經陪同一位美國海關人員巡邏近海水域，這位仁兄攜帶一把突擊步槍，而且絕對可以把企圖逃跑的運毒船掃射出幾個洞。但是問他是否曾經如此做，他回答「絕不可能」，因為他不打算為了那份公家薪水而付出生命。事實上，他透露他的小組和運毒者之間有份默契：如果毒販不開槍，海關人員也不會開槍。也許那可以解釋，我們為何很少聽到美國在緝毒戰時爆發槍戰。

我們要如何改變這種情況？第一個方法是讓聯邦公務員的薪水變得更優渥，這樣海關人員才願意為此冒生命危險。但是多少錢才算優渥？讓他們的薪水相當於毒販從巴哈馬坐船到邁阿密販毒所得的不法獲利？另一個方法是提升社會規範，讓海關人員覺得，他們的任務比基本薪資更有價值——我們尊敬他們（就像我們尊敬警察和消防隊員一樣），因為

他們不僅穩定了社會結構，還使我們的子女免於各種危險。當然，這樣做需要領導者多方激勵打氣，但要做到這點並不難。

接下來讓我說明一下，同樣的想法如何應用於教育界。最近我參與一個提升公共教育成效與威信的聯邦委員會，這是我未來想探索的社會規範和市場規範的一個層面，我們的任務是重新檢視「有教無類」政策，並找出激勵學生、教師、行政人員和家長的方法。

我到目前為止的感覺是，標準化考試和依績效給薪可能會把教育從社會規範推向市場規範。美國花在每個學生身上的錢，已超過任何其他西方國家，繼續增加經費是明智之舉嗎？相同的考量也適用於考試：考試已經很頻繁地舉行，增加考試次數不可能提升教育品質。

我懷疑其中一個答案存在於社會規範的領域。我們在實驗中發現，現金的效用相當有限，唯有社會規範才能在長期帶來改變的力量。我們最好不要把教師、家長、學生的注意力集中在成績、薪資和競爭上，而是對大家灌輸教育的目的感、使命感和榮譽感。要做到這點，當然不能採取市場規範的途徑。披頭四合唱團多年前在歌詞中宣稱「不能幫我買到愛」（Can't Buy Me Love），這也適用於學習的熱忱。你不能買到學習的熱誠，如果你這樣做，反而會把它趕走。

那我們要怎樣才能改進教育制度？我們可能應該先重新評估學校課程，以更顯著的方式將它們連結到整個社會所關注的社會目標（消除貧窮和犯罪、提高人權等等）、科技目標（加強節能、探索太空、奈米技術等等），以及醫療目

標（癌症、糖尿病、肥胖症等疾病的療法）。如此一來，學生、教師和家長就可以看到教育的主要重點，也將更熱心積極地投入教育。我們也應該努力使教育本身成為一項目標，不要再將學生的留校時數與教育品質劃上等號。孩子們對許多事情（例如棒球）都會有濃厚的興趣，而社會面臨的挑戰，就是要讓他們對諾貝爾獎得主的興趣，和他們對棒球明星的興趣一樣高。我不是說點燃社會對教育的熱情很簡單，但如果我們成功做到這點，就會創造無窮的價值。

火人祭的啟發

　　激勵人的方式有很多種，而金錢往往是最昂貴的方式。社會規範不僅較為便宜，而且效益更高。那麼金錢有何好處？在古代，金錢使交易更容易；你不必背著一隻鵝到市場去換東西，或是決定要用鵝的哪個部分來換得一顆萵苣。而在現代，金錢的好處甚至更多，因為它讓我們能夠專業分工、借貸和儲蓄。

　　但是金錢也會有自己的生命，如我們所見，它會除掉人際互動中最好的部分。那我們還需要錢嗎？我們當然需要，只不過在我們的生活中有沒有一些層面是沒有錢反而比較好？

　　這個想法很激進，而且很難想像套用到現實情況會如何。但是幾年前，我曾體驗過那種情況。當時我接到死之華合唱團（Grateful Dead）作詞者裴利‧巴羅（Perry Barlow）的電話，他邀請我參加一項活動，事後證明，這項活動對

我而言是很重要的個人經驗，也是建立無金錢社會的有趣練習。巴羅要我務必跟他一起參加「火人祭」（Burning Man），他說如果我真的參加，我會覺得像回到家一樣自在。「火人祭」每年在內華達州黑岩沙漠（Black Rock Desert）舉行，為期一週。這項強調自我表達和自力更生的活動，總是吸引超過4萬人參加。「火人祭」1986年在舊金山的貝克海灘（Baker Beach）首次舉行，當時有一小群人設計、製作一個八呎高的木製人像和一隻較小的木狗，最後再加以焚燒。到今天，焚燒的人像已變大許多，參與人數也大幅增加，現在這項活動已經成為最大的藝術慶典之一，也是臨時社群（temporary community）持續進行的實驗。

「火人祭」有許多令人驚奇的層面，但是對我而言，最值得注意的是它對市場規範的排斥。「火人祭」現場任何地方都不接受金錢，整個活動是以禮物交換式經濟來運作：你送東西給別人，知道對方也會用東西回報你（或回報其他人）。因此，擅長烹飪的人可以為人煮飯，心理醫師可以提供免費的諮詢時間，按摩師為躺在桌上的人們按摩，有水的人提供沖澡的機會，還有人提供飲料、自製首飾和擁抱。我則在麻省理工的實習工廠做了一些拼圖，把它們拿來送人。大多數拿到的人都認真地想拼出圖形，並且樂在其中。

一開始我覺得一切都很奇怪，但是不久之後，我發現自己接納了「火人祭」的規範。事實上我很驚訝地發現，「火人祭」是我參與過最開放、最適合社交聯誼和最有愛心的地方。如果全年52週都參加「火人祭」，我不確定自己是否能輕易地存活下來，但是這項經驗使我相信，市場規範較少、

社會規範較多的生活，會更令人滿足、更有創意、更有成就感，而且更有趣。

　　我相信，這個答案不是要將社會重建為「火人祭」，而是要記住，社會規範除了具備我們所認定的優點之外，還可以在社會上扮演更重要的角色。事實上，如果我們思考一下，強調更高薪水、更多收入和更多支出的市場規範，如何在過去數十年逐漸接管我們的生活，我們或許會發現，回到某些舊式的社會規範可能也不錯，它也許會將許多舊有的禮儀重新帶回我們的生活中。

第5章

性興奮的影響

為何高漲的情緒讓我們失去理智？

　　詢問大多數二十來歲的男大學生是否曾經嘗試過無預防措施的性行為，他們會很快地列舉感染可怕疾病、懷孕等各種各樣的風險。在任何冷靜的場合（例如：寫作業或聽演講時）詢問他們是否喜歡被打屁股或是和另一個男人享受3P性愛，他們會面露嫌惡，告訴你絕不可能。此外，他們還會瞇著眼睛打量你，心想，這是哪裡來的神經病，劈頭就問這種低級問題？

　　2001年我在柏克萊大學擔任訪問學者，我和我的朋友、我在學術界的英雄，同時也是長久的合作夥伴柳文斯坦，邀請了一些優秀的學生來協助我們了解，聰明理智的人能否預測自己在激情的狀況下，態度會如何改變。為了讓這項研究更真實，我們需要在受試者仍處於這種情緒狀態時評估其反應。我們原可在實驗中讓受試者感到生氣或飢餓、沮喪或惱怒，但我們選擇讓他們經歷愉快一點的情緒。

　　我們之所以選擇研究在性興奮之下所做的決定，不是因為我們自己有怪癖，而是因為了解性興奮對行為的影響或許

可以幫助社會處理一些難題，例如青少年懷孕和愛滋病的氾濫。性動機處處存在，但是我們對於它如何影響我們的決定卻所知有限。

此外，由於我們想了解受試者是否能夠預測自己在特定情緒狀態下如何行事，因此這種情緒必須是他們非常熟悉的情緒。這使我們很容易做決定，如果二十來歲的男大學生有什麼可預測、很熟悉的事情，那就是他們對性的常態反應。

限制級的實驗

在柏克萊主修生物學，友善、好學的羅伊出了一身汗，但他不是為了期末考才如此。他靠在昏暗的宿舍單人床上，用右手很快地手淫，左手則是使用單手鍵盤來操作一台用保鮮膜包覆的筆記型電腦。他瀏覽了擺出各種撩人姿勢的豐滿裸女照，胸口的心跳聲愈來愈大。

當羅伊愈來愈興奮時，他把電腦畫面上的「興奮量表」往上調高，等他達到亮紅燈的「高度興奮區」時，電腦畫面蹦出一個問題：「你可以和你討厭的人做愛嗎？」

羅伊把左手移到一個包括「是」和「否」選項的量表，然後點選答案。接著出現下一個問題：「你會對一個女人下藥，以便增加她和你做愛的機會嗎？」

羅伊再度選取他的回答。接著新問題又出現了。「你每次做愛都會使用保險套嗎？」

柏克萊本身就是個兩極化的地方，它是1960年代反傳統暴動的地點，灣區（Bay Area）居民諷刺地將柏克萊這個

著名的中間偏左城市稱為「柏克萊人民共和國」。但是龐大的校園本身吸引了最守規矩、最頂尖的好學生，根據2004年對即將入學的新鮮人所做的一項調查，只有51.2％的受訪者自認為是自由派，超過三分之一（36％）的人認為自己是中間派，而有12％的人自稱是保守派。出乎我意料的是，我到柏克萊之後發現，這個學校的學生普遍都不瘋狂、叛逆或是愛冒險。

我們在史鮑爾廣場（Sproul Plaza）張貼了一張廣告，內容如下：「誠徵年滿18歲的男異性戀者參與研究，研究主題為決策與性興奮。」廣告中註明，實驗會佔用受試者大約1小時的時間、每次實驗會支付受試者10美元，實驗可能會使用引起性興奮的工具資料，有意應徵者請以電子郵件向研究助理麥克洽詢。

這項研究我們決定只找男性受試者。以性來說，男性的思維比女性簡單得多，我們和我們的助理（包括男性和女性）做了很多討論，最後得到這項結論。要讓實驗成功，大概只需要一本《花花公子》雜誌和一間光線很暗的房間。

另一個問題是爭取麻省理工史隆管理學院（我得到主要教職的學校）核准這項實驗計畫，這本身就是一項嚴峻的考驗。史隆管理學院院長史馬倫西（Richard Schmalensee）先指派一個主要由女性組成的委員會來審核這項研究案。委員會有幾個疑慮。如果某個受試者因為這項研究而發現被壓抑的性虐待記憶，該怎麼辦？如果某個受試者因此發現自己是性上癮者，該怎麼辦？對我來說，他們的問題似乎毫無根據，因為大多數想像得到的色情照片，任何大學生只要有電

腦、有網路，都可以看得到。

雖然這項計畫因此在商學院受阻，但幸好我在麻省理工的媒體實驗室（Media Lab）也有一個職位，實驗室負責人班德（Walter Bender）欣然核准這項計畫。我可以展開作業了，但是根據我在史隆管理學院的經驗，即使在金賽（Kinsey）博士之後已過了半個世紀，即使性具有極高的重要性，但它仍是研究上的一大禁忌主題，至少在某些機構是如此。

理性狀態下的回答

無論如何，我們的廣告刊登出去了；我們很快就拿到許多等待參加實驗的熱情學生名單，其中包括羅伊。

其實羅伊是這項研究25名受試者中最具代表性的。他生長在舊金山，有教養、有智慧而且親切溫和，是每一個準岳母夢寐以求的那種女婿。羅伊會彈蕭邦練習曲，也喜歡隨著舞曲跳舞。他高中時每科都拿A，還是排球校隊隊長。他同情自由派，卻經常投票給共和黨。他親切友善，有一個交往一年的固定女友。他準備讀醫學院，他特別愛吃辣酪梨壽司和「間奏曲咖啡館」（Cafe Intermezzo）的沙拉。

羅伊和擔任我們研究助理的研究生麥克約在「步道咖啡館」（Strada）碰面，這家咖啡館是露臺風格咖啡店，孕育了許多學術思想，包括解開費瑪（Fermat）最後定理之鑰的構想。麥克身材瘦高，留著短髮，帶有藝術氣息和迷人的微笑。

　　麥克和羅伊握手後，雙雙坐下。「謝謝你來應徵，羅伊，」麥克一邊說，一邊拿出幾張紙放在桌上。「首先來看看研究同意書。」

　　麥克念出例行規定：本研究和決策與性興奮有關，受試者為自願參加。受試者的個人資料將列為機密，受試者有權利聯絡負責保護受試者權利的委員會……諸如此類的事情。

　　羅伊一再點頭。你可能找不到比他更討人喜歡的受試者了。

　　「你可以隨時停止實驗，」麥克總結說。「以上都了解了嗎？」

　　「了解了。」羅伊說。他抓起一支筆簽名。麥克和他握手。

　　「太好了！」麥克從背包中拿出一個紙袋。「這是即將發生的情況。」他拿出蘋果 iBook 電腦，然後打開。羅伊看到除了原有的標準鍵盤之外，還有一個含 12 個按鍵的彩色鍵盤。

　　「這是這台電腦的特殊配備，」麥克解釋說。「請你使用這個鍵盤來回答問題。」他碰觸彩色鍵盤上的按鍵。「我們會給你一個代碼，輸入代碼之後就可以開始進行實驗。進行實驗時，你會被問到一連串問題。如果你想要進行問題中所說的活動，請回答『是』；如果你不想要，請回答『否』。記住，你會被要求預測你將有哪些行為，以及在你性興奮時，你想做哪些活動。」

　　羅伊點點頭。

　　「我們會請你坐在床上，將電腦放在床頭左邊的椅子

上，在床上要能看得清和摸得著電腦，」麥克繼續說。「將鍵盤放在你手邊，這樣你才能夠方便地使用它，另外要確定你是獨自一人。」

羅伊的眼神閃爍了一下。

「你完成實驗時，寫封電子郵件給我，我再和你碰面，到時候你會得到10美元酬勞。」

麥克並未向羅伊提及，他將會被問到哪些問題。實驗一開始會請羅伊想像他被激起性欲的感覺，如果真的激起性欲，就接著回答所有的問題。有一組問題詢問他有何性偏好。例如，他是否覺得女人的鞋子會引起他的性欲？他能夠想像自己會對五十歲女人有反應嗎？和極度肥胖的人做愛有趣嗎？和討厭的人做愛快樂嗎？在做愛時被綁住或綁住其他人有趣嗎？只能親吻、不能做其他事，會令他沮喪嗎？

第二組問題詢問受訪者，是否可能做出約會強暴等不道德的行為。羅伊會跟一個女人主動示愛，以增加她和他上床的機會嗎？他會鼓勵約會對象喝酒，好增加她和他上床的機會嗎？他會在約會對象說「不行」之後仍然嘗試和她發生關係嗎？

第三組問題詢問羅伊是否會從事不安全的性行為。保險套會降低床第樂趣嗎？如果不知道新性伴侶的性史，會一律使用保險套嗎？即使擔心女人會在他去拿保險套時改變心意，他還是會堅持使用保險套嗎[1]？

幾天後，在冷靜、理性狀態下回答完問題的羅伊再度和

---

[1] 關於這些問題的完整清單，請參閱本章附錄。

麥克碰面。

羅伊說：「那些問題很有趣。」

「是，我知道，」麥克冷靜地說。「我們和金賽博士不一樣。順帶一提，我們有另一組實驗，你有興趣再參加嗎？」

羅伊微笑了一下，聳聳肩並且點頭。

麥克把幾頁紙推到他面前。「這次我們會請你簽相同的同意書，但是接下來的任務會有些微不同。這次的實驗會和上次非常類似，但這次我們會請你看一組惹火的圖片然後手淫，以便讓自己進入興奮狀態。我們希望你讓自己達到非常興奮的狀態，但是不要射精。不過為了以防萬一，電腦會有一層保護。」

麥克拿出蘋果 iBook 電腦。這次鍵盤和螢幕用一層薄薄的保鮮膜罩住。

羅伊做了一下鬼臉。「我不知道電腦會懷孕。」

「絕對不可能，」麥克笑說。「這一台已經結紮了，只不過我們想讓它保持乾淨。」

麥克解釋說，羅伊要瀏覽電腦上一系列的色情圖片，幫他達到適當的興奮程度；然後他要像之前一樣回答相同的問題。

當月圓之後……

三個月內，一些優秀的柏克萊大學生依不同順序經歷了各種實驗。有一組實驗是在大學生們處於冷靜、不帶感情的

狀態下，請他們預測自己如果被勾起性欲，在性愛和道德上
所做的決定。另一組實驗則是在大學生們「性」致勃勃的狀
態下，請他們預測自己的決定，但是因為他們實際上已經陷
入激情，據推測他們會更清楚自己在那種狀態下的偏好。研
究結束後，得到的結論一致而清楚，而且清楚到令人震驚。

　　在所有個案中，年輕聰明的受試者在「性」致勃勃狀
態和在「冷靜」期對問題的回答迥然不同。關於性偏好的
問題有19項，當羅伊和所有其他受試者被勾起性欲時，他
們預測自己想要進行某種怪異性活動的欲望強度，是他們
在「冷靜」期預測值的將近兩倍。例如，以人獸親密接觸
的想法來說，在「性」致勃勃的狀態下，這樣做的可能性
是「冷靜」期的兩倍以上。另外有5項問題是關於從事不道
德行為的可能性，當受試者被勾起性欲時，他們預測自己這
樣做的可能性，是他們在「冷靜」期預測值的兩倍以上（高
出136%）。同樣地，在關於使用保險套的系列問題中，儘
管多年來各界不斷灌輸他們保險套的重要性，但是當他們性
致一來，放棄使用保險套的可能性比「冷靜」期的比例高出
25%，而且他們也無法預測自己一旦產生性欲，他們對安全
性行為的態度會不會受影響。

　　結果顯示，當羅伊和其他受試者在冷靜、理性、超我
（superego，編註：即良心中的道德規範，能壓抑人本能的欲
望）導向的狀態下時，會尊重女性，不會特別受到我們詢問
的怪異性行為所吸引，始終採取高尚的道德立場，而且，他
們預期自己會一律使用保險套。他們自認為很了解自己和自

己的偏好,以及他們所能採取的行動。但是事實證明,他們
完全低估了自己的反應。

不論我們如何看待這些數字,有一點很清楚:受試者嚴
重低估了本身的反應。從各方面來看,他們在冷靜的時候,
並不知道被勾起性欲後的自己是什麼樣子。預防、保護、保
守和道德在雷達螢幕上完全不存在。他們無法預測,激情讓
他們改變的程度有多大[2]。

大家都是雙面人

想像有一天早上醒來,你看著鏡子,發現有某個人(不
知從何而來,但外形像人的東西)佔據了你的身體。你變
醜、變矮、毛髮更多;你的嘴唇變薄,門牙變長,指甲骯
髒,臉孔變得更扁平。鏡中兩隻冷酷、爬蟲類般的眼睛回看
著你。你早就想要砸碎某些東西,想強暴某個人。你已經不
是你,你是個怪物。

受到這個惡夢般的異象所包圍,1885 年秋天的一個清
晨,羅伯‧史蒂文生(Robert Louis Stevenson)在睡夢中大
叫。他被妻子喚醒之後,立即開始撰寫他稱為「絕妙的鬼怪
故事」《化身博士》(*Dr. Jekyll and Mr. Hyde*),他說:「每
個人其實都是雙面人。」這本書一推出便造成轟動,故事掌

---

[2] 這些結果主要適用於性興奮以及它對我們個人的影響;但是我們也可以
假定其他情緒狀態(憤怒、飢餓、興奮、嫉妒等)以類似的方式運作,
讓我們有異於平常的舉動。

握到維多利亞時期人們的想像，當時的人們深深著迷於書中描繪的分裂人格：溫文儒雅的傑奇醫生代表了壓抑禮教，殘忍的海德先生則代表無法控制的激情。傑奇醫生自以為知道如何控制自己，但是一旦海德先生接管他的身體，可就得當心了。

這個故事情節駭人、充滿想像力，但卻非新構想。早在古希臘悲劇詩人沙弗克力斯（Sophocles）的《伊底帕斯王》和莎士比亞的《馬克白》出現之前，內心的善惡交戰就已是神話、宗教和文學的要素。套句佛洛伊德的話，我們每個人都有陰暗的自我、本我（id），也就是會突如其來從超我奪走掌控權的獸性。因此，和藹可親的鄰居會因為交通阻塞所造成的壓力與挫折，而把車子撞成兩半；青少年會拿槍掃射朋友；神父會強暴男孩。這些原本是好人的人自以為了解自己，但是在情緒激動之下，突然間心念一轉，一切都改變了。

我們在柏克萊所做的實驗，不只是證實「人人都是傑奇醫生和海德先生」這個老故事，另外也發現一些新觀點：不論我們有多好，我們都低估了激情對自己行為的影響力。實驗中的每個受試者都做出誤判，即使是最聰明理性的人，在激情時似乎也會完全脫離他認定的自己，而且人們不只會錯估自己，還錯得很離譜。

羅伊大多數時候都很聰明、正派、理性、和善、可靠，他的前額葉充分運作，他掌握了自己的行為。但是根據研究結果，當他處於性興奮狀態時，爬蟲類大腦（reptilian brain）就會取而代之，讓他變成另一個人。

羅伊以為自己知道在激情狀態下會如何行事，但是他對自己的了解有限。他並不了解，當性欲愈來愈強烈時，他可能會把謹慎警覺拋開。為了獲得性滿足，他很可能會染上性病並讓對方意外懷孕。當他在激情之中，可能會模糊了對與錯的界線。事實上，他根本不知道自己會陷入瘋狂，因為當他在某種狀態下試圖預測自己在另一種狀態下的行為時，總是會誤判。

除此之外，這項研究也顯示，我們無法了解在另一種情緒狀態下的自己，這一點似乎不會隨著經驗而改善。即使我們處於性興奮狀態的經驗很多，我們仍然會誤判。性興奮是很熟悉、很個人、很人性，而且十分平常的行為，即便如此，我們全都低估了性興奮完全否定超我的程度，以及情緒左右行為的方式。

提防心中的海德先生

那麼，當非理性的自我在我們自以為很熟悉、但其實不然的情緒性場合下活躍起來後，會發生什麼事情？如果我們無法真正了解自己，當我們「陷入瘋狂」，例如生氣、飢餓、驚恐或性興奮時，我們可能預測自己或他人會如何行事嗎？我們可能對此採取什麼行動嗎？

要做到這點並不容易，因為我們必須時時提防內心的海德先生可能會掌控全局。當老闆公開批評我們，我們可能會用語氣激烈的電子郵件來回應，但我們是不是應該把這封信先存放在「草稿」資料夾裡幾天比較好？當我們試乘一輛敞

篷車，被它迷得神魂顛倒時，我們是否應該暫停一下，並且和另一半討論他購買廂型車的提議，然後再決定是否簽約買車？

以下提供更多可避免被自己誤導的方法。

安全性行為

許多家長和青少年在冷靜、理性、傑奇醫生的狀態下，通常會認為只要承諾禁慾（一般稱為 Just say no，「只要說不」），就足以對抗各種性病和未婚懷孕。「只要說不」的提倡者假設，即使情緒達到沸點，這個冷靜的想法仍會戰勝一切，所以他們覺得沒有必要隨身攜帶保險套。但是我們的研究顯示，在激情時我們全都有可能從「只要說不」切換到「來吧」；如果身上沒有保險套，我們可能會不管其中的危險性，做了再說。

這意味著什麼？首先，保險套一定要容易取得。我們不應該在冷靜的狀態下決定是否要攜帶保險套；一定要有保險套，才能有備無患。其次，除非我們了解自己在激情狀態會如何反應，否則我們將無法預測自己的行為變化。對青少年而言，這個問題最有可能惡化，因此性教育應該少強調生殖系統的生理學和生物學，多偏重在如何處理性興奮所帶來的情緒。第三，我們必須承認，光是攜帶保險套、或只是粗略了解性興奮所帶來的情緒爆炸，可能不足以解決問題。

在許多情況下，青少年很可能無力應付自己的情緒。對於希望青少年絕對不發生性行為的人而言，比較好的策略是教育青少年一定要遠離慾火，否則只要靠得太近就可能會被

吞噬。要讓青少年接受這忠告並不容易，但是我們的研究顯示，要他們在慾火產生之前就先對抗誘惑，比慾火開始引誘他們之後才採取行動要容易得多。換句話說，完全避開誘惑比克服誘惑來得容易。

這項研究聽起來很像「只要說不」宣傳活動，是在鼓勵青少年面臨誘惑時避免性行為，但是兩者的差別在於，「只要說不」假設人們可以隨意熄滅情欲，而我們的研究卻顯示這項假設是錯誤的。撇開青少年性行為是否妥當的正反方論點不談，很清楚的一點是：我們若想要協助青少年避免性行為、性病和懷孕，可以採用兩項策略。首先，我們可以教育他們在誘惑發生作用之前、在情況變得不可抗拒之前，要懂得如何說不；或者，我們可以教他們做好準備，以便在情欲高漲時能處理發生性行為的後果（例如攜帶保險套來因應）。可以肯定的是：如果不教育年輕人在被情欲沖昏頭時如何處理、只警戒他們避免誘惑就沒事，那麼我們不只在唬他們，也在唬自己。不論我們傳授年輕人什麼教訓，都需要幫助他們了解，在冷靜狀態下的反應，將不同於他們在荷爾蒙充分發揮作用時的反應。當然，同樣的道理也適用於我們自己。

安全駕駛

同樣地，我們需要教育青少年（以及其他人）避免在情緒沸騰時開車。使這麼多青少年撞毀自己或父母車子的元凶，不只是缺乏經驗和荷爾蒙作祟，也是因為滿車朋友的喧嘩笑鬧聲、以超高分貝大鳴大放的音樂，以及開車時吃東

西或是和女朋友調情。在那種狀況下，誰會想到可能發生危
險？大概沒人想得到。最近一項研究發現，單獨駕車的青少
年肇事率比成年人高出40％，但車上如果有另一名青少年，
肇事率會躍升為兩倍；如果車上還有第三名青少年，肇事率
會再度增加一倍[3]。

我們在處理這個問題時，不應該以為青少年會記得在冷
靜狀態時的行事方式（或父母要求他們的行事方式），而且
即使在激情的狀態下也會遵守這些指導原則。為何不在車上
加裝預警裝置，以嚇阻青少年的不當行為？我們可以在車上
裝設改良的衛星導航系統，青少年和家長可將它設定為「冷
靜」模式，只要出現不冷靜的行為，比方說，如果汽車在公
路上的時速超過100公里，或在住宅區時速超過60公里，就
會出現一些因應措施。如果汽車超過速限或開始蛇行，收音
機就會從饒舌歌手吐派克（2pac）的歌曲切換到舒曼的《第
二交響曲》（這會減緩大部分青少年的速度）。或者，汽車
可能會在冬天裡放冷氣，在夏天裡開暖氣，或自動呼叫媽咪
（如果駕駛人的朋友在場，那就真的糗大了）。記住這些嚴
重而立即的後果，駕駛人和他的朋友就會了解，該是請走海
德先生、讓傑奇醫生接手開車的時候了。

這種構想並非遙不可及，現代的汽車已經全面使用電腦
來控制燃油噴射、空調系統和音響系統，配備衛星導航系統
的汽車已可連接無線網路。利用目前的科技，讓汽車自動呼
叫母親大人是一件易如反掌的事。

---

[3] Valerie Ulene, "Car Keys? Not So Fast," *Los Angeles Times* (January 8, 2007).

攸關生命的決定

　　初次懷孕的婦女在還沒生產之前，經常會跟主治醫師說，她們不想打任何止痛劑。這項在冷靜時所做的決定令人欽佩，但當時她們還無法想像分娩的陣痛有多痛（更別提養育小孩的挑戰）。到最後，他們可能還是想要打無痛分娩針。

　　考慮到這一點，我和可愛的妻子蘇米在準備迎接第一個小孩阿米特時，決定要先測試我倆的勇氣，然後再決定是否要動用無痛分娩針。為此，我妻子在生產前就練習把雙手放進一個冰桶兩分鐘（此舉乃是根據生產教練的建議，她向我們保證，這樣做所造成的痛苦和生小孩的陣痛很類似），而我則是指導她呼吸。我們估計，如果蘇米無法忍受這種痛苦，她可能會考慮在實際生產時打無痛分娩針。蘇米把手放進冰桶兩分鐘後，就清楚了解到無痛分娩針的吸引力，因此在生產時，她把曾經投注在丈夫身上的愛，完全轉移到在關鍵時刻為她打無痛分娩針的麻醉醫師身上。至於第二個小孩內塔，我們到醫院大約兩分鐘後，她就出生了，因此蘇米這次確實不需要無痛分娩針。

　　從一種情緒狀態來看另一種情緒狀態並不容易，這不是每次都可以做到的事；而且如同蘇米所發現的，這樣做可能會很痛苦。但是我們如果要做出明智的決定，就必須體驗和了解自己在另一種狀態下可能會有的情緒。我們必須學習彌補兩者間的落差，才能明智地做出生命中的重要決定。

　　我們不可能不先問問住在某個城市的一些朋友感覺如

何，就直接搬到那個城市，或是不先看看一些影評，就選擇某部電影來看。我們花費這麼少的時間了解自我的矛盾之處，不是很奇怪嗎？未能了解自我的矛盾會導致我們在人生的許多方面一再挫敗，因此我們為何還將這個主題留待心理課程才討論？我們需要探討自我的兩面；我們需要了解自己在冷靜狀態和興奮狀態的不同反應；我們需要知道冷靜狀態和興奮狀態之間的落差對人生有何益處，以及它會把我們誤導到何處。

我們的實驗意味著什麼？它可能表示，我們需要重新思考人類的行為模式。也許沒有「完全整合一致的人類」這種東西，我們可能是由多個自我（包括「傑奇醫生」的自我及「海德先生」的自我）組合而成。雖然我們能力有限，無法讓傑奇醫生完全了解海德先生的力量，但或許只要知道激情很容易讓人做出錯誤決定，就能夠在某種程度上自行將對「海德先生」自我的了解，套用到日常活動中。

我們可以如何強迫我們的「海德」自我改善行為？第6章所討論的就是這一點。

附錄

下列是我們所問問題的完整清單，其中包括平均反應和百分比差異。每一個問題會在視覺類比量表（visual-analog scale）上呈現，也就是在一條直線上，左端是「否」（0），右端為「是」（100）。

表5.1
對不同活動的吸引力進行評分

問題	未引起性欲	引起性欲	差異（%）
女人的鞋子會引起你的性欲嗎？	42	65	55
你能想像自己被12歲女孩所吸引嗎？	23	46	100
你能想像自己和40歲女人做愛嗎？	58	77	33
你能想像自己和50歲女人做愛嗎？	28	55	96
你能想像自己和60歲女人做愛嗎？	7	23	229
你能想像自己和男人做愛嗎？	8	14	75
和極度肥胖的人做愛有趣嗎？	13	24	85
你可以和你討厭的人做愛嗎？	53	77	45
如果你被一個女人吸引，她提議和另一個男人玩3P，你願意嗎？	19	34	79
你覺得女人流汗很性感嗎？	56	72	29
吸菸的菸味會引起性欲嗎？	13	22	69
被你的性伴侶綁住有趣嗎？	63	81	29
將你的性伴侶綁住有趣嗎？	47	75	60
看迷人的女人小便有趣嗎？	25	32	28
打性伴侶的屁股會令你興奮嗎？	61	72	18
被迷人的女性打屁股令你興奮嗎？	50	68	36
肛交會令你興奮嗎？	46	77	67
和動物親密接觸會令你有快感嗎？	6	16	167
只能親吻會讓你感到沮喪嗎？	41	69	68

表5.2
對涉及約會強暴等不道德行為的可能性評分
（未依嚴重性排列）

問題	未引起性欲	引起性欲	差異（%）
你會帶約會對象到高級餐館，以增加你和她上床的機會嗎？	55	70	27
你會跟一個女人說你愛她，以增加她和你上床的機會嗎？	30	51	70
你會鼓勵約會對象喝酒，好增加她和你上床的機會嗎？	46	63	37
你會在約會對象說「不行」之後仍然嘗試和她發生關係嗎？	20	45	125
你會對一個女人下藥，以便增加她和你做愛的機會嗎？	5	26	420

表5.3
對使用避孕措施的傾向進行評分

問題	未引起性欲	引起性欲	差異（%）
避孕是女人的責任	34	44	29
保險套會降低性愛的樂趣	66	78	18
保險套會妨礙性的自然發生	58	73	26
如果你不知道新性伴侶的性史，就會一律使用保險套嗎？	88	69	22
即使你擔心女人會在你去拿保險套時改變心意，你還是會使用保險套嗎？	86	60	30

第6章

拖延和自制的問題

為何我們不能讓自己為所欲為？

　　美國到處都是大房子、大車子和大螢幕電視，現在又多了一個大現象：個人儲蓄率自經濟大蕭條以來，出現了最大的降幅。

　　25年前，兩位數的儲蓄率是基本標準，到了1994年，儲蓄率降到將近5％。但是到了2006年，儲蓄率更降到零以下，達到–1％。美國人不僅不儲蓄，而且還入不敷出。歐洲人的情況就好得多，他們的平均儲蓄率是20％，日本的儲蓄率是25％，中國的儲蓄率是50％。美國到底是怎麼了？

　　我認為其中一個答案是，美國人已經屈服於普遍的消費主義。回過頭看看物質不夠充裕的年代所建造的房子，並觀察一下壁櫥的大小。比方說，我在麻州劍橋的房子是1890年建造的，裡面沒有任何壁櫥。1940年代房子裡的壁櫥大小，則差可容身。1970年代的壁櫥建造得大些，也許深到足以容納一個火鍋、一盒八軌錄音帶，和幾件迪斯可洋裝。但是現在的壁櫥則是另一種類型。「衣帽間」（walk-in closet）是指大到可讓人走進去的大型壁櫥，而且不論這些壁櫥做得

有多深，美國人都會找到方法將它們塞爆。

另一個答案是，近來消費信用擴張。一般美國家庭現在擁有6張信用卡（光是2005年，美國人就收到60億張招徠信用卡客戶的DM）。可怕的是，一般家庭的卡債大約是9,000美元；平均每十個家庭就有七個會用信用卡借款來支付食物、水電和衣著等基本生活開銷。

因此，如果美國人像舊時代的人一樣曉得儲蓄，或是和其他國家人民一樣，留點錢存在餅乾罐裡，等到有經濟能力時才購買某些東西，不是比較明智嗎？我們為什麼不能把部分薪水存起來，即使明明知道應該儲蓄？為什麼我們不能克制購買新東西的欲望？為什麼不能發揮一些前人所擁有的自制力？

俗話說，心動不如行動，徒有良好的願望無濟於事。大多數人都知道那是什麼意思。我們保證會為退休生活儲蓄，但實際上卻把錢花在度假上；我們發誓要節食，卻抵抗不了美食的誘惑；我們承諾要定期檢查膽固醇，結果卻取消預約。

一時的衝動讓我們偏離長期目標，這樣會造成多少損失？取消預約和缺乏運動讓我們的健康受到多少影響？忘記「多存錢少花錢」的承諾讓我們的財富縮水多少？為什麼我們經常在對抗因循拖延的戰爭中慘敗？

短期滿足與長期目標

第5章討論情緒如何掌控我們，讓我們從不同的角度看待世界。因循拖延（英文procrastination源自拉丁文pro，意

思是「在……之前」，和 eras，意思是「明天」）的問題癥結和情緒問題如出一轍。我們承諾儲蓄的時候，是處在冷靜狀態下；我們承諾要運動和注意飲食的時候，也是處在冷靜狀態下。但是激烈的情緒隨後排山倒海而來：當我們承諾儲蓄時，剛好看到一輛新款車、一台越野腳踏車，或一雙非買不可的鞋子。正當我們準備定期運動時，卻發現新一季的節目讓我們整天坐在電視機前面。至於節食呢？先等我吃完那片巧克力蛋糕，明天再認真節食吧！為了立即的滿足而放棄長期目標，就是因循拖延。

身為大學教授，我太熟悉因循拖延了。每學期開始，我的學生就會對自己做出英雄式的承諾，發誓要準時閱讀指定作業、準時交報告，並且妥善掌控生活大小事。每學期我都會看到他們的功課進度愈來愈落後，但此時他們仍然受不了誘惑而外出約會、參與學生會的會議、參加登山滑雪旅行。到最後，他們最令我印象深刻的不是變得準時，而是創意無窮：他們會編造故事、藉口、家庭變故，以解釋自己的延遲。（為什麼家庭變故總是在學期的最後兩星期發生？）

我在麻省理工教了幾年書之後，我的同事、同時也是歐洲管理學院（INSEAD，在巴黎和新加坡都有校區）教授魏坦布洛（Klaus Wertenbroch）和我決定要進行幾項研究，這些研究或許可找到問題的癥結，並為這個人類通病提供解決辦法。這次的白老鼠是選修我的消費行為課程的可愛學生。

第一天早上上課時，學生們坐定後充滿期待地聽我說明課程大綱，而且必然下定決心要準時繳交作業。我解釋說，在為期 12 週的學期中，會有 3 份主要報告，這些報告加總的

分數大致構成期末成績。

「交報告的期限是什麼時候？」其中一位學生舉手問。我聽了之後微笑說，「你們可以在學期末之前隨時交報告，一切全由你們自己決定。」學生們茫然地看我。

「以下是遊戲規則，」我解釋。「在本週末之前，你們必須為每份報告指定一個截止期限，截止期限一旦設定，就不能更改。」我補充說，遲交報告者會被處罰，每遲交一天，成績就會被扣1％。當然，學生們隨時可以在自訂的期限之前繳交報告，不必受罰，但因為我要到學期末才會看報告，所以提早交並不會有比較高的分數。

換句話說，控制權是在他們手上。他們有自制力嗎？

「但是艾瑞利教授，」說話帶有迷人的印度腔調、聰明的碩士班學生古雷夫如此問道，「在這些規定和鼓勵辦法之下，我們不是都應該要選擇最晚的期限才合理嗎？」

「可以啊，」我回答。「如果你們覺得合理的話，當然就可以這麼做。」

在這些狀況下，你會怎麼做？

我承諾在第 _____ 週繳交第一份報告
我承諾在第 _____ 週繳交第二份報告
我承諾在第 _____ 週繳交第三份報告

學生們自行挑選的期限是什麼時候？極為理性的學生會依照古雷夫的建議，將所有期限設定在課程的最後一天。反正如果比自訂期限早交報告又不會受罰，為什麼要冒險選擇早一點的期限？如果學生非常理性，把期限拖到最後顯然是

最好的決定，但如果學生並不理性，會發生什麼情況？如果
他們屈服於誘惑，而且很容易拖延，會發生什麼情況？如果
他們了解自己的弱點，又會發生什麼情況？如果學生們並不
理性，而且也有自知之明，他們可以利用截止期限逼自己有
更好的表現。他們可以將期限設早一點，藉此強迫自己在學
期初就開始寫報告。

　　我的學生是怎麼做的？他們使用我提出的機制，在整個
學期中平均分配繳交報告的時間。這是個好方法，因為它顯
示學生們了解自己的拖延問題，他們會試著自我克制。但主
要的問題是，這項機制是否確實有助於提升他們的成績呢？
為了解這一點，我們必須在其他班級進行相同的實驗，並且
比較不同情況（班級）下的報告品質如何。

期限的效果

　　既然古雷夫和他的同學們是自行挑選期限，我對我另外
兩個班級的學生就提出迥然不同的遊戲規則。在第二個班級
中我告訴學生，這個學期完全沒有訂交報告的期限，他們只
需在最後一堂課結束時交出報告即可。當然，他們可以提早
交報告，但這樣做並不會使分數提高。我假設他們應該會很
高興：我給他們充分的彈性和選擇自由。不僅如此，在最末
堂課之前，他們都不必擔心會錯過任何期限而受罰。

　　第三個班級則受到所謂的獨裁待遇：我規定三篇報告的
三個繳交期限，分別設在第4週、第8週和第12週。這是我
的命令，他們沒有選擇或彈性的餘地。

在這三個班級中，你認為哪一班會獲得最好的期末成績？是擁有部分彈性的古雷夫和他的同學們？還是擁有期末單一期限和充分彈性的第二個班級？或是由老師指定期限、因此沒有任何選擇彈性的第三個班級？你預期哪一個班級的學生成績最差？

當學期結束，這幾個班級的助教西爾瓦（Jose Silva，他本身也是研究拖延的專家，目前是加州大學柏克萊分校教授）將報告發還給學生時，我們終於可以比較在三種不同期限下的分數。以三份報告的分數來看，我們發現規定三個確切期限的那個班級，學生成績最好；除了最後的期限外完全未設其他期限的那個班級，學生成績最差；獲准自行選擇三個期限（但若未依期限繳交就會被處罰）的古雷夫及其同學，成績則介於其間。

這些結果代表什麼？首先，學生確實會拖延（真是個大新聞）；其次，嚴格限制自由（由上級規定平均分布的交件期限）是解決拖延的最佳方法。但最大的發現是，若能提供一些機制，讓學生預先承諾會在期限內完成作業，可幫助他們獲得較高的成績。

這項發現意味著學生通常知道自己有拖延的毛病，如果給他們機會，他們會採取行動克服這個問題，並且得到相對較好的成績。但是由自己設定期限所得到的成績，為何不如由老師規定（外部強制）期限所得到的成績？我的想法是：不是每個人都知道自己有拖延的毛病，即使是認清自己有拖延毛病的人，也可能不完全了解問題有多嚴重。沒錯，人們可能會自行設定期限，但卻不一定會設定能獲得最佳效果的

期限。

當我看到古雷夫班上同學所設定的期限時,情況確實如此。雖然這個班級的大多數學生把三次期限的間距拉大(而且得到的成績和按規定期限行事的學生一樣好),但其中有些人並沒有把期限的間距拉得夠大,有些人甚至完全沒有在不同期限之間保留間隔。沒有在各期限之間保留間隔的學生,將這個班級的平均成績大幅拉低。如果期限沒有保持適當間隔(期限若有適當間隔,可迫使學生在學期初就開始準備報告),最後的作業通常會寫得很匆促,品質也不佳(即使未實施每遲交一天、成績就扣1%的罰則,成績也不佳)。

有趣的是,這些結果顯示,雖然幾乎每個人都有拖延的毛病,但是認清並承認這項缺點的人,比較能夠利用現有的機制來協助克服問題。

外部的聲音

以上就是我從學生身上得到的經驗。這和日常生活有何關係?我想關係很大。抗拒誘惑和加強自制能力,是人類的普遍目標,如果一再無法達成,就會開啟種種苦難的大門。看看你的周遭,會發現很多人都盡力要做對的事,不論是矢言避開誘人甜點的節食者,或是發誓要少花錢多存錢的家庭。我們隨處都可看見為自制而努力的行動,書報雜誌中俯拾皆是,廣播和電視裡也充斥著幫助你自我改善的訊息。

儘管有這一切電子和平面媒體的密集放送,我們發現自己和上述學生一樣,一再陷入相同的困境,總是無法達到長

期目標。為什麼？因為沒有下定決心，我們就會一再屈服於誘惑。

我們有別的路走嗎？上述實驗最明顯的結論就是，當具有權威的「外部聲音」下達命令時，大多數人都會趕緊注意。畢竟成績最好的，是依照我（以「家長」的口吻）規定期限行事的學生。當然，粗聲粗氣地發號施令儘管很有效用，卻不一定可行或令人贊同。什麼才是好的折衷方法？最好的方式似乎是讓人有機會預先設下自己偏好的行動途徑，並承諾會達成。這項策略不一定和獨裁式策略一樣有效，但它可以將人們推往正確的方向（如果訓練人們，讓他們累積自行設定期限的經驗，成效可能會更好）。

結論是什麼？我們在立即享樂或延遲享樂的決定上，有所謂的自制問題，這點毫無疑問。但是我們面臨的每一個問題，也都有可能的自制機制。如果我們沒辦法把薪水存起來，可以利用員工自動存款方案；如果我們沒有獨自規律運動的意志力，可以設定時間和朋友們結伴運動。這些是能幫助我們預先承諾的工具，可使我們成為自己想要做的那種人。

預先承諾機制還可以解決哪些拖延問題呢？我們來看看醫療保健和消費者債務。

健康檢查不再拖

大家都知道，不論是對個人或社會，預防醫療都比目前有病才治療的策略更具成本效益。預防醫療是指在問題發生

之前定期做健康檢查，但是做結腸鏡檢查或乳房攝影是一種折磨，即使是只需要抽血的膽固醇檢查也很令人難受。因此，雖然我們的長期健康和壽命取決於是否做這類檢驗，但短期內我們會一拖再拖，直到不能拖為止。

如果大家全都準時做好必要的健康檢查，會是如何？想想看，如果及早診斷，可以發現多少嚴重的健康問題；想想看，健保可以降低多少支出，同時又可避免多少的不幸。

那麼我們要怎樣才能夠解決這個問題？我們可以採取獨裁式方案，由國家（state，套用喬治‧歐威爾的說法）下令國民定期檢查。這項策略對我的學生很管用，他們遵照規定的期限交報告，成績相當好。而在一個社會中，如果健康警察開車將拖延者強行帶到膽固醇控制中心做血液檢查，所有國民絕對都會比較健康。

這種方法看似極端，但是想想看，社會上還有其他為了大家好而強制實施的規定。我們可能會接到橫越馬路的罰單、沒有繫安全帶的罰單；20年前沒有人想得到，美國大多數公共建築、餐廳和酒吧內會禁菸，但現在已經實施了，而且抽菸者將被處以重罰。此外，現在我們有拒絕反式脂肪（trans fats）運動，那麼是否應該禁止人們去吃會阻塞心血管的薯條呢？

有時我們會強力支持可阻止自毀行為的法規，但有時我們也會強烈支持個人的自由。不論是哪一種情況，都一定會有取捨。

如果大眾不接受強制健康檢查，為何不採取折衷方式，比方說我對古雷夫及其同學所實施的自訂期限方式（提供個

人選擇、但對拖延者附有罰則）？這可能是獨裁主義及（在目前的預防醫療中常見的）決定自我毀滅之間的最佳折衷辦法。

假設你的醫生告訴你，你需要檢查膽固醇，那表示你需要在抽血前一天晚上及隔天早上禁食，然後開車到檢驗所，坐在擠滿人群的接待室裡等個老半天，最後護士出來叫你，這樣她才能夠在你手臂上扎一針。面對這些可能性，你立刻開始拖延。但假設醫生要你為抽血檢查預付100美元的保證金，只有在約定時間準時出現才能獲得退款，你是否比較可能去做檢查？

如果醫生問你要不要為抽血檢查預付100美元保證金，你會怎麼做？你會接受這項自由選擇的挑戰嗎？如果你接受的話，會讓你比較可能去做檢查嗎？假設檢查程序更複雜，比方說是結腸鏡檢查，你會願意先付200美元保證金，只有準時赴約才能獲得退款嗎？如果你願意的話，你就是複製了我對古雷夫他們班所提供的機制，這些機制確實能激勵學生要為自己的決定負責。

讓車主記得保養汽車

還有什麼方法可以克服健康醫療上的拖延問題？也許我們可以將大部分的醫療程序重新包裝，讓人能夠預期且輕易完成，下列舉個例子說明這個構想。

幾年前，福特汽車公司試著要找出最好的方法，讓車主能夠回到經銷商那裡做定期汽車保養。問題是，標準的福特

汽車需要維修保養的零件大約有 18,000 項，而且不幸的是，它們並不需要同時維修保養（一位福特的工程師判斷，某個軸螺栓每 3,602 英里需要檢查一次）。而這只是問題的一部分：由於福特有超過 20 種類型的汽車，再加上各種車型年份，要全部加以維修保養幾乎是不可能的任務。消費者和服務顧問所能做的，就是翻看好幾本厚重手冊，以判斷需要哪些類型的服務。

但是福特開始注意到本田汽車經銷商的某項做法。即使一部本田汽車裡 18,000 項零件也和福特汽車有相同的完美維修時程表，本田卻把它們全部歸併到三個「工程間隔」（例如，每 6 個月或 5,000 英哩、每年或 1 萬英哩，以及每兩年或 25,000 英哩）。這項清單張貼在服務部門的接待室牆上，所有數百項服務活動全都歸納為簡單、以哩程數區分的服務，各類汽車和車型年份都一樣。告示牌將每一項維修保養服務整合、排定順序和訂價，任何人都可以看到服務何時到期、需要多少費用。

不過整合告示牌不只是便利的資訊而已，它確實可以解決拖延的毛病，因為它指示顧客在特定時間和哩程數將車子送去維修保養。它指引他們前進，而且內容簡單扼要，任何顧客都看得懂，他們不再感到迷惑、不再拖延，準時維修保養本田車變成一件簡單的事情。

福特的某些人員認為這是一個很好的構想，但是一開始福特的工程師並不以為然。福特必須說服他們相信，沒錯，駕駛人就算開到 9,000 英里也不用換機油，但是 5,000 英里就換機油是為了配合做其他必要的維修；他們必須相信，野馬

（Mustang）跑車和F-250重型貨車儘管在技術上有差異，仍然可以安排到相同的維修保養時程表中；他們必須相信，將18,000個維修保養項目整合成三大容易排定的服務活動、讓維修保養服務和訂麥當勞超值餐一樣簡單，不是差勁的工程安排，而是優良的顧客服務（以及賺錢的生意）。事實上，最具說服力的論點是，讓顧客以稍微折衷妥協的間隔保養車子，要比讓他們根本懶得保養車子來得好！

最後情況終於塵埃落定：福特仿效本田，將其服務整合。顧客遲遲不維修保養的情況消失了。福特原本的維修設施有40％閒置，現在則全部客滿，經銷商財源滾滾而來；僅僅三年內，福特的維修服務就趕上本田的水準。

所以，我們何不把全身健康檢查變得一樣簡單，另外再加上自由選擇的罰錢規則（用「家長」的口吻下令更好），將我們的健康水準向上提升，並讓醫療成本大幅下降？福特經驗所提供的教訓是：將各種醫療檢查（和程序）整合，讓人們記得執行，遠比堅持實施一連串雜亂無章的醫療指示、使人們懶得遵行來得明智。因此，大問題就來了：我們可以整頓美國的醫療亂象，讓它和訂快樂兒童餐一樣簡單嗎？美國作家梭羅（Thoreau）曾經寫道：「簡化！簡化！」的確，簡化是天才的一大特徵。

如何多儲蓄、少花錢？

我們可以像作家歐威爾描述的老大哥一樣，下令人們停止花錢，這會和我第三組學生的情況類似，他們的報告截止

期限是我規定的。但是有沒有更聰明的方法讓人們監控自己的支出？例如，幾年前我聽過用來減少信用卡支出的「冰杯」（ice glass）方法。那是治療衝動型消費的居家急救措施，也就是把信用卡放進一杯水中，再將杯子放進冷凍庫。之後，每當你有消費衝動時，你要先等冰融化才能把信用卡取出，屆時你的購買衝動便已消退。（當然，你不能把信用卡放進微波爐裡，因為那樣會毀掉上面的磁條。）

　　但是有另一種據稱更好的方法，而且更為先進。利蘭（John Leland）在《紐約時報》寫過一篇非常有趣的文章，他在文章中描述一種愈來愈普遍的自我羞辱趨勢：「有一個自稱為翠西亞的女人上週發現她積欠信用卡債22,302美元，就迫不及待要散布這個消息。29歲的翠西亞過去並沒有將她的財務狀況告訴家人或朋友，因為她為自己的債務感到羞愧。但是她在北密西根州家裡的洗衣間做了一些10年前她無法想像、也不可能發生的事：她上網公布自己的財務詳細資料，包括淨資產（現在是−38,691美元）、信用卡的欠款和各項花費，以及她從去年開啟這個公開債務的部落格以來，所償還的債款金額（15,312美元）。」

　　另外可以很清楚地看到，翠西亞部落格的背後存在一個更大的趨勢，顯然有數十個網站（也許目前已有數千個）在做相同的債務部落格（從「比你更窮」網站poorerthanyou.com和「我們負債中」網站wereindebt.com，到「做愛不要造債」makelovenotdebt.com，以及翠西亞的網頁bloggingawaydebt.com）。利蘭指出：「消費者要求其他人協助他們建立自制

力，因為有太多信用卡公司不願施加任何約束力。」[1]

這些以個人過度支出為主題的部落格很重要，也很實用，但如同上一章談到情緒的部分，我們真正需要的是在面臨誘惑時抑制消費的方法，等事過境遷後再來抱怨，已於事無補。

「自制」信用卡

我們可以做什麼？我們可以建立類似古雷夫那一班的機制，給予一些選擇自由，但同時也設立一些限制嗎？我開始想像一種另類信用卡，一種可以讓人們限制自己支出行為的自制信用卡。使用者能夠預先決定在每個商品種類、每間商店和每個時間範圍內要花多少錢，比方說，使用者可以將他們在咖啡上的支出限制在每週20美元，衣服上的支出限制在每半年600美元。持卡人可以將菜錢固定為每週200美元，娛樂支出固定為每個月60美元，而且不得在下午兩點到五點之間花錢買零食。

如果超出限制，會發生什麼情況？這是持卡人應該自行決定的部分，例如，他們可以讓信用卡遭到拒用；或者他們可以對自己課稅，把稅金轉到非營利機構「國際仁人家園」（Habitat for Humanity）、朋友或長期存款的帳戶。這個系統也可以執行「冰杯」策略，做為購買昂貴商品的冷卻期；它

---

[1] John Leland, "Debtors Search for Discipline through Blogs," *New York Times* (February 18, 2007).

甚至可以自動發出電子郵件給你的配偶、母親或朋友，就像
下列這封信：

> 親愛的蘇米：
>
> 　　這封電子郵件是要請您注意，您那平日正直不
> 阿的先生丹・艾瑞利，在購買巧克力上超出每月 50
> 美元的支出限制，共花費 73.25 美元。
>
> 　　敬此
>
> 　　順頌　鈞安
>
> 　　　　　　　　　　　　自制信用卡發卡部門

　　這種構想現在聽起來可能很像白日夢，其實並不是。想
想看智慧卡的潛力，這種輕薄短小、擁有強大運算威力的卡
片已開始在市場上普及，它們能夠針對個人的信用需求量身
打造，協助人們聰明管理信用。為什麼信用卡不能擁有像限
制引擎最高速度的「調速器」，或類似的裝置，來限制特定
情況下的金錢交易？為什麼它們不能擁有和藥丸一樣漸漸
釋放藥效的財務功能，讓消費者能夠自行設計卡片來管理信
用，幫助自己以想要的方式行事？

向大銀行獻策

　　幾年前，我非常相信自制信用卡是很好的構想，所以我
要求和一家大銀行的主管會面。很高興這家可敬的銀行回應
我，並且建議我前往它位於紐約的企業總部。

　　幾週後我來到紐約，在接待櫃台等了一下，之後有人引

領我到一間相當新穎的會議室。從高處透過平板玻璃看下去，曼哈頓金融區就在腳下，川流不息的黃色計程車在雨中穿梭。幾分鐘內，房間裡多了六位銀行高層主管，包括信用卡部門的最高主管。

我開始說明拖延如何造成社會問題。我說，在個人財務領域中，拖延會使我們忽略儲蓄，寬鬆信用的誘惑讓我們的壁櫥塞滿其實並不需要的東西。我很快就發現，這番話已引起在場每一位的共鳴。

接著我開始說明美國人如何過度仰賴信用卡、債務如何將他們生吞活剝，以及他們如何掙扎著尋找突破此困境的方法。美國年長者是受創最深的族群，事實上從1992年到2004年，55歲（含）以上的美國人負債比例的增加速度，比任何其他族群都要快，其中有些人甚至是使用信用卡來填補他們在聯邦醫療保險計畫（Medicare）上的差額，有些人則因積欠卡債過多，連房子都岌岌不保。

我開始覺得自己像是電影《風雲人物》(*It's a Wonderful Life*)裡尋求低利購屋貸款的喬治‧貝利（George Bailey）。銀行主管們開始發表意見。他們大多數人都有親戚、配偶和朋友（當然不是他們自己）碰到信用債務的問題，我們就此做了討論。

現在基礎已經打好，我開始說明利用自制信用卡協助消費者少花錢、多存錢的構想。一開始，我覺得銀行主管們有些震驚，我竟然建議他們協助消費者控制支出，我知不知道銀行和信用卡公司每年從這些信用卡賺得的利息高達170億美元？他們應該放棄賺這個錢嗎？

不，我沒那麼天真。我向銀行主管們解釋，自制信用卡
這個構想背後有一個很棒的商業提案。「想想看，」我說，
「信用卡業務競爭激烈，你們每年寄出60億張DM，而所有
信用卡提供的條件大致相同。」他們勉強同意。「但是假設
有一家信用卡公司跳脫這種一窩蜂模式，」我繼續說，「而
且將自己塑造成支持身處信用危機的消費者的好人，情況會
如何？假設有一家公司有勇氣提供實際上可以協助消費者控
制信用的信用卡，甚至讓他們的部分錢財轉向長期儲蓄，情
況會如何？」我環視會議室裡的每個人。「我敢打包票，會
有數以千計的消費者把其他家的信用卡剪掉，改辦貴公司的
信用卡！」

整間會議室出現一股興奮之情。銀行主管們頻頻點頭，
並且交頭接耳。真是太具革命性了！大家一離座，就紛紛和
我熱情地握手，並且向我保證，我們很快就會再進行會談。

呃，他們從此沒再給我回電。（一定是他們擔心會損失
170億美元的利息收入，或是他們也有拖延的老毛病。）但
是自制信用卡這個構想仍然存在，而且說不定哪天會有人願
意採取行動，將它付諸實行。

第 7 章

所有權的昂貴代價

為何我們會敝帚自珍？

　　在杜克大學，籃球是介於狂熱嗜好和宗教經驗之間的東西。學校體育館既小又舊而且很吵，是那種會把群眾的歡呼聲變成雷聲，並且讓每個人的腎上腺素飆高衝過屋頂的地方。體育館面積小創造了親密感，但同時也代表座位不夠，容納不了所有想看籃球賽的球迷。順帶一提，杜克就是喜歡體育館的這一點，校方已明確表示，無意將這個親切的小體育館換成大體育館。為了分配門票，校方多年來已經發展出一套複雜精細的篩選程序，來區分出真正熱情的球迷。

　　在春季學期還沒開始之前，想觀看球賽的學生就已經在球場外的空曠草地上搭帳篷排隊。每個帳篷最多可容納十名學生，先到的人佔據最靠近體育館門口的位置，晚到的人就排到後面　點的位置。學校有個發展中的社群，稱為「K教練城」（Krzyzewskiville），反映出學生們對K教練沙沙夫斯基（Mike Krzyzewski）的尊敬，以及他們對校隊在即將來到的球季中贏球的渴望。

　　因此，這些認真的籃球迷與那些身上沒有流著「杜克藍

魔鬼」（Duke blue）血液的觀眾完全不同，他們會殷切等待不定時響起的空氣喇叭聲。喇叭聲一起，就開始倒數計時。在接下來5分鐘內，每個帳篷至少要有一個人必須向球賽主辦單位登記報到，如果某個帳篷沒有在這5分鐘內完成登記，整個帳篷就會被擠到隊伍的最後面。這個程序會持續大半個春季學期，並且在開賽之前最後48小時內更加緊湊地進行。

到了開賽前48小時，登記程序會變成「個人登記」。此時帳篷只是一個社會結構：當喇叭聲響起，每個學生都必須向球賽主辦單位登記，如果在這最後兩天內沒有完成「佔位登記」，就表示可能要被擠到隊伍最後面。雖然在例行球賽開始之前，空氣喇叭聲偶爾會響起，但是在真正的重要比賽（比方說對抗北卡羅萊納大學教堂山分校之戰，以及全國冠軍賽期間）之前，不論白天或晚上，幾乎任何時刻都可能聽到空氣喇叭聲。

但那並不是整個儀式最奇怪的部分。最令人匪夷所思的是，針對真正重要的球賽，例如全國冠軍賽，即使是站在隊伍前面的學生還是拿不到門票，而是拿到一個抽籤號碼。只有在稍後，當他們擠在學生中心查看張貼出來的抽中者名單時，他們才知道自己是否真的贏得夢寐以求的總決賽門票。

某人的屋頂，是另一個人的地板

1994年春天，當杜克學生搭帳棚排隊期間，歐洲管理學院教授卡蒙（Ziv Carmon）和我聽到空氣喇叭聲響起之後，

都被眼前正在進行的真實實驗所吸引。所有露營的學生都很想看球賽，為了爭取這項特權，他們全都紮營露宿了很長一段時間，但是等到抽籤結束，有些人會贏得門票，有些人則會空手而回。

問題就在於：抽到門票的學生（擁有門票者）會比那些雖然沒有抽到、但也曾一樣努力爭取門票的學生更重視那些門票嗎？根據奈許（Jack Knetsch）、泰勒（Dick Thaler）和卡尼曼（Daniel Kahneman）的「原賦效應」（endowment effect）研究，我們預測，當我們擁有某樣東西，不論是汽車、小提琴、貓或是籃球賽門票，我們會開始比其他人更重視這樣東西。

讓我們稍微思考一下。為何賣屋者通常會比潛在買家更重視自己的房產？為何汽車賣主想像的售價會比買家所想的高？為何在許多交易中，擁有者都認為自己擁有的東西價格應該高於潛在買家願意支付的價格？有句俗話說：「某人的屋頂是另一個人的地板。」你是屋主時，賣價設得像屋頂一樣高；如果你是買家，則會把買價壓得像地板一樣低。

可以確定的是，情況並非一向如此。比方說，我有一位朋友把一整箱唱片拿去車庫大拍賣，只因為他再也忍受不了每次搬家時都要把它們帶著四處走。第一位出現的買家連看都不看唱片封面，就出價25美元買下整箱，而我朋友當場答應賣出。那個買家可能隔天就以十倍的價格轉賣出去。的確，如果我們一直高估所擁有的東西，那就沒有《到跳蚤市場挖寶》（*Antiques Roadshow*）這類電視節目了。（「你買這個牛角火藥筒花了多少錢？5美元？我跟你說，這可是件國

寶喔。」)

但是撇開這點不談，我們認為一般來說，如果人們擁有某樣東西，他對該物品的估價就會比較高。這種看法是正確的嗎？得到門票的杜克大學生現在滿心期待看到擁擠的看台和滿場奔跑的籃球選手，他們會比沒有得到門票的學生更珍惜門票嗎？只有一個好方法可以找到這個問題的答案，那就是：找那些學生來告訴我們，他們有多重視這些門票。

在這項實驗中，卡蒙教授和我會試著向一些抽到門票的學生買門票，並且將門票賣給沒有抽中的學生。沒錯，我們即將成為門票黃牛。

門票的代價

那天晚上，我們拿到抽中和沒抽中門票的學生名單，便開始打電話。我們第一通電話是打給主修化學的大四學生威廉。威廉相當忙碌，他前一週都在露營排隊，已經累積了很多作業沒做、很多電子郵件需要補看。另外，他也不大高興，因為即使排到隊伍的前面，他還是不夠幸運，沒能抽中門票。

「嗨，威廉，」我說，「我知道你沒有抽到最後四強決賽的任何一張門票。」

「對啊。」

「我們有辦法賣你一張票。」

「酷喔。」

「你願意出多少錢買一張？」

「100美元如何？」他回答。

「太低了，」我笑說。「你得提高價錢。」

「150美元？」他提議。

「你得出高些，」我堅持，「你最高可以出多少錢？」

威廉想了一下。「175美元。」

「就這樣？」

「就這樣。一毛錢也不能再多了。」

「好，你已經在名單上，我會讓你知道能不能成交，」我說。「順帶一提，你是怎麼想出175美元這個價錢？」

威廉說，他估計，用這175美元，他也可以在運動主題餐廳免費看球賽，花點錢買啤酒和食物，剩下的錢還可以買幾張CD、甚至買鞋子。到現場看球賽固然很刺激，但175美元也是一大筆數目。

接著我們打給約瑟夫。約瑟夫花了一星期露營排隊，學校作業也都沒做。但是他不在乎，因為他抽到了門票，再過幾天就能看到杜克籃球隊爭奪國家冠軍。

「嗨，約瑟夫，」我說，「我們要提供你一個機會賣掉門票。你的最低價碼是多少？」

「我沒有什麼最低價碼。」

「每個人都有價碼。」我回答，盡我所能以性格男星艾爾‧帕西諾的口吻說出這句話。

他第一次回答3,000美元。

「少來了，」我說，「太貴了！合理一點，你得出低一點的價格。」

「好吧，」他說，「2,400美元。」

「你確定？」我問道。

「我最低只能出這個價。」

「好，如果我可以找到買主，我會給你電話。順帶一提，」我補上一句，「你是怎麼想出這個價錢？」

「杜克籃球隊是我大學生活的一大部分，」他激昂地說。接著又解釋，籃球賽是他在杜克生涯中最重要的回憶，他會將這些經驗傳給子孫。「所以說要怎麼為它訂價呢？」他問道。「你可以對回憶訂一個價錢嗎？」

我們打電話給100名學生，威廉和約瑟夫只是其中兩位。一般而言，沒有抽到門票的學生願意出大約170美元買一張票，就像威廉的情況一樣，他們考慮到那筆錢的其他用途，願意出的價錢因而降低（例如到運動主題餐廳吃吃喝喝）。另一方面，抽到門票的學生一張票索價2,400美元左右，就像約瑟夫一樣，他們從經驗的重要性以及門票可以創造的畢生回憶來談門票價格。

但真正令人驚訝的是，在我們所有的電訪中，沒有一個人願意以其他人甘願支付的價格賣出門票。我們看到什麼樣的情況？我們看到一群在抽籤之前全都渴望得到籃球賽門票的學生；然後，砰！就在抽籤之後，他們立即分成兩派人馬——有門票和沒有門票的人。它形成一種情緒鴻溝：鴻溝的一邊是當下正在想像球賽壯觀景象的學生，另一邊則是想像用門票錢可以買其他哪些東西的學生。此外，它也形成了經驗的鴻溝——平均希望售價（約2,400美元）大約是買主平均出價（約170美元）的14倍。

從理性角度來看，有門票和沒有門票的人都應該以同樣

的方式來看待球賽。畢竟，預期中的球賽現場氣氛和可以預期從這項經驗得到的樂趣，不應該被是否抽中籤而左右。那麼，隨機抽籤何以能如此大幅度改變學生們對球賽，以及門票價值的觀點？

三種怪癖

所有權以奇怪的方式普遍存在於我們的生活中，影響我們所做的許多事情。亞當‧斯密寫道：「每個男人（和女人）……靠交易維生，或是成為某種商人，而社會本身變成理所當然的商業社會。」那是個了不起的看法。我們生活中的許多故事都是用某些所有物的增減（我們所得到和所放棄的東西）來述說。比方說，我們買衣服和食物、汽車和房子。此外，我們也賣東西，比方說房子和車子；在我們的職涯中，我們賣出自己的時間。

既然我們大半生都投注在所有權上，針對這一點做出最佳決定，不是件美事嗎？比方說，清楚知道自己有多麼喜愛新房子、新車、新沙發和亞曼尼新裝，然後針對是否要擁有它們做出正確的決定，不是很好嗎？可惜事與願違，我們多半在黑暗中摸索。為什麼？因為人性中有三種不理性的怪癖。

如同我們在籃球門票案例中所看到的，**第一種怪癖是，我們熱愛自己已經擁有的東西**。假設你決定要賣掉你的舊福斯小巴士，你會先做什麼事？你甚至還來不及在車窗上張貼「出售」的標示，就已經開始回憶你開這輛車所到過的地

方。當然，你那時年輕得多，孩子們還沒長大成人。溫馨的回憶一波波拍打著你和你的車子。這不僅適用於小巴士，也適用於其他所有事物，而且它可能發生得很快。

例如，我有兩個朋友領養了一名中國小孩，他們告訴我下列這則很棒的故事。他們和其他十二對夫婦前往中國，當他們到達孤兒院時，孤兒院院長分別帶每對夫婦進入一間房間，讓他們看一位小女孩。隔天所有夫婦再度集合，他們全都稱讚院長的智慧：她似乎完全了解每對夫婦應該領養哪個小女孩，配對非常完美。我的朋友心有同感，但是他們也發現，院方一直都是採隨機配對。讓每一項配對看似完美的原因，不在於中國女院長的智慧，而在於讓人立即愛上本身所擁有事物的天性。

第二種怪癖是，我們的焦點全都放在可能會失去的東西，而不是可能會得到的東西。因此，當我們為心愛的小巴士訂價時，我們想到的是即將失去的部分（小巴士的用途），而不是將會獲得的部分（可以用來買其他東西的錢）。同樣地，持有門票的學生只想到賣掉門票會失去看籃球賽的經驗，而沒有想到獲得金錢的樂趣或可用這筆錢來買哪些東西。我們的「損失趨避」（loss aversion）心理很強烈，本書稍後會解釋，這種情緒有時會使我們做出不當的決定。你是否曾經感到納悶，為什麼我們會拒絕出售所珍視的一些東西，而且如果有人出價要買，我們就會把它貼上過高的標價？我們只要一想到必須放棄寶貴的東西，就已經在為損失感到哀痛。

第三種怪癖是，我們假設其他人看待這樁交易的角度會

和自己一樣。我們多少都會期待車子的買主和我們有同樣的感覺、情緒和記憶，或者，我們期待房子的買主會欣賞透過廚房窗戶投射進來的陽光。可惜的是，車子的買主比較可能會注意從一檔換成二檔時排放的黑煙，房子的買主比較可能會注意角落的一塊黑黴。我們很難想像交易的另一方（買方或賣方）不是用和我們相同的角度來看這世界。

虛擬所有權

所有權也有我所謂的「特性」（peculiarities）。首先，你對某件事花愈多工夫，你對它所感受到的所有權愈強。想想看你上次組裝某件家具的過程，你努力搞懂哪個部分該放在哪裡，哪個螺絲要鎖進哪個洞，這些工夫強化了所有權的感覺。

事實上，我可以相當確定地說，所有權的驕傲感與組裝家具的困難度是呈正比的。不論是將電視接到環繞音響系統、安裝軟體，或是幫嬰兒洗澡、擦乾、撲痱子粉、穿尿布和放進嬰兒床裡，都是如此。我的朋友兼同事諾頓（Mike Norton，哈佛大學教授）和我將這個現象稱為「IKEA效應」。

所有權的另一個特性是，我們甚至還沒擁有某樣東西，就可以開始感受到所有權的存在。想想看你上次進入拍賣網站的情形：假設你週一早上第一次出價購買一個手錶，當時你是出價最高的人。那天晚上你登入，發現你仍然是優勝者，隔天晚上也一樣。你開始想著那只優雅的手錶，想像它

戴在你手上的樣子，想像你會得到的讚美。在拍賣結束前一個小時，你再度上線，發現竟然有人出價比你高！有別人要搶走你的手錶！因此你在原先預定的價格之外又提高價碼。

我們在拍賣網站經常會看到出價不斷上升的情形，這是部分所有權（partial ownership）的感覺所造成的嗎？是不是拍賣時間持續愈久，虛擬所有權對各路買家的吸引力就愈大，他們花的錢也會愈多？幾年前，海曼、歐爾洪（Yesim Orhun，芝加哥大學教授）和我安排了一項實驗，目的是要探索拍賣期間的長短如何逐漸影響拍賣的參與者，並且鼓勵他們堅持出價到底。如同我們所懷疑的，到最後，出價最高、期間最長的買家對虛擬所有權的感覺最強烈。他們的處境很危險：一旦他們把自己想成擁有者，就會因為怕失去既有的地位，被迫一再出高價。

當然，「虛擬所有權」（virtual ownership）是廣告業的主要動力。我們看到駕駛BMW敞篷車沿著加州海岸線兜風的快樂夫婦，就會想像自己身在其中。我們拿到巴塔哥尼亞（Patagonia）服飾公司的一本登山服裝型錄，看到裡頭的人造羊毛套頭衫，就會開始把它想成是自己擁有的衣服。陷阱已經設好，我們不請自來。我們在還未擁有任何東西之前就變成部分擁有者。

試用就捨不得退

還有另一種方式會讓我們受到所有權吸引。一般公司通常會有「試用」促銷活動，比方說，我們已經安裝基本的有

線電視頻道，現在有線電視業者以特殊「試用」費率吸引我們加裝「數位金質頻道」（月費只要59美元而非平日的89美元）。我們告訴自己，反正我們隨時都可以回到基本有線頻道，或是降級到「數位銀質頻道」。

當然，我們一旦試用「金質頻道」之後，就會要求擁有它。我們真的有重回基本頻道，或甚至降級到「銀質頻道」的動力嗎？令人懷疑。一開始，我們可能會認為自己可以輕易回到基本頻道，但是一旦我們習慣數位畫面，就會開始將我們對它的所有權納入我們的世界觀以及對自己的看法，並且很快地將額外的價格合理化。更有甚者，我們的損失趨避心理（不願失去細緻清晰的「金質頻道」畫面和更多的頻道），會讓我們難以承受損失。換句話說，在我們轉換之前，我們可能不確定數位金質頻道的價格是否值得我們全額支付；但是我們一擁有它，所有權的情緒就會湧上心頭，並告訴我們：失去「數位金質頻道」比一個月少花幾塊錢更痛苦。我們原本認為日後可以輕易回頭，但那其實比我們所想的還要困難。

還有一個例子可以說明相同的廣告促銷花招，那就是「30天不滿意保證退費」。如果我們不確定是否應該買套新沙發，「事後可以改變心意」的保證，可能會促使我們順利克服障礙，把沙發帶回家。我們不會意識到，一旦把它帶回家，我們的看法會如何改變，以及我們會如何把它視為自己的東西，最後甚至覺得把它退回去是一種損失。我們本來可能會認為，我們只是帶回去試用幾天，卻不知道沙發會在我們心裡激發出什麼樣的情緒。

無藥可救的毛病

所有權並不僅限於物質，它也適用於對事情的觀點。不論是關於政治或體育，我們一旦抱持某種觀點，就會做出什麼事？我們喜愛這個觀點的程度可能超過合理範圍，我們重視它的程度可能超過其價值。最常發生的情況是，我們很難拋開它，因為我們受不了失去它的那種感覺。結果我們會得到什麼？一種僵化而頑固的意識型態。

所有權的毛病是無藥可醫的，正如同亞當‧斯密所說，它已經融入我們的生活中。但是知道它的存在或許會有幫助。在我們周遭，我們看到藉由購買更大的房子、第二部車、洗碗機、割草機等等來提升生活品質的誘惑，但是「由儉入奢易，由奢返儉難」。如同前面所提到的，所有權會改變我們的觀點，我們會突然覺得，回到沒有所有權的狀態是一種損失，也是我們無法忍受的。因此當生活品質提升時，我們任由自己幻想：如果需要的話，我們隨時可以恢復以前的生活，但事實上我們做不到。降低水準住更小的房子等於是遭受損失，在心理上會很痛苦，因此我們會願意做各種犧牲來避免這種損失，即使每個月的房貸會壓垮我們，也在所不惜。

我自己的因應之道是，嘗試在每項交易（特別是大金額的交易）中不把自己視為擁有者，讓自己和屬意的商品之間保持一些距離。在這種嘗試中，我不確定自己是否達到印度教托缽僧所信奉的棄絕物欲，但是至少我已盡己所能邁向禪的境界。

第8章

不願關上門的結果

為何選擇太多會讓人偏離目標？

西元前210年，中國古代名將項羽率軍渡過長江攻打秦軍，當晚大軍駐紮在河岸。隔天清早，士兵們驚訝地發現他們的船隻正燃起熊熊大火，急忙起身想要擊退敵軍，但卻隨即發現，是項羽自己下令焚毀船隻，並要求軍隊打破所有煮飯的飯鍋。

項羽向士兵們解釋，打破飯鍋、焚毀船隻之後，他們再也沒有退路，只能抱著必死求勝的決心。此舉雖然沒有使項羽成為最受士兵愛戴的將領，但卻對全軍造成聚焦效應：他們抓起長矛和弓箭，奮勇殺敵，經過九次激烈的戰鬥，終於徹底消滅秦朝大軍。

項羽的這項事蹟廣受矚目，因為它和一般人的行為完全相反；一般人絕不會讓自己毫無退路。換句話說，如果我們是項羽，我們多半會派遣部分士兵看管船隻，以備撤退之需，然後再命令另一批士兵準備伙食，萬一軍隊需要駐紮幾個禮拜，就可以派上用場。另外，我們還會指示一些士兵搗米製成紙軸，以便萬一要向強大的秦軍投降，還有紙張可以簽署降書。

拚命保有各種選擇

在現代世界中，我們拚命工作，好讓自己保有各種選擇。我們購買可擴充式電腦系統，以便日後可以外接各種高科技配備。我們購買高畫質電視附加保險，以防螢幕突然毀損。我們盡可能安排子女參加各種活動，以激發他們在體育、鋼琴、法文、有機園藝或跆拳道的興趣。我們購買豪華運動休旅車，不是因為我們真的想要越野旅行，而是想到萬一有機會奔馳在原野時，車軸下的空間會比較大。

我們往往會捨棄某些東西以換取更多選擇，只是我們不自知而已。結果，我們可能會購買功能超過實際需求的電腦，或是購買附有多餘而且昂貴保固的音響。至於子女方面，我們會挪出他們自己和我們的時間，以及他們真正熟練一項活動的機會，只為讓他們學習各式各樣的才藝。我們整天都在忙這些看似重要的事情，卻忘了花足夠的時間在真正重要的事情上。這是傻子玩的遊戲，也是我們都很擅長的遊戲。

我在我的一個大學部學生身上看到這個問題。這位相當有才華的年輕人叫做喬，就讀大三，剛修完共同科目，現在必須選擇主修。但是該選什麼好呢？他熱愛建築，週末都在研究波士頓四周那些設計奇特的建築，希望自己有朝一日能設計出一樣輝煌的建築物。另外，他也喜歡資訊系，特別是這個領域提供的自由和彈性，他希望自己能在 Google 這類酷炫的公司中找到薪酬優渥的工作。他的父母則希望他成為資訊科學家，何況，有誰就讀麻省理工是為了想當建築

師[1]？儘管如此，他依然對建築抱持高度的興趣。

　　喬說話時緊緊扭著他的雙手，顯得相當挫折。主修資訊和主修建築的課程相衝突。以資訊系來說，他需要修的課程包括了「演算法」、「人工智慧」、「電腦系統工程」、「電路和電子」、「訊號和系統」、「運算架構」和實習「軟體工程」。要是主修建築的話，他就必須選修另外一些課程，例如「經驗架構工作室」、「視覺藝術基礎」、「建築技術入門」、「設計運算入門」、「建築史和建築理論入門」，以及其他建築實作課程。

　　他該如何取捨？如果他開始修資訊課程，便很難轉到建築領域；如果從建築課開始修起，也一樣很難轉到資訊。另一方面，如果同時上這兩個科系的課程，他在麻省理工待滿四年之後，可能哪個學位也拿不到，而是得多待一年（由父母支付學費）才能拿到學位。（他最後畢業時拿到的是資訊學位，但他發現他的第一份工作是這兩門學科的完美結合：為美國海軍設計核子潛艇。）

　　我的另一位學生達娜也碰到難以取捨的問題，只不過她的問題核心是她的兩個男朋友。她可以將全副心力傾注於她剛認識的男友身上，希望和他長長久久，或者她也可以選擇和感情逐漸轉淡的舊愛繼續往來。她顯然比較喜歡新歡，卻沒辦法和舊愛徹底斷絕關係，同時她的新男友開始感到不安。「你真的想要冒著失去新男友的風險，」我問她，「只為了一個微乎其微的可能性：有一天你可能會發現，你

----

[1] 麻省理工的建築系其實是非常棒的科系。

其實比較喜歡舊男友？」她搖頭說，「不想。」然後就放聲大哭[2]。

為什麼我們會那麼難以抉擇？為什麼我們覺得有必要保留多一點選擇，即使這樣得付出極高的代價？為什麼我們不能專心投注於一件事物[3]？

為嘗試解答這些問題，耶魯大學的教授辛志旺（Jiwoong Shin）和我設計了一系列實驗，希望藉此掌握喬和達娜的兩難困境。我們以電腦遊戲做為實驗基礎，預期能因此排除生活中的一些複雜性，並且看看人們是否具有讓各種選項的門保持打開、遲遲不做最後選擇的傾向。我們將這項實驗稱為「門遊戲」，實驗地點則是選在一個陰暗沉悶的地方，一個連項羽大軍都不想進去的巢穴。

紅門、藍門或綠門

麻省理工的東校園宿舍是令人望之卻步的地方，它是駭客、硬體狂熱者和怪胎的家（相信我，在麻省理工要真的非常怪才能被形容為怪胎）。宿舍裡有一館可以讓學生播放吵鬧的音樂、舉辦瘋狂派對，甚至公開裸露；有一館讓念工程

---

[2] 很多人會對我吐露心事，這讓我感到驚訝。我想這有一部分是因為我身上的疤痕，一部分則是因為我曾經歷重大創傷。但我是這麼相信的，人們肯定我有透視人類心靈的獨特洞察力，因此向我尋求建議。不論哪個才是正確原因，我都從人們和我分享的故事中學到很多。

[3] 婚姻這種社會機制似乎會迫使個人關閉他們的其他選擇，但就我們所知，這個機制也不是一直都很靈驗的。

的學生流連忘返，那裡到處都是各式各樣的模型，從橋到雲霄飛車一應俱全（如果你來到這個大廳，按下「緊急披薩」按鈕，沒多久就會有披薩送到你面前）；另一館全部漆成黑色，還有一館則裝飾著各種壁畫：按一下棕櫚樹或森巴舞者，大廳的音樂伺服器就會開始播放音樂（當然全都是合法下載）。

幾年前的一個下午，我的一位研究助理金姆腋下夾著一台筆記型電腦，漫步在東校園宿舍的各條走道中。她到每個房間門口詢問學生想不想參加一個可以賺錢的快速實驗，如果對方答應，她就會進房間找個空位放筆記型電腦（因為房間很亂，有時候很難找到空位）。

當程式啟動時，電腦畫面會出現三扇門：第一扇是紅色的、第二扇是藍色的、第三扇是綠色的。金姆解釋說，受試者只要點一下三扇門（紅、藍或綠色）中的任何一個，就可以開門進入房間。一進到房間，每次點一下滑鼠鍵都可以賺取一定金額的錢。比方說，如果某個房間提供1美分到10美分之間的獎勵，每點一下，就可以賺到該範圍內的金額。在遊戲進行期間，畫面會記錄受試者的獲利情形。

要從這項實驗賺到最多錢，必須找到獎勵最高的房間，並且在裡面點愈多次愈好。但是，你每換一次房間，就會耗費一次可以用來開門的點擊次數（總共可以點擊100次）。最好的策略是迅速找到獎勵最高的那個房間，但是在不同扇門之間（和不同房間之間）亂跑可能會用完可以替你賺錢的點擊次數。

會拉小提琴、並且住在「黑暗大君克羅特斯（Dark Lord

Krotus）館」的艾伯特是第一批受試者之一，他競爭心強，想要成為賺最多錢的受試者。他第一次行動時選擇紅門，並且進入立方形的房間。

他一進去就按一下滑鼠，記錄是3.5美分；他又按一下，記錄是4.1美分；第三次按，記錄是1美分。他在這個房間繼續得到幾次獎勵，之後將目標轉移到綠門。他急切地按一下滑鼠，就開門進入。

在綠門裡，他第一次按滑鼠得到3.7美分，第二次得到5.8美分，第三次得到6.5美分，在畫面下端的獲利開始增加。綠色房間似乎比紅色房間好，但是藍色房間不知道怎樣？他按一下，進入最後一扇尚未探索的藍門，點擊三次都落入4美分的範圍。算了，他趕緊回到綠門（這個房間按一下大約可以得到5美分獎勵），把剩下的點擊機會全都用在這裡。最後，艾伯特問金姆他的分數如何，金姆微笑地告訴他，目前他的分數最高。

萬一機會不等人

艾伯特已經使我們確認對人類行為的一項猜測：如果有簡單的安排和明確的目標（這項實驗中的目標是賺錢），我們所有人都知道要追求令我們滿足的來源。如果要用約會來說明這項實驗，艾伯特是先體驗一個約會對象，再試用另一個對象，另外還嘗試和第三個對象接觸，但是在試過其他對象之後，又回到最好的對象身邊，而且在剩下的時間裡　直待在那裡。

　　但是老實說，艾伯特之所以能輕鬆達到目標，是因為即使他忙著和其他「約會對象」拍拖，舊愛依然耐心等待他重回懷抱。不過，要是其他約會對象被冷落一段時間後會轉身不理他呢？要是其他選項開始關閉了呢？艾伯特會放她們走嗎？或者他會試著盡量拖時間緊抓住所有的選擇？他會犧牲一部分的酬勞，以換得繼續保有其他選擇的權利嗎？

　　為了找出答案，我們改變遊戲規則。這一次，受試者如果連續按了12次滑鼠，都沒有光顧某扇門，那扇門就會永遠消失。

　　住在駭客館的山姆是「消失」情況的第一位受試者。他一開始選擇藍門；進去之後，他按了三次滑鼠。他的獲利開始在畫面下方累積，但是吸引他目光的並不只是這項變化。他每多按一下，其他兩扇門就會消失十二分之一，這表示如果不加以注意，它們就會消失。只要在別處多按八次，其他門就會永遠消失。

　　山姆不想讓那種情況發生。他把游標移到紅門上面按一下，使它恢復完整的大小，然後在紅色房間內按三次。但是現在他注意到綠門；再按四次它就會消失。他再度移動游標，這次他把綠門恢復到完整的大小。

　　綠門顯然是獎勵最高的一扇門，他應該待在那裡嗎？（每個房間都有一個獎勵範圍，所以山姆不能完全確定綠門是報酬最好的。藍門可能比較好，也許紅門比較好，又或者兩者都不好。）山姆露出瘋狂的眼神，把游標橫過畫面。他按一下紅門，看著藍門繼續縮小。按了紅門幾下後他跳到藍門，但是現在綠門已經變得非常小，因此他接著又回到綠門。

　　不久後，山姆在不同選擇之間疲於奔命，身體專注地向前傾。我心中頓時浮現一個畫面：匆忙的家長帶著小孩到處學各種才藝。

　　這是有效率的生活方式嗎？特別是當每星期增加一、兩扇門的時候？我不能從你個人生活的角度告訴你確切的答案，但是在我們的實驗中可以清楚看到，四處奔走不僅讓人緊張，也不符合經濟效益。事實上，受試者瘋狂地試圖阻止門關閉，結果比不必處理這個問題的受試者少賺了很多錢（大約少了15％）。其實受試者只要選定任何一個房間，然後在整個實驗中都待在那裡，就可以賺更多錢！從你的人生或職涯來看，是否也是如此？

　　後來辛志旺和我更改實驗方式，增加讓門保持開啟的成本，所得到的結果仍然一樣。例如，我們規定每開一扇門要付3美分的費用，如此成本就不只是浪費一次點擊的損失（機會成本），還有直接的財務損失。但是受試者的反應與之前並無差別，他們仍然瘋狂地想讓門保持開啟。

　　之後，我們又改變遊戲規則，告訴受試者可以從每個房間得到的確切金額，結果還是一樣，他們仍舊無法忍受看到門關閉。此外，我們容許部分受試者在進行真正的實驗之前先做數百次練習，我們認為，他們一定會發現不追著即將關閉的門有何好處。但是我們錯了。連一般公認頂尖優秀的麻省理工學生也不能免俗，他們看到門愈縮愈小就無法集中精神，他們就像穀倉裡的母雞一樣在每一扇門裡啄食，拚命想要賺更多錢，結果卻適得其反。

　　最後，我們嘗試另一種實驗。這次，如果受試者在十二

次點擊內沒有進某扇門，那扇門仍然會消失，但它不是永遠消失，只要點擊一下，它就會再度出現。換句話說，你即使忽略它，也不會蒙受任何損失。這樣一來，受試者是否就不會在門關閉時點擊它呢？非也。令我們驚訝的是，受試者繼續把點擊機會浪費在使門「再生」，即使它的消失不會有實際後果，而且隨時都可以輕易將它恢復。受試者就是無法忍受損失，因此無論如何都要阻止門關閉。

人生的取捨

我們要如何才能擺脫這種不理性的衝動，不再追逐毫無價值的選擇？1941年哲學家弗洛姆（Erich Fromm）寫了《逃避自由》（*Escape from Freedom*）一書。他說，在現代民主政治中，讓人們困擾的不是機會太少，而是機會多得令人暈頭轉向。在我們這個現代社會裡，情況顯然更是如此。我們不斷被提醒，我們可以自由選擇自己想做的事，做自己想做的人，問題在於要怎麼實現這個夢想。我們必須多方發展自己；必須體驗人生的各個層面；必須確定在死亡之前要看的一千件事物中，我們不會在看到第九九九件就停頓下來。但是接下來的問題是：我們是不是試圖同時做太多事？我認為弗洛姆所描述的誘惑，一如我們在實驗裡看到的情況，受試者為了防止門消失，在不同扇門之間疲於奔命。

在不同扇門之間疲於奔命，已經夠奇怪了，但是更奇怪的是，人們會有衝動想要追逐沒有價值的門，也就是那些幾乎沒有作用、或毫無利益的機會。例如，我的學生達娜既然

知道她和舊男友的戀情很可能注定失敗，那她為什麼還要繼續和對方藕斷絲連，結果傷害到和新男友的關係？同樣地，有多少次我們購買促銷商品不是因為我們真的需要，而是因為促銷一結束，那些商品都會被清空，而我們可能永遠無法再用相同的價格購買？

不過，如果我們無法認清某些事物其實是正在消失的門、需要立即加以正視，這項悲劇的另一面就會展開。比方說，我們經常加班，沒有意識到子女的童年正悄悄溜走。有時候這些門關閉得非常慢，我們並未意識到它們正在逐漸消失。例如我一位朋友告訴我，他婚姻中最好的一年是當他住在紐約、而他妻子住在波士頓，兩人只有週末才能碰面的時候。在此之前，也就是當他們還一起住在波士頓時，他們週末都在加班，無法享受兩人世界。但是等到他搬離波士頓之後，他們知道只有週末能見面，兩人共度的時光變得很有限，而且也有明確的期限，回程火車的時間就是分手的時刻。由於很清楚時間寶貴，他們把週末的時間都花在彼此身上，而不是加班。

我並非主張大家應該擱下工作，好把所有時間花在子女身上而待在家裡，或是搬到另一個城市，以便改善和另一半的週末生活品質（雖然這可能有一些好處），但是如果有內建的警示提醒我們，我們最重要的選擇之門即將關閉，不是很好嗎？

刻意關上一些門

　　如果門真的關了，我們可以採取什麼行動？實驗證明，只有傻子才會慌亂地試圖阻止門關閉。試圖阻止門關閉不僅會耗損心神，還會耗損荷包。我們需要做的是刻意關閉一些門。當然，小門很容易關閉，我們可以輕易地從賀卡名單中刪除一些名字，或是從女兒的一大串課外活動中刪除跆拳道。

　　但是比較大的門（或看似比較大的門）較難關上，例如通往新職涯或更好工作的門，或是與夢想有關的門。與某些人的關係之門也很難關上，即使這些門似乎哪裡也到不了。

　　我們的不理性衝動會讓我們一直阻止門關上，那是我們的反應方式，但那並不表示我們不應該試著將門關上。舉個有名的故事情節來說，在小說《飄》（*Gone with the Wind*）裡，當白瑞德要離開郝思嘉時，郝思嘉抓住他，求他不要走，她說：「我該何去何從？我該如何是好？」再也受不了郝思嘉的白瑞德最後說：「親愛的，老實說，我不在乎。」這句話獲選為電影史上最經典的台詞並非偶然，最後白瑞德用力關上門的那一幕充滿張力，而且它可以提醒我們所有人：我們應該關上一些該關的門，不管是小門或大門。

　　我們必須退出浪費我們時間的委員會，不要再把賀卡寄給已經和我們漸行漸遠的人們。我們必須決定，自己是否真的有時間看籃球賽、打高爾夫和壁球，另一方面還可以兼顧家庭。也許我們應該捨棄其中的一些運動，因為它們分散我們的注意力，也因為它們讓我們心力交瘁，而使得我們無法將全副心力投注在應該保持開啟的門上。

猶豫殺死一匹驢子

假設你已經關閉許多門，現在只剩下兩道門，我很想說你現在的選擇輕鬆多了，但情況往往並非如此。事實上，在極為相似的兩樣事物之間做抉擇，是最困難的決定之一。造成這種情況，不只是因為我們一直想保有選擇的自由，也因為太過猶豫不決，最後得為自己的優柔寡斷付出代價。下列舉一則故事來解釋。

有一天，一頭飢餓的驢子走近一個穀倉，想尋找乾草來吃，結果發現穀倉兩端各有一堆一模一樣的乾草，於是就站在穀倉中間，不知該選擇哪一堆，經過幾小時仍然沒有做出決定。由於牠的猶豫不決，最後終於餓死[4]。

當然，這則故事純屬虛構，而且對驢子的智慧做了很不公道的中傷。也許美國國會是比較好的例子。美國國會經常讓議事（例如修護全國老舊高速公路、移民問題、加強瀕臨絕種動物的聯邦保護等等）陷入僵局，原因不一定與特定法案的整體狀況有關，而是與法案的細節有關。對理性的人而言，民主、共和兩黨對於這些議題的政策，就相當於上述故事中那兩捆一模一樣的乾草，儘管如此（或因為如此），國會經常呆立兩者中間，不知如何抉擇。快快做出決定不是對大家都比較好嗎？

再舉一個例子。我的一位朋友花了三個月時間，想要從兩個幾乎一模一樣的數位相機機型裡挑選一個。當他終於做

---

[4] 法國邏輯學家暨哲學家布里丹（Jean Buridan）對亞里斯多德的行動理論所做的評論，引發後人創造這則稱為「布里丹的驢子」的故事。

好決定時，我問他，他錯過了多少次拍照的機會、花多少寶貴光陰在做選擇、過去三個月沒有幫家人和朋友拍照所付出的成本有多少。他回答說，花費的成本比相機本身更高。你自己是否遇過類似的情況？

我朋友（以及那頭驢子和美國國會）把焦點集中在兩件事物之間的相似性和細微差異上，卻未考慮到，沒有迅速做出決定會有什麼後果。驢子沒有考慮到牠最後會餓死，國會沒有考慮到拖延高速公路修護法案會造成更多人員傷亡，而我朋友也沒有考慮到他會錯過許多絕佳的拍照機會，更別提他花在電器行的時間。更重要的是，他們都沒有考慮到，這兩種決定的結果差異極為細微。

事實上，我朋友對這兩台相機的任何一台都很滿意；驢子吃兩堆乾草的哪一堆都一樣；由於兩黨提出的法案差異很小，不論通過哪個版本都可以讓國會議員在家鄉揚眉吐氣。換句話說，他們應該覺得做這項決定很容易，他們甚至可以擲硬幣來決定（比方說在驢子的例子裡），讓生活順利推展。但是他們並沒有這樣做，因為他們沒有辦法關閉其他幾扇門。

在兩個極為類似的選項中做抉擇看似簡單，實則不然。幾年前我就曾經因為同樣的問題而受害，當時我在考慮是要待在麻省理工，還是要到史丹佛大學工作（我最後選擇麻省理工）。面對這兩個選擇，我花了幾星期仔細比較這兩所學校，發現它們在整體吸引力上大致相同。我應該怎麼做？在這個階段，我覺得需要更多資訊、做更多研究，因此又仔細評估這兩所學校。我拜訪校方人士，詢問他們對自己學校的

看法,並觀察學校附近的環境、調查子女可以上的學校。蘇米和我仔細考慮這兩個選擇是否符合我們期望的生活方式。不久後,我因為過於投入這項決定,而使我的學術研究和工作生產力受影響。諷刺的是,我努力要找出從事研究的最佳地點,卻反而疏忽了我的研究工作。

由於讀者可能花了一些錢購買我在本書中所貢獻的智慧(更別提讀者在閱讀過程中付出的時間,以及放棄的其他活動),我本來不應該承認我就像那頭驢子一樣,嘗試區別兩堆極為類似的乾草,但我確實就是如此。

結果,儘管我對決策過程已做過許多研究,也深知其中的困難,但我就像所有其他人一樣不理性。

第9章

預期心理的效應

為何心誠則靈？

　　假設你是費城老鷹隊的球迷，正和一個在紐約長大的巨人隊死忠粉絲友人（唉，真可惜）一起看球賽。你搞不大清楚你們兩人是怎麼變成朋友的，不過當了一學期的室友後，你開始喜歡這個人，即使你覺得他的美式足球喜好實在欠佳。

　　老鷹隊現在是控球方，比數落後5分，暫停也用完了。目前球賽進行到第四節，離比賽結束只剩下6秒鐘，球在12碼線上。四名翼鋒排開陣勢，準備發動這最後一擊。四分衛舉起球、往後退，翼鋒衝向得分區，就在比賽結束的當兒，四分衛做了個長傳，得分區的角落有名老鷹隊翼鋒撲身向球飛去。這記球接得太漂亮了！

　　裁判做出「達陣」手勢，老鷹隊全體球員歡天喜地湧入場中。但是等一下，翼鋒的兩腳都在得分區內嗎？從大螢幕上看起來似乎差了一點。於是大會下達指示，重新調閱畫面。你轉身對朋友說：「你看！那記球接得多漂亮啊！他兩腳明明都在界內。我不懂，他們為什麼要重看畫面？」你的朋友卻一臉陰沉：「那根本是在界外！我實在不敢相信裁判

竟然沒看到！你真是瘋了，居然說他兩腳都在界內！」

　　這究竟是怎麼回事？是你的巨人隊粉絲朋友異想天開嗎？他在欺騙自己嗎？更糟的是，他是在說謊嗎？或是他對巨人隊的死忠（以及對巨人隊贏球的期望）真的深深、徹底地蒙蔽了他的判斷能力？

　　某天傍晚，我一邊從波士頓的劍橋漫步到麻省理工的渥克紀念大樓（Walker Memorial Building），一邊思索這件事。兩個朋友（而且是兩個誠實的人）觀看同一記凌空長傳，怎麼可能出現不同的看法？還有，兩個政黨看同一件事，怎麼會出現兩種各自支持己方、卻是完全對立的解讀觀點？民主黨和共和黨看到有學童不識字時，怎麼可能對同一個議題採取南轅北轍的立場？一對夫妻怎麼會對同一件事看法如此迥異，以致陷入不休的爭執？

　　我有位朋友曾在愛爾蘭的貝爾法斯特（Belfast）擔任駐外記者。他有次描述採訪愛爾蘭共和軍成員的情況。在訪談中，剛好傳來梅茲（Maze）監獄典獄長遇刺的消息（梅茲監獄層層蜿蜒的單人囚室區裡，監禁了許多愛爾蘭共和軍的特務人員）。聽到這個消息，圍繞在他身邊的愛爾蘭共和軍成員面露得意神情，彷彿這是為他們伸張正義；他們有此反應，並不難理解。當然，英國人對這件刺殺案可不是這麼想。第二天，倫敦的新聞頭條怒氣沸騰，主張報復。事實上，英國人認為這起事件正好證明，不必期待和愛爾蘭共和軍談判會談出什麼結果，英國政府應該主動殲滅愛爾蘭共和軍。我是以色列人，對這種以暴制暴的循環並不陌生。暴力事件不是什麼稀罕事，甚至已經稀鬆平常到我們鮮少停下來

自問為什麼。為什麼會有暴力？這是歷史、種族還是政治的
產物？或者我們的內在存有更為根本的非理性因素助長了衝
突，以至於我們在看同一起事件時，因為觀點不同，而有完
全不同的解讀？

哥倫比亞大學教授李奧納‧李、麻省理工的教授費德理
克（Shane Fredrick）和我對這些深奧的問題沒有答案。但
是，在追尋這個人性狀態的根源時，我們決定設計一些簡單
實驗，來探討先入為主的印象如何蒙蔽我們的觀點。我們想
出一個不以宗教、政治或體育運動做為指標的簡單測驗，我
們用啤酒來做實驗。

知與不知的差別

渥克大樓入口前方是一排寬闊階梯，階梯兩側樹立著希
臘式高聳圓柱。進入建築物並右轉後，你會看到兩個房間，
裡面鋪的地毯，歷史比電燈還久遠，擺設的家具也一樣古
老，而空氣裡瀰漫的那股味道，明明白白告訴你在這裡可以
找到酒、花生和好朋友。歡迎光臨「灰泥查爾斯」！這是麻
省理工兩間校園酒吧中的一家，也是李奧納、費德理克和我
未來幾週要進行研究的地點。我們的實驗目的是，調查人的
預期是否會影響他們對後續事件的觀點，更具體地說，就是
酒客對某種啤酒的期望是否會構成他們對啤酒口味的觀感。

且讓我進一步解釋。「灰泥查爾斯」賣給客人的啤酒，
有一種是百威啤酒（Budweiser），另外有一種是我們暱稱
為「MIT佳釀」的啤酒。「MIT佳釀」是何方神聖？其實就

是百威啤酒加上一種「祕方」調製而成：一盎司百威加兩滴義大利黑醋。〔有些麻省理工的學生認為百威不配叫「啤酒」，因此在後來的實驗裡，我們用的是波士頓人心目中的啤酒：山繆・亞當斯（Samuel Adams）。〕

　　那天傍晚大約七點，資訊科學博士班二年級學生傑佛瑞是那個走進灰泥查爾斯的幸運兒。李奧納走向前問他說：「你願意試飲兩小杯免費啤酒嗎？」傑佛瑞沒什麼猶豫就答應了。李奧納領他到一張桌子旁，桌上有兩壺浮著泡沫的飲料，一壺標示為「A」，另一壺為「B」。傑佛瑞先喝了一口其中一種，在口中細細品嘗，然後試了另外一種。李奧納問他：「如果來一杯大杯的，你想要哪一種？」傑佛瑞認真地想了想，既然接下來有免費的大杯啤酒可以喝，他當然要選個最對自己口味的。

　　傑佛瑞很肯定地選了B啤酒，然後加入朋友堆裡（他們正熱烈討論一群麻省理工學生最近從加州理工大學校園「借」來的加農砲）。傑佛瑞不知道，他剛剛品嘗的那兩種啤酒分別是百威和MIT佳釀，而他選的是義大利黑醋調味過的MIT佳釀。

　　幾分鐘後，愛沙尼亞的訪問學生米娜走進酒吧。李奧納問她：「想來杯免費啤酒嗎？」她微笑點頭。這一次，李奧納在試飲前提供了較多資訊。他解釋說，A啤酒是標準的商售啤酒，B啤酒則加了幾滴義大利黑醋調味。米娜分別嘗了兩種啤酒，試飲之後（而且在喝義大利黑醋調味的B啤酒時還皺了皺鼻子），她選了A啤酒。李奧納倒了大杯的商售啤酒給她，米娜高高興興地加入她在酒吧的朋友。

米娜和傑佛瑞只是這項實驗數百名受試者中的兩個。不過，他們的反應卻相當具代表性：事前不知道有黑醋調味的情況下，大部分受試者都選了加黑醋的MIT佳釀；但事先知道MIT佳釀加了義大利黑醋的受試者，反應就完全不同。才沾到加味啤酒的泡沫，他們就皺起鼻子，轉而要一杯標準的商售啤酒。你可能已經猜到，這個實驗結果告訴我們，如果你坦白告訴別人某個東西的味道可能不佳，最後對方八成會同意你的說法，不過這不是因為實際經驗如此，而是因為預期心理。

讀到這裡，如果你正考慮成立新酒廠，尤其是專門在啤酒裡加義大利黑醋的酒廠，請思考下列幾點：一、如果人們讀了商品標籤，或是知道酒裡添加了什麼成分，他們大概會討厭你的啤酒；二、義大利黑醋其實相當昂貴，所以即使它能增加啤酒的美味，可能也不值得你花這麼大的手筆，不如想辦法釀出更好喝的啤酒吧！

選擇的依據

啤酒實驗只是我們實驗計畫的開始。史隆管理學院的MBA學生喝咖啡也喝得很兇。因此，某個禮拜，哈佛商學院教授歐菲克（Elie Ofek）、倫敦商學院教授柏提尼（Marco Bertini）和我臨時搭設了一間咖啡館，只要學生願意針對我們煮的咖啡回答幾個問題，就提供一人一杯免費咖啡。很快地，有人開始排隊了。我們遞給這些學生一杯咖啡，指示他們到擺有牛奶、鮮奶油、低脂奶油、白糖和紅糖等調味料的

桌子旁。我們也擺出一些不常見的調味香料，如丁香、肉豆蔻、橘皮、茴香、紅椒粉、小豆蔻等，讓我們的咖啡客依個人喜好添加。

受試者依個人喜好加了料（我們所擺出的奇特調味料，一樣都沒人動）、嘗了咖啡後，填寫一份問卷。他們要回答自己覺得那杯咖啡味道如何，未來是否能在自助餐廳裡販賣，還有他們願意為這杯咖啡付多少錢。

接下來的幾天，我們繼續發送免費咖啡，但不時改變放置調味料的容器。有時候是盛在精美的玻璃金屬容器裡、擺在霧面金屬托盤上，並配上小銀湯匙、附上印製工整的標籤。有時候，我們用的是白色保麗龍杯，貼上用紅色簽字筆寫的標籤。我們甚至故意把保麗龍杯切短，還在杯緣留下參差不齊的切割痕跡。

結果呢？華麗花俏的容器並沒有打動任何咖啡客加入這些特殊調味料（我猜紅椒粉調味咖啡要問世，可能是很久以後的事）。不過耐人尋味的是，當我們用精美容器盛裝調味料時，會有較多的受試者表示，他們十分喜愛這杯咖啡，也願意付錢買，甚至建議我們可以開始在自助餐廳賣這種咖啡。換句話說，咖啡所在的環境氛圍看起來很高級時，嘗起來也變高級了。

心理作用是否影響感官？

如果我們事前相信某個事物是好的，它通常就會是好的；如果我們事先相信它是壞的，那麼它就會是壞的。但

是，預期心理的影響有多深？它只是改變我們的信念，還是也會改變經驗本身的生理特質？也就是說，先前的知識是否真能改變味覺背後的中性生理活動，因此當我們預期某個食物嘗起來美味（或難吃）時，它的味道就真的會如我們所預期？

為了檢驗這種可能，李奧納、費德理克和我又再次進行了啤酒實驗，只不過這一次，我們在實驗設計裡做了一項重要的變動。上次實驗裡，我們用了兩種方法測試MIT佳釀：一是在受試者品嘗啤酒之前告知他們啤酒加醋的事，二是不告知受試者任何添加物資訊。現在，如果我們一開始不透露啤酒加醋的事，而在他們品嘗過啤酒後才說，他們的反應會是如何？這項緊跟在經驗之後的訊息所引發的回應，會和受試者在體驗前先得知該訊息的回應不同嗎？

我們暫時不談啤酒實驗，先舉另一個例子。假設你先聽說有款跑車開起來很刺激，後來試開了一次，對該車留下某種印象。和另一個對同款跑車一無所知而試了車、然後才聽說它很熱門的人比起來，你們兩人對車子的印象會不會有所不同？換句話說，知識是先於經驗或後於經驗會有任何差異嗎？如果有，先於經驗的知識和後於經驗的知識比起來，哪一種的影響力較大？

這個問題的重要性在於，如果知識只是告知我們事情的狀態，那麼受試者不管是在品嘗啤酒之前或之後得知啤酒加醋的訊息，對啤酒的評價應該都沒有差異。也就是說，當我們預先告知受試者啤酒加醋時，如果他們對啤酒的看法會因此受影響，那麼當我們在他們嘗過啤酒後才告知，他們對啤

酒的看法所受到的影響應該一樣。畢竟，在這兩種情況下，他們都知道了啤酒加黑醋的內情。如果知識純屬「告知訊息」，我們應該可以預期不管哪種情況，受試者對啤酒的看法都會一樣。

另一方面，如果一開始就告訴受試者啤酒加醋確實會改變感官認知，以配合他們所接收到的知識，那麼品嘗之前就知道啤酒加醋的受試者和嘗過後才被告知的受試者，對啤酒的觀感應該會相當不同。我們可以這樣想：如果知識真的會影響味覺，在未知啤酒加醋時品嘗啤酒的受試者，和在「盲目」測試下（對啤酒加醋一無所知）品嘗啤酒沒有兩樣。如果預期心理會改變我們的經驗，等他們嘗過啤酒、味覺形成之後，才知道啤酒加醋就太晚了，這項知識已不足以影響感官認知。

所以，在嘗過啤酒後才得知加了醋的學生，會像在嘗啤酒前就知道的人一樣不喜歡加醋啤酒嗎？或是他們會和不知道加醋的人一樣喜歡加醋啤酒？你認為呢？

結果是，在嘗過啤酒後才得知啤酒加醋的學生，比那些在嘗啤酒前就知道的學生還喜歡啤酒的風味。事實上，喝過後知情的學生對加醋啤酒的喜好程度，與毫不知情的學生一樣。

這表示什麼？讓我舉個例子來說明。假設達西姑媽想丟掉她漫長一生中蒐藏的許多東西，於是舉辦了一場車庫拍賣。一輛車停在院子前，幾個人下了車，上門來挖寶。不久後，這些人圍在一幅靠著牆擺放的油畫前。是的，你和他們一樣，都認為這幅畫看起來像是早期美國樸素派的精品。這

時，你會告訴他們這其實是達西姑媽幾年前臨摹一張照片的作品嗎？

我是個誠實、正直的人，所以我傾向告訴他們。但是，你應該在他們對那幅畫品頭論足、讚賞一番之前或之後告訴他們？根據我們的啤酒實驗，如果你保留這項資訊，等到他們鑑賞完畢之後再說，對達西姑媽會比較有利。我不是說這樣能誘使客人為這幅畫掏出幾千美元（即使是喝過啤酒才得知酒加醋的酒客，對加醋啤酒的喜好程度也不過和完全不知情的人一樣），但這麼做或許能讓達西姑媽的作品賣個比較好的價錢。

順道一提，我們也進行了一個更極端的啤酒實驗。我們事先告訴兩組中的一組有關醋的事（事前組），另一組則是在試飲後才告知（事後組）。試飲結束後，我們不是提供大杯自選免費啤酒，而是給他們大杯未加料的啤酒、一些醋、一支滴管和MIT佳釀的調製食譜。我們想要知道，受試者是否會自行在啤酒裡加醋；如果是，他們會加多少；他們的行動是否取決於受試者得知啤酒加醋的時點（試飲啤酒前或後）。

結果呢？事後組決定在啤酒裡加醋的人數，是事前組這麼做的人數的兩倍。事後組受試者認為，第一次喝的加醋啤酒味道還不壞（他們顯然用了理性思考），因此認為再試一次也無妨[1]。

---

[1] 我們本來也希望能測量學生加的醋量，可惜所有人都完全按照食譜的指示分量來加。

引導人們的預期心理

如你所見，預期心理幾乎會影響生活的每個層面。假設現在你需要為女兒的婚禮請外燴。「約瑟芬廚房」打出拿手菜「美味的亞洲風薑汁雞」和「可口的希臘沙拉配卡拉瑪塔（kalamata）橄欖和菲塔（feta）羊奶起司」。另一家「美味誘惑」外燴服務則以「汁多味美、烤得恰到好處的有機雞胸肉，淋上梅洛紅酒醬汁，下方鋪著一層以色列香草飯」和「最新鮮的羅馬櫻桃蕃茄和清脆爽口的田園菜蔬拼盤，佐以溫潤的羊奶起司和果香濃郁的野莓醋」為號召。

儘管我們不知道「美味誘惑」的食物是否勝過「約瑟芬廚房」，但光是對菜色描述的深度，就足以引領我們對簡單的蕃茄羊奶起司沙拉懷抱更多期待。我們（還有賓客，如果給他們看菜色介紹的話）選擇「美味誘惑」的機率因而大增。

這條外燴業者十分受用的法則，同樣也適用於每一個人。我們可以為自己所準備的菜餚添加一些具異國風情、時髦花俏的小東西（墨西哥芒果醬現在似乎正流行，或者也可試試用野牛肉代替牛肉）。這些材料在盲目測試時或許不能為菜餚加分，但是這項先於經驗的知識能藉由改變預期心理，有效地影響我們的味覺。

如果你要請人吃晚餐，或是說服孩子試試新菜，這些技巧特別能派上用場。同理，即使蛋糕是用市面上賣的現成蛋糕粉做成的，雞尾酒裡調的是沒有品牌的普通柳橙汁，但如果你能過濾這些資訊，尤其不要告訴孩子果凍的原料是由牛

蹄提煉的，必定能讓這些食物享用起來更添風味。我不是在為這類行為的道德面背書，只是要指出預期心理的效果。

最後，不要低估外表的力量。在烹飪學校，學習如何在盤子上呈現菜色的藝術美感和學習煎煮炒炸等烹調技巧同等重要，不是沒有原因的。即使你買的是外帶餐，試試看拿掉保麗龍包裝，用精美的餐盤盛裝食物，再加上一點裝飾（尤其是如果有人和你一起進餐），這些手法都能讓用餐的感受大不相同。

再給你一項建議：如果你想要提升賓客的體驗，買一套精緻的酒杯會是不錯的投資。還有，如果你對酒真的很講究，你可能要花功夫買專門搭配勃根地、夏多內、香檳等各種酒的酒杯。每種酒杯應該都能營造出適當的環境氛圍，進而帶出酒的最佳風味（儘管一些控制實驗研究顯示，在客觀的盲目測試下，酒杯形狀對酒的味道完全沒有任何影響，但人們拿到裝在「正確酒杯」裡的酒時，感受仍然明顯不同）。此外，即使酒杯形狀對酒的風味沒有實質影響，用形狀適當而雅致的酒杯品酒，也能為你自己創造更高的享受。

當然，預期心理影響的不只是食物。你邀請別人看電影時，也可以藉著提及這部電影如何大受好評而讓他們看得更津津有味。預期心理對建立品牌或產品的聲譽也很重要。這是行銷的核心：提供能增進預期心理和實質樂趣的資訊。只不過，行銷所創造的預期心理是否真能改變我們感受到的樂趣？

公說公有理

你一定記得知名的「百事可樂下戰帖」（Pepsi Challenge）電視廣告，或至少對此略有耳聞。廣告內容是隨機挑出一群人喝可口可樂和百事可樂，並要他們說出比較喜歡哪一種。這些由百事可樂打出的廣告宣稱，人們喜歡百事可樂勝過可口可樂。同一時間，可口可樂打出的廣告卻說，人們喜歡可口可樂勝於百事可樂。這怎麼可能？兩家公司的統計資料是胡謅的嗎？

答案是，這兩家公司採取了不同的產品評估方法。可口可樂的市場研究根據的是，消費者在看到他們喝的是哪種可樂、甚至連知名的紅色商標都看得見時所表達的偏好。至於百事可樂下的戰帖則是採盲目測試，裝飲料時用的是分別標示著M和Q的標準塑膠杯。有沒有可能在盲目測試時是百事可樂比較好喝、而在非盲目測試時是可口可樂比較受歡迎呢？

為深入了解可口可樂和百事可樂的對決之謎，麥克魯爾（Sam McClure）、李健（Jian Li）、湯林（Damon Tomlin）、賽博特（Kim Cypert）、拉妲妮·蒙塔格（Latané Montague）、李德·蒙塔格（Read Montague）等一群傑出的神經科學家進行了可口可樂和百事可樂的盲目測試和非盲目測試。這項實驗加入了一項現代化的法寶，那就是功能性磁振造影（functional magnetic resonance imaging，簡稱fMRI）技術。有了fMRI機器，研究者可以監視受試者喝飲料時的大腦活動。

順道一提，在fMRI機裡喝飲料不是件簡單的事，因為

機器在掃描腦部時，受試者必須完全靜止不動地躺著。為了克服這個問題，麥克魯爾和他的同事在受試者嘴裡放了一支長長的塑膠管，隔著一段距離把要測試的飲料（可口可樂或百事可樂）經由管子注入受試者的嘴裡。受試者在喝到飲料之前，會看見接下來送進嘴裡的飲料是可口可樂、百事可樂或未知飲料的指示。藉此，研究人員可以觀察受試者在知情或不知情的情況下喝可口可樂或百事可樂時的腦部活動。

結果究竟如何？實驗結果同時和可口可樂的說法及百事可樂的「挑戰」吻合。原來，受試者的大腦運作取決於是否知曉飲料名稱。其中詳情如下：受試者喝到可口可樂或百事可樂時，大腦中央掌管強烈情緒連結感受的部分（即「腹內側前額葉皮質」，ventromedial prefrontal cortex）會受到刺激。但是當受試者確知接下來會喝到可口可樂，則會出現另一種大腦活動，亦即大腦的前側〔即掌管記憶、聯想、高階認知和思想等高階人類腦部功能的「背側前額葉皮質」（dorsolateral prefrontal cortex）〕也會啟動。用百事可樂做實驗時也一樣，只不過可口可樂所引發的反應較強（當然，對可口可樂偏好愈強的人，反應愈強）。

腦部對飲料（基本上，就是糖分）的享受反應，在這兩種可樂飲料表現非常類似。不過，可口可樂之所以較百事可樂更勝一籌，是因為它的品牌能啟動較高階的腦部機制。讓可口可樂在市場佔有優勢的是品牌聯想，而不是飲料配方。

腦前側和愉悅感中心的連結也很有意思。腦前側藉由多巴胺的傳遞啟動愉悅感中心。這可能是為什麼可口可樂在知道品牌的情況下較受到喜愛，因為可口可樂能引發較強的聯

想,而這些聯想能提高大腦愉悅感中心的活動。當然,這對所有廣告商應該是個好消息,因為這表示我們喜歡可口可樂的原因,是那個鮮紅色的鋁罐、龍飛鳳舞的草寫字體和多年來深印消費者心中的無數廣告訊息(例如「擋不住的感覺,就是可口可樂」),而不是那個冒泡泡的棕色液體。

刻板印象的影響

預期心理也會構成刻板印象。刻板印象畢竟是分類資訊的一種方法,目的在預測經驗。大腦面臨新狀況時,不能無中生有產生回應,而是必須根據它已經知道的事物,因此刻板印象在本質上並沒有不好,反而是我們理解複雜環境的捷徑。這就是為什麼我們預期老人使用電腦時會需要協助、哈佛的學生才智出眾[2]。但是,由於刻板印象會讓我們對某個群體成員產生特定預期心理,因此也可能對我們的認知和行為產生負面影響。

針對刻板印象的研究顯示,當我們對某群人懷有刻板印象時,不僅我們對待他們的方式有所不同,那些被賦予刻板印象的人在意識到自己被強貼上標籤時,行為舉止也會不同(用心理學術語來說,標籤對他們產生了「促發效果」,priming effect)。一個對亞裔美國人的刻板印象,就是他們在數學和科學方面特別有天分。女性給人的一般刻板印象則

---

[2] 麻省理工書店有件不錯的打折T恤,上面印著:「我讀哈佛,因為不是人人都進得了MIT」。

是她們的數學能力不好。這表示美國亞裔女性可能會同時受
到這兩個觀念影響。

事實上,她們確實會受到影響。辛瑪格(Margaret
Shin)、彼汀斯基(Todd Pittinsky)和安巴迪(Nalini
Ambady)在一項實驗裡,請美國亞裔女性接受一項客觀的
數學測驗。不過,他們首先把這些女性分成兩組。第一組女
性會被問到有關性別的問題,如對男女共同宿舍的看法和偏
好,藉此促發她們對性別相關議題的思維。第二組女性被問
到的問題則觸及她們的種族,如她們知曉的語言、她們在家
裡說哪種語言、她們家族的移民美國史等,藉此促發她們對
種族相關議題的聯想。

結果,兩組受試者的數學測驗成績分別與女性和美國亞
裔的刻板印象相呼應。那些在問題裡被提醒她們是女性的受
試者,測驗成績低於被提醒她們是美國亞裔的受試者。這些
結果顯示,連我們自身的行為也會受到自己的刻板印象所影
響,而刻板印象的開啟有可能取決於我們當下的心態,以及
我們當時如何看待自己。

或許更驚人的發現是,刻板印象也會影響不屬於刻板
印象群體成員的行為。巴爾(John Bargh)、陳馬克(Mark
Chen)和布洛絲(Lara Burrows)三人進行了一項值得注意
的研究。他們要受試者做句子重組練習(我們在第4章討論
過這種練習)。有些受試者拿到的練習是以「爭強好勝」、
「冒失魯莽」、「討人厭」和「侵擾」等字彙為主調。有些人
則拿到「榮譽」、「體貼」、「彬彬有禮」和「敏感」等字彙
的練習。這兩組字彙的用意是讓受試者運用這些字彙建構句

子，藉此促發他們對「彬彬有禮」或「冒失魯莽」的思維（這是社會心理學的常用技巧，而且效果出奇地好）。

受試者完成句子重組練習後，隨即進入另一間實驗室，參加實驗所號稱的第二項練習。他們抵達第二間實驗室時，發現實驗主持人正在對一名還不大了解練習如何進行的受試者解釋練習內容（這名受試者其實是實驗主持人刻意安排的）。你認為真正的受試者會在多久之後打斷他們的對話，詢問下一步要做什麼？

結果，等待時間的長短取決於受試者在句子重組練習所拿到的字彙類型。那些練習內容是禮貌字彙組的人耐心等待約莫九分鐘才插嘴，而那些拿到粗魯字彙組的人只等了大約五分半鐘就開口插話。

第二場實驗用的是諸如「佛羅里達」、「賓果遊戲」、「古老」等字彙，藉此促發「年老」這個概念，以測試同一套理論。受試者完成句子重組練習後就離開房間，以為他們已經完成實驗，但事實上，研究的重頭戲才正要開始。真正讓研究員感興趣的是，受試者離開建築物時，要花多少時間走完走廊。不出所料，實驗組的受試者受到「年老」字彙的影響，走路速度比沒有受到促發的控制組受試者慢得多。記住，受到促發的受試者本身並不是被提醒自己年老體衰的老人，而是紐約大學的大學生。

預期心理的善與惡

所有這些實驗都教導我們，預期心理不只是期待冒著

泡泡的可口可樂有提神作用。預期心理能讓我們理解喧鬧房間裡的對話，即使聽到的內容七零八落；同理，預期心理也能讓我們解讀手機簡訊，即使有些字詞顛三倒四。就算預期心理有時會讓我們看起來愚不可及，它們還是十分強大而有用。

那麼，本章一開始的足球迷和那記決勝傳球是怎麼回事？雖然那兩個朋友看的是同一場比賽，卻是透過截然不同的鏡片在觀賞球賽。一個看到傳球是在界內，一個看到的是界外。在運動界，這類爭議並不特別具有殺傷力，甚至還挺有意思的。問題在於，這些認知上的扭曲會影響我們對世界其他層面的體驗。其實不管是以巴、美伊、印度和巴基斯坦，或是塞爾維亞和克羅埃西亞之間的緊張關係，這些扭曲幾乎是所有衝突情勢升高的主要來源。

在這些衝突裡，雙方陣營的個人所讀的或許是類似的歷史書，甚至得知相同的史實，但他們對於是誰開啟爭端、誰該受譴責、現在誰該讓步等議題，看法卻很難一致。在這些事務上，我們對自己信念的投入程度，比對球隊的支持還強烈，也因此我們會頑強地堅守這些信念。而隨著個人對問題的執著加深，達成共識的可能性也愈加微乎其微。這種情況顯然讓人困惑難解。我們以為大家一起坐下來對話有助於消弭彼此的差異，接下來就會有人讓步。但是歷史告訴我們，要達成這種結果機會渺茫；現在我們終於明白，協商破局的原因何在。

不過，我們還是有一絲希望。在我們的實驗裡，不管是在不知情的狀況下品嚐加醋啤酒，或是在品嚐過啤酒後才得

知酒加了醋,受試者都能感受到啤酒真正的風味。解決爭端也應該採用同樣的手法:各方觀點應該以客觀方式呈現,只表達事實,而不是陳述哪一方做了什麼。這項「盲目」條件或許有助我們釐清真相。

如果我們不可能排除先入為主的觀念和先於經驗的知識,或許至少可以意識到我們都存有偏見。如果我們能夠體認到,我們都深陷在自己的觀點裡,因此多少受到蒙蔽,看不見真相,我們或許就能接受應該由中立的第三方(沒有受到我們預期心理影響的人)來制定規則和規範,才能解決衝突。當然,接受第三方意見不是件容易的事,也不一定找得到中立的第三方;不過,只要中立第三方意見一出現,就能產生實質的利益。為此,我們必須再接再厲,不斷嘗試。

第*10*章

價格的力量

為何貴的阿斯匹靈比便宜的阿斯匹靈有效？

　　假如你活在1950年代，當你感到胸痛時，你的心臟科醫師很可能會建議你進行一種內乳動脈結紮術，以治療心絞痛。在這項手術過程中，醫生麻醉病人之後會在胸骨處切開胸腔，然後將內乳動脈綁起來。好了！心包膈動脈的壓力增加，流往心肌的血流增強，每個病人都可以開開心心地回家了[1]。

　　這種手術顯然很成功，從1930年代之後一直很受到歡迎。但是在1955年，西雅圖有個心臟科醫生柯布（Leonard Cobb）跟他的幾位同僚對這項手術的效果起了懷疑。這項手術真的有效嗎？這項手術真的行得通嗎？柯布決定採取一種很大膽的方式來證明手術是否有效：他在一半的病人身上動了真正的手術，另外一半的病人則假裝動了手術。然後他再觀察哪一群人術後感覺良好，哪一群人的健康狀況真的獲

---

[1]　Colin Schieman, "The History of Placebo Surgery," University of Calgary (March 2001).

得改善。換句話說，在過去25年醫生把病人當成魚一樣開腔剖肚之後，心臟外科醫師總算要在科學控制下進行外科手術試驗，以確定這項醫療程序是否真的有效。

要進行這項測試，柯布醫生會在某些病患身上按過去的一般程序開刀，但是在另外一些患者身上，則是進行「安慰劑手術」。所謂真正的手術，正如之前所提到，是切開病患胸膛，然後將內乳動脈結紮起來，而在「安慰劑手術」中，外科醫生只是用解剖刀讓病患受點皮肉之傷，留下兩道切口而已。

開不開刀沒關係

這項科學測試的結果令人大吃一驚。有束緊內乳動脈跟沒有束緊內乳動脈的病患，全都回報手術之後胸痛緩解。兩群受試者胸痛減緩的情形都持續了三個月，然後又開始抱怨胸痛。同時，接受真正手術的患者和只得到安慰劑手術的患者，兩者的心電圖並沒有任何差異。換句話說，傳統的手術似乎可在短時間減緩疼痛，但是安慰劑手術也能達到同樣的效果。不過，最終不管是哪種手術，都無法讓胸痛獲得顯著的長期改善。

後來，人們又對另外一項外科手術進行類似的測試，也意外得到了相似的結果。早在1993年時，一位骨科醫生莫思理（J. B. Moseley）對於以關節鏡手術來治療某類膝關節炎疼痛是否真的有效，逐漸感到懷疑。他從休士頓的退伍軍人醫院募集了180位罹患膝關節炎的病患，然後與他的同僚

將這些患者分成三組。

　　第一組接受標準的治療方式：麻醉、切三刀、插入內視鏡、切除軟骨及修補軟組織的問題，然後再用10公升的生理食鹽水沖洗膝蓋。第二組同樣有麻醉、切三刀、插入內視鏡、用10公升的生理食鹽水沖洗，卻沒有切除軟骨。第三組，也就是「安慰劑」組，從表面上來看也跟其他兩組一樣，接受麻醉、切三刀等等處理，手術時間一樣長，但是卻沒有將任何儀器插入膝蓋內。換句話說，這只是模擬手術[2]。

　　手術之後兩年持續追蹤三組病患疼痛減輕的狀況，以及手術之後多久他們才能走路及爬樓梯（跟其他安慰劑實驗一樣，這些受試者都是自願參與的）。結果到底如何？前兩組接受全部手術程序以及只沖洗、未切除軟骨的病人，都很滿意手術結果，並且說會把醫生推薦給他們的家人及朋友。但是很奇怪，也是最出人意料之外的結果是，接受安慰劑手術的那組病患，疼痛一樣獲得緩解，走路狀況也有改善；事實上，他們病情好轉的情形與實際上確實進行手術的病患一樣顯著。莫思理這份研究報告的共同作者之一，妮爾達‧瑞（Nelda Wray）醫生針對這項令人驚訝的結果寫道：「對罹患膝關節炎的患者進行沖洗術及清創術的效果，並不會比安慰劑手術來得明顯。這項事實讓我們質疑，花在這些醫療程序上的10億美元，是否該轉到更好的用途上。」

　　如果你推想這份報告出爐之後一定會掀起一陣風暴，你猜對了。在《新英格蘭醫學期刊》（*New England Journal*

---

[2]　Margaret Talbot, "The Placebo Prescription," *New York Times* (June 9, 2000).

of Medicine）於2002年7月11日以頭版方式刊登這份報告之後，有些醫生咒罵這篇文章，並且質疑這項研究所使用的方法及結果。莫思理醫生回應時表示，他的研究是經過周密設計的實驗。「對經常採用關節鏡手術的外科醫生來說，讓病患健康獲得改善的竟然是安慰劑效應，而不是他們的手術技術，這情形當然令他們難堪不已。可想而知，這些醫生一定會竭盡所能打壓我們的研究結果。」

無論你相信這項研究結果的程度有多高，我們顯然都需要對這種關節鏡手術抱持更大的懷疑，同時還要更廣泛地要求醫界對一般醫療程序的效果負舉證責任。

安慰劑效應

在前一章，我們看到預期心理會改變我們對經驗的感知與了解。這一章則探討安慰劑效應。我們將看到，除了信念及預期心理會改變我們對視覺、味覺及其他感官現象的感覺與詮釋之外，也會改變我們的主觀經驗。有時候影響之深，甚至連客觀經驗都會遭受波及。

更重要的是，我想要探討安慰劑效應尚未完全為人所知的面向，也就是價格對這個效應所扮演的角色。昂貴的藥是否會讓我們感覺比便宜的藥更加有效？昂貴的藥真的會比便宜的藥讓我們的身體更加健康嗎？昂貴的手術以及新一代的醫療器材，例如數位化的心律調節器及高科技的冠狀動脈支架，效果又如何呢？它們的價格會影響到效果嗎？若是如此，這是否代表美國的健保支出將會持續攀升？好，現在就

讓我們來看看。

「安慰劑」（placebo）來自拉丁文，原意是「我會好起來」（I shall please）。十四世紀時，人們用這個名詞指稱在葬禮上被雇來假扮為死者慟哭的送葬者。1785年時，這個名詞出現在《新醫學辭典》（*New Medical Dictionary*）上，是不受重視的醫療方法。

醫學文獻上最早有關安慰劑效應的紀錄之一，是在1794年。一位名叫蓋爾比（Gerbi）的義大利內科醫生發現一件奇怪的事情，當他把某種蟲子的分泌物塗在疼痛的牙齒上時，這顆牙齒會有一年時間不再痛。蓋爾比繼續用這種蟲子的分泌物治療了上百位病人，並且一絲不苟地記錄下病人的反應，其中有68％的病人都回報有一年沒再牙痛。我們雖然並不清楚蓋爾比及蟲子分泌物的故事始末，但我們卻知道蟲子的分泌物其實無助於治療牙痛。重點是，蓋爾比相信這些分泌物有效，而且他絕大多數的病人也都這麼相信。

當然，蓋爾比的蟲子分泌物不是市場上唯一的安慰劑。早在當代醫學昌盛之前，幾乎所有醫藥都是安慰劑。蟾蜍眼、蝙蝠翼、狐肺乾、水銀、礦泉水、古柯鹼及電流，五花八門的商品都號稱是治病良方。當林肯總統遇刺後，躺在福特戲院（Ford's Theater）對街的公寓裡奄奄一息時，據說他的醫生所開的處方要求用「木乃伊藥膏」塗在他的傷口上。人們相信將埃及的木乃伊磨成粉末之後，能夠治療癲癇、膿瘡、疹子、骨折、癱瘓、偏頭痛、潰瘍及種種疑難雜症。甚至到了1908年時，仍舊可以透過默克（E. Merck）公司的型錄訂購「純正埃及木乃伊」。今日想必還有人在使用這項

祕方[3]。

不過要比恐怖，木乃伊粉末還不是最嚇人的。十七世紀時，有個「包治百病」的處方這樣寫著：「找到24歲紅髮男子死亡未滿一天的新鮮屍體，此屍體要毫無瑕疵、未受重創，最好是吊死、死於輪下或遭尖刺刺死……置放一天一夜、吸收日月精華之後，切成碎片或條狀，灑上沒藥或蘆薈粉末，以除去苦味。」

我們也許會認為今非昔比，實則不然，安慰劑對今時今日的我們而言，魔力依舊不減。例如多年來，外科醫生以為切除腹部多餘的結痂組織，就能對付慢性腹痛，直到有研究人員利用對照組做假手術，證實假手術病患的腹痛同樣減緩，才改變這種觀念[4]。恩卡尼（encainide）、氟卡尼（flecainide）及美西律（mexiletine）被廣泛當成「標示適應症外使用」（off-label，譯註：將藥品用於標示適應症以外的症狀）的藥物用來治療心律不整，後來卻發現它們會造成心跳停止[5]。研究者測試六種先進的抗憂鬱藥物之後，發現有75％的效用皆可在服用安慰劑的控制組身上看到[6]。同樣的安

---

[3]　Sarah Bakewell, "Cooking with Mummy," *Fortean Times* (July 1999).

[4]　D. J. Swank, S. C. G Swank-Bordewijk, W. C. J. Hop, et al., "Laparoscopic Adhesiolysis in Patients with Chronic Abdominal Pain: A Blinded Randomised Controlled Multi-Center Trial," *Lancet* (April 12, 2003).

[5]　"Off-Label Use of Prescription Drugs Should Be Regulated by the FDA," Harvard Law School, Legal Electronic Archive (December 11, 2006).

[6]　Irving Kirsch, "Antidepressants Proven to Work Only Slightly Better Than Placebo," *Prevention and Treatment* (June 1998).

慰劑效應，也可見於治療帕金森症的腦部手術上[7]。外科醫生在好幾位病人的頭顱上鑽洞，但沒有進行全部的醫療程序。接受假手術的病人與接受全部手術程序的病人，術後結果是一樣的。諸如此類的例證可說是不勝枚舉。

也許有人會辯稱，這些現代的醫療程序及藥物是基於善意而發展出來的。此話不假，但是使用埃及木乃伊治病也是出於一片好心。而且有時候，木乃伊粉末還跟其他藥物的治療成效不相上下（至少也沒比較差）。

真相是，安慰劑是靠暗示的力量發揮作用的。安慰劑之所以會有效，是因為人們相信它有效。你看過醫生之後，就會覺得好多了；如果你的醫生又是備受讚譽的專家，或你吃的藥是廣受好評的新藥，你甚至會覺得好得更快。但我們是怎麼受暗示影響的？

正向思考與制約

大致上來說，預期心理之所以能讓安慰劑發揮效用，源自兩種機制。第一種機制是信念，也就是我們對藥物、手術程序或醫護人員的信任或信心。有時候光是醫生或護士對我們的關注，向我們保證會好起來，就會讓我們感覺舒服許多，並且啟動我們的內在療癒過程。醫生對某種療法或治療程序的熱誠，也會讓我們預想正面結果的發生。

---

[7] Sheryl Stolberg, "Sham Surgery Returns as a Research Tool," *New York Times* (April 25, 1999).

　　第二項機制是制約。就像巴夫洛夫（Pavlov）那隻著名的狗（學會一聽到鈴聲就分泌唾液），我們的身體也會在一再重複的經驗之後建立起預期心理。假設你打電話點了披薩，當送披薩的人按電鈴時，即使你還沒聞到香味，就已經開始分泌唾液了。或者假設你現在正在度蜜月，你跟親愛的另一半在沙發上相依相偎，當你坐在那裡看著壁爐裡的火嗶嗶啪啪燃燒時，你對性的預期會使大腦產生腦內啡，幫你預備接下來會發生的一切，還讓你感覺自己快飛到九霄雲外。

　　在我們感覺疼痛時，預期心理會釋放荷爾蒙及神經傳導物質，如腦內啡及鴉片劑，不僅能阻斷疼痛，還會製造快感（腦內啡所刺激的接受器跟古柯鹼相同）。到現在我還是能歷歷在目地回想起，當我全身痛苦地躺在燒燙傷病房時，看到護士拿著裝有止痛劑的針筒走過來的那一刻，感覺真是無比舒暢啊！在針筒刺進我的皮膚之前，我的大腦就已經開始祕密地分泌可減輕疼痛的類嗎啡了。

　　所以，親近不見得生蔑視，但是一定會產生預期心理。醫護人員的品牌、包裝及安心保證，都能讓我們感覺好轉許多，但是價格呢？藥價也會影響我們對藥物的反應嗎？

金錢與療效的曖昧關係

　　光看價格，很容易以為要價4,000美元的沙發會比只值400美元的沙發來得舒適；出自名家設計師之手的牛仔褲，無論作工或舒適度，都會比大賣場賣的牛仔褲要好；高級電

動磨沙機一定會比次級磨沙機好用；皇朝餐廳一隻19.95美元的烤鴨當然比王家麵館一隻10.95美元的烤鴨美味。但是這種價格所暗示的品質差異，會影響到實際經驗嗎？這樣的影響又能適用在對藥物的反應這類客觀經驗上嗎？

比方說，便宜的止痛藥會比貴的止痛藥沒效嗎？感冒時要是服用打折的感冒藥，會比吃昂貴的感冒藥讓你感覺較差嗎？跟市場上最新的原廠藥（brand-name）相比，學名藥（generic drug，譯註：原廠藥的專利權過期後，其他藥廠仿製成分相同的藥品，以學名出售）對你的氣喘比較沒用嗎？換句話說，藥是否跟中國菜、沙發、牛仔褲和工具一樣？我們可以假設高價就代表高品質，然後我們的預期心理便將這個假設轉變成產品對我們所產生的客觀效用？

這個問題特別重要，因為買便宜的中國菜、穿廉價牛仔褲，都不會有什麼損失。只要稍微有點自制力，我們便能不受昂貴品牌的誘惑。但事關健康時，你真的會貪小便宜嗎？先別提一般的感冒，我們絕大多數人在性命交關時，還敢錙銖必較嗎？不會的，我們都要最好的，給我們自己、我們的孩子及我們摯愛的親友。

如果我們都想要最好的，那麼，昂貴的藥是否比便宜的藥療效更好？所付出的費用真的會影響我們的復原程度嗎？在許多年前的一系列實驗中，我和麻省理工的研究生瑞貝嘉・韋柏（Rebecca Waber）、史丹佛大學教授席夫（Baba Shiv）及卡蒙（Ziv Carmon）決心找出問題的答案。

偉拉當真靈！

想像你現在正參與測試止痛新藥「偉拉當」（Veladone-Rx）有效性的實驗（實際的實驗有100位住在波士頓的成年人參與，但是現在我們讓你參上一腳）。

一早你抵達麻省理工媒體實驗室，有位年輕女子身著俐落的套裝（這種打扮與麻省理工教職員及學生平日的穿著有如天壤之別），操俄國口音，親切地招呼你。她身上佩帶的照片識別證上寫著她是偉拉當藥廠代表塔雅。她請你花些時間閱讀有關偉拉當的小冊子。你四下張望，注意到這個房間看起來像是醫院的辦公室：角落散放著過期的《時代》雜誌及《新聞週刊》，桌上有偉拉當的小冊子，旁邊還擺著一個筆筒，裡面的筆全都印有漂亮的藥品標誌。你從小冊子上讀到：「偉拉當是眾所矚目的新型類嗎啡藥物。臨床研究顯示，超過92％服用偉拉當的病患，在短短10分鐘之內，重大疼痛便獲得緩解，而且藥效可持續達8小時。」這樣的藥要花多少錢？根據小冊子上的資訊，光吃一顆就要價2.5美元。

你一讀完小冊子，塔雅就請瑞貝嘉・韋柏進來，然後她走出這個房間。穿著實驗室技師白袍的瑞貝嘉，脖子上掛著聽診器，向你詢問一連串有關你健康狀況的問題，還有你的家族健康史。她聽了你的心跳聲，還幫你量血壓，然後她把從一台看似很複雜的機器延伸出來的電極，上頭還塗著綠色的電極膠，繞在你的手腕上。她向你解釋，這是一台電擊器，我們透過這樣的方式來測試你對疼痛的知覺及忍受度。

　　瑞貝嘉將手放在旋鈕上，透過電線將一連串電擊傳至受試者手上的電極。剛開始，電擊強度只是有點惱人，然後愈來愈痛、愈來愈痛，最後痛到你的耳朵發漲，心跳加快。她將你的反應記錄下來。現在她開始傳送新的一組電擊，這一回，她所傳送的電擊強度不一，有些很痛，有些只是不大舒服。每一次電擊結束後，你都被要求用面前的電腦記錄下你所感覺到的疼痛強度。你使用滑鼠在一條線上點擊，這條線的範圍是從「一點也不痛」到「痛到無法形容」，這種表達方式被稱為「視痛覺類比量表」（visual pain analog）。

　　當這項酷刑結束時，你抬起頭來，瑞貝嘉站在你面前，一手拿著一顆偉拉當膠囊，另一手端著一杯水。「這顆藥的藥效在服用15分鐘之後，才會有最明顯的效果。」她說。你吞下膠囊，換坐到角落的椅子，翻閱過期的《時代》雜誌及《新聞週刊》，等待藥效發作。

　　15分鐘過後，瑞貝嘉用同樣的綠色電極膠塗抹在電極上，神情愉悅地問你：「準備好進行下一階段的測試了嗎？」你很緊張地回答：「準備好了。」你再度與那台機器連結上，電擊又開始了。像上回一樣，在每一回電擊之後，你記錄下疼痛的強度，但是這一回感覺不大一樣了。一定是偉拉當開始作用了！疼痛感覺沒那麼糟糕，你對偉拉當的評價好極了。事實上，你希望不久之後就能在街角的藥房看到它上架。

　　說實在的，這也是我們絕大多數受試者回報的結果。在偉拉當發揮藥效的情況下，他們絕大多數人都回報電擊的疼

痛減輕了。這個結果非常有意思，因為，所謂的偉拉當只不過是維他命C膠囊。

一分錢一分貨

從這個實驗中我們看到，我們提供的膠囊的確有安慰劑的效果。但是，假如我們把偉拉當的定價訂得不一樣又會如何呢？假設我們把偉拉當的價格由2.5美元降到只有10美分呢？我們的受試者是否會有不一樣的反應？

在我們的下一個測試中，我們改變了小冊子上的訊息，將原始價格（每顆2.5美元）劃掉，標上新的折扣價10美分。這是否會改變受試者的反應？果真如此。藥價一顆2.5美元時，幾乎每一位受試者都感到疼痛減輕，但是當價格降到10美分時，只有一半的受試者有同樣感受。

除此之外，我們進一步發現藥價和安慰劑效應之間的關係，並不是所有受試者都一樣。對那些近期內承受較多疼痛的人來說，安慰劑效應特別顯著。換句話說，對那些體驗到較多疼痛、也因此更常仰賴止痛劑的人來說，「藥便宜，效果就差」的情形更加顯著。當我們從醫藥的角度來研究安慰劑效應時，我們發現真的是「一分錢一分貨」，價格會改變人們的經驗。

我們在無意之間，透過另外一項實驗證實了這個結果。在一個冷到不行的冬天，我們於愛荷華大學進行這項實驗。這一回，我們要一群學生記錄下當他們感冒時，他們服用的是折扣藥還是按標價付錢的藥，以及這些藥的藥效如何。學

期結束時，有13位受試者是按標價購藥，16位買打過折扣的藥。哪一群人服藥之後感覺比較好？我想現在你一定猜出來了：那13位按定價買藥的同學，要比那16位買折扣藥的同學，康復得更快更好。所以即使是治療感冒的成藥，也依舊是「一分錢一分貨」。

從這些對「藥物」的實驗，我們看到價格如何帶動安慰劑效應。不過，價格是否也會影響到日常消費品呢？我們找到一個很棒的實驗題材：SoBe（譯註：為South Beach Beverage的簡稱）出品的「全力衝刺」（Adrenaline Rush），這種機能飲料宣稱能「讓你的遊戲升級」，並且發揮「更佳的機能」。

我們設計的第一個實驗，是在大學體育館入口處擺攤位，提供SoBe飲料。第一群學生付出平常的價錢，第二群學生則以三分之一的價錢購買相同的飲料。在學生運動結束之後，我們問他們疲累程度和平常相比是增加或減少。兩群喝過SoBe飲料的學生都指出，疲累程度比平常減少。這似乎很合理，畢竟每一罐SoBe飲料都含有大量咖啡因。

但是我們要追蹤的是價格的影響，而非咖啡因的影響。比較高價的SoBe飲料，是否比打折的SoBe，更讓他們的疲累減少？正如你從偉拉當藥品的測試結果所知，確實如此。以較高價錢買飲料的學生回報疲累程度減少的人，要比喝打折飲料的學生來得多。

這項實驗很有趣，但這是根據受試者對自己疲累狀態的印象所得，也就是根據受試者的主觀經驗。我們要如何更直接、更客觀地測試SoBe的效果呢？我們找到下列的方式：

SoBe宣稱能提供「心智能量」，所以我們決定以一些字謎來測試這項說法。

整個流程如下：一半的學生以原價購買SoBe，另一半則以折扣價購買（我們真的從他們的學生帳戶中扣錢，因此事實上付錢的是他們的父母）。喝過飲料之後，我們請這些學生先休息10分鐘、看看電影，好讓飲料的成分發揮效用。然後我們發給每位學生一份15個字的字謎單，以30分鐘為限，做多少算多少（字謎玩法是，如果題目是TUPPIL，受試者就要調換英文字母順序，改成PULPIT，或是要學生重新排列如FRIVEY、RANCOR及SVALIE的字母順序……）。

我們之前已經用同一份字謎測試過一群沒有喝SoBe的學生，以他們的成績做為比較基準。這群學生在15題中平均答對9題。那些喝過SoBe飲料的學生表現如何呢？以原價購買飲料的學生平均答對9題，這個成績跟沒喝飲料的學生無分軒輊。但比較有趣的是用折扣價購買飲料的學生：他們平均只答對6.5題。這樣的結果告訴我們什麼訊息呢？價格的確會造成差異，在這次實驗中，猜對字謎的題數差距大約有28％。

所以SoBe並沒有讓人變得比較聰明。這是否表示這項產品本身沒有效果呢（至少在解字謎上）？為了回答這個問題，我們設計了另外一項測試方法。我們將下列訊息印在字謎本上：「SoBe這類飲料已證實對促進心智功能有顯著效果」，我們還加上這句：「例如會增進解字謎的功力。」此

外，我們還虛構其他訊息，諸如SoBe網站上登載超過50項科學研究支持這項說法。

結果呢？以原價購買飲料的學生依舊表現得比以折扣價購買飲料的學生來得好。但是字謎本上的訊息也發揮了影響力，不管是以折扣價還是以原價購買飲料的學生，都吸收到這項訊息，也有預期成功的心理準備，他們的表現都比沒看到這項訊息的學生更好。而且這一回SoBe的確讓人更加聰明。在我們吹噓有超過50項科學研究證實SoBe能增進人們的心智功能時，那些以折扣價購買飲料的學生答對的題數平均多了0.6題，而那些讀到訊息、又以原價購買飲料的學生答對題數則是平均多了3.3題。換句話說，瓶身和字謎本上所提供的飲料資訊及價格，都比瓶內的飲料來得有效。

給理性思考一點時間

難道每一回有折扣價時，買到的東西都註定效果更差嗎？如果我們只憑藉非理性的本能，結果就會如此。如果我們一看到折扣商品，就直覺假設它的品質比原價商品差，那我們就會得到這樣的結果。要如何補救這種情形呢？如果我們先暫停一下，理性思考品質與價格之間的關係，就能擺脫潛意識中認為品質會隨價格打折的衝動嗎？

我們試著透過一組實驗來了解實際情況，結果發現能停下來思考價格折扣與品質之間關係的消費者，比較不會認為折扣的飲料效果較差（同時他們在字謎上的表現也就不會那

麼差）。這些結果不僅提供一個方法，讓我們能克服價格與安慰劑效應之間的關係，同時也顯示，折扣效應絕大部分是來自於對低價的潛意識反應。

　　所以我們已經知道價格如何影響到安慰劑、止痛藥及能量飲料的效用，但是接著我又想，如果安慰劑能讓我們感覺更好，我們是否應該別想太多、儘管享受這樣的好處呢？還是說安慰劑就是這麼糟糕，是一種該被摒棄的贗品，不管它能不能讓我們感覺更好？在你回答這個問題之前，讓我再提出下列的問題。假設你發現安慰劑或安慰劑手術不只讓你感覺更好，而且真的能讓你身體康復得更好，你還會用它嗎？如果你是位醫生，會怎麼做呢？你會開只具安慰劑效用的處方嗎？讓我說一個故事，幫助你明白我的意思。

偏方的心理作用

　　西元800年，教宗聖利奧三世（Pope Leo III）為查理曼大帝加冕，讓他成為羅馬人的皇帝，也因此在宗教與政治之間建立直接的關係。從此以後，神聖羅馬帝國皇帝，還有接下來許許多多歐洲的國王，都散發出神聖之光，並延伸出所謂的「國王的觸療」（royal touch），也就是醫治人民的工作。在整個中世紀時期，一個又一個的歷史學家都記載著，偉大的國王會定期巡視民間，伸出國王之手醫治人們。據說英格蘭的查理二世在位期間（1630年～1685年），就碰觸過大約10萬人。歷史紀錄甚至還包括好幾位來自美洲殖民

地的人民，他們專程從「新世界」返回「舊世界」，為的就是希望遇上查理二世出巡，醫好身上的病痛。

　　「國王的觸療」真的有用嗎？如果在接受國王觸碰之後，沒有人好轉，這種治療方式自然會漸漸消失。但是回顧歷史，「國王的觸療」據說治癒了成千上萬人。淋巴結結核（scrofula）這種病會損壞人的外形，患者經常被誤認是痲瘋病人，往往也遭到社會隔離，但是相傳得了這種病只要透過「國王的觸療」，就會不藥而癒。莎士比亞曾在《馬克白》寫著：「幾乎被人遺忘的人們，滿身傷痕潰爛，讓觀者心生不忍……只要施以神聖的禱告，就能帶來療癒的祝福。」一直到1820年代，雖然人們已經不再有君權神授的想法，但「國王的觸療」依舊存在；而埃及木乃伊藥膏這種「全新，先進！」的治療方法，也讓「國王的觸療」顯得過時。

　　當人們想到如「國王的觸療」這類安慰劑療法時，往往會嗤之以鼻，認為不過是「心理作用」而已。但是安慰劑的力量，絕非「不過是」這三個字能一筆帶過的。事實上，它讓我們看到人類由心靈控制身體的情形有多麼不可思議。究竟心靈如何成就這麼不可思議的現象，我們一直不很清楚[8]。可以確定的是，有些效應與降低壓力、改變荷爾蒙分泌、改變免疫系統等有關。我們愈了解頭腦和身體之間的關連，以往認為再清楚不過的事情卻變得愈曖昧不明，安慰劑效應便是其中最為顯著的一點。

---

[8]　但我們對安慰劑影響痛感的作用卻很清楚，所以才會選擇止痛藥做為我們的研究主題。其他安慰劑效應則有待進一步了解。

在現實生活裡，醫生經常提供病人安慰劑。例如2003年有項研究顯示，超過三分之一的病人喉嚨痛的時候，都會服用抗生素，隨後卻發現喉嚨痛其實是病毒感染，抗生素一點用也沒有（還可能會導致抗藥性細菌感染機會增加，讓病人健康受到威脅[9]）。但是你覺得當我們得了病毒性感冒時，醫生會停止給我們抗生素嗎？即使醫生知道感冒是由病毒所引起，而非細菌，但他們心裡更明白，病人需要某種安心的東西，病人通常都希望看醫生之後能拿到處方。醫生滿足病人的這種心理需求，是對的嗎？

醫生經常給病人安慰劑，並不代表他們自己想這麼做，而且我猜當醫生這麼做時多少有些良心不安。他們受的是科學訓練，人們向他們尋求的是最新的醫療技術，他們想把自己當成真正的醫療專業人員，而非施行巫術的人。所以要他們承認自己的執業項目之一包括了利用安慰劑效應來增進人們的健康，是非常困難的。現在假設有個醫生即使萬般不情願，還是進行了一項他明知只有安慰劑效用、卻對某些病人有幫助的療法。他應該主動積極地進行這項治療嗎？畢竟醫生對治療方式的熱誠與否，會對其效用有舉足輕重的影響。

還有一個問題是關於美國健保制度。美國健保支出佔人均國內生產毛額（GDP）的比例，要比其他西方國家來得高，我們該如何處理昂貴藥物（50美分的阿斯匹靈）要比便宜藥物（1美分的阿斯匹靈）讓人感覺較好的問題呢？我們

[9] Margaret E. O'Kane, National Committee for Quality Assurance, letter to the editor, *USA Today* (December 11, 2006).

是否該縱容人民的非理性，結果造成健保成本增加？或者，我們是否應該堅持讓人們使用市場上最便宜的學名藥（及醫療程序），而忽視較貴的藥能增加有效性的事實？我們如何設計成本和共同負擔金額，以得到最大的醫療效果？我們又如何提供折扣藥給有需求的民眾，又不至於讓他們的治療較無成效？在建構我們的健保系統時，這些都是重要而複雜的議題。對於這些議題，我沒有解答，但是對所有人來說，了解這些議題是很重要的。

安慰劑也讓行銷人員左右為難。他們的專業要求他們要創造出知覺價值（perceived value）。他們超越一項產品可經客觀證實的功效，大力吹捧這項產品，有時誇大事實，有時甚至大言不慚地扯謊。但是我們已經明白人們對藥品、飲料、開架化妝品或車子等產品的知覺價值，會變成真實價值（real value）。如果人們真的從一項吹捧過度的產品得到更多滿足，行銷人員只不過是「賣牛排、也賣煎牛排的嘶嘶聲」，何過之有呢？當我們愈深思安慰劑的效應，以及信念與現實之間的模糊地帶，這些問題就變得愈難回答。

切膚之痛

實驗能測試我們的信念是否正確，以及不同治療方式是否有效；身為一個科學家，我相當重視實驗。但同時我也很清楚，實驗會牽涉到許多重大的倫理問題，尤其是與醫療安慰劑相關的實驗。沒錯，就像我在本章一開始提到的內乳動脈結紮術，就涉及倫理問題：人們嚴正抗議醫生對病人進行

假手術。

犧牲某些人的福祉，甚至還可能犧牲他們的生命，好讓我們了解某些手術將來是否能應用在其他人身上，這實在很難叫人心服口服。比方說，讓有癌症的病人接受安慰劑治療，只為了將來其他人或許能因此得到比較好的治療，似乎是挺說不過去的。

但是如果我們因此而不做足夠的安慰劑實驗，也很難令人接受。因為正如我們先前探討過的，這麼一來便會有千百人接受無用（但是危險）的手術。在美國，很少手術曾經過科學檢驗，因此我們並不知道許多手術是否真的起了治療效果，或者它們是否像先前許多手術一樣，只是因為安慰劑效應而產生效果。於是，我們會發現自己經常接受一些若經過仔細研究、就會不值一用的醫療程序或手術。現在，讓我和讀者分享一個我自己親身經歷的醫療程序，當時別人極力推薦我接受，但結果不過是一次漫長的痛苦經驗。

當我的職能治療師舒拉興奮地帶來好消息時，我已經在醫院待了整整兩個月。她說有一種服裝像皮膚一樣，叫「加絲特彈性衣」（Jobst suit），是特別為我這種人設計，能在我僅存的稀少皮膚上加壓，讓皮膚復原得更好。她告訴我這間公司在美國和愛爾蘭都有工廠，我可以向他們購買特別為我量身訂做的尺寸。她還說，我需要買一件褲子、一件上衣、一雙手套，以及一個套在我臉上的面罩。由於這套服裝可以非常服貼地穿在身上，所以能隨時隨地都壓著我的皮膚，即使我移動身體，這套衣服也會輕輕地按摩我的皮膚，幫助消除傷疤紅腫，減緩傷疤過度生長。

　　我聽了真是喜出望外！舒拉告訴我加絲特有多好多好，她說這套彈性衣是用不同顏色製作的，一聽到她這麼說，我立刻想像自己從頭到腳都被一層藍色肌膚緊緊包覆，就像蜘蛛人那樣。但是舒拉提醒我，所謂不同的顏色其實是白人穿棕色，黑人穿黑色。她還告訴我，以前人們一看到有人頭戴加絲特面罩走進銀行，就會將這樣的人誤認為銀行搶匪，打電話給警察。所以現在當工廠出售面罩時，會附上一個可以佩戴在胸前的標示，讓人們了解你為何會戴這種面罩。

　　這項新訊息並沒有讓我打退堂鼓，反而讓這套衣服更有吸引力。我一想到穿上這套彈性衣的樣子，便不禁微笑。如果走在路上能讓別人看不到我的廬山真面目，那有多棒。除了嘴巴和眼睛之外，沒有人看得到我身體的其他部分，當然也就沒有人能看到我的傷疤。

　　每回一想到這套如絲綢般的彈性衣，我就覺得只要能穿上它，任何痛苦都可以忍受。好幾個禮拜以後，那套衣服真的送到了。舒拉來幫我穿上這套衣服，我們先從褲子開始。她拉開那件閃著棕色光芒的褲子，開始幫我套到腳上，但那質感一點也不像會溫柔按摩我的傷疤。那質料摸起來比較像是會磨痛我傷口的帆布。即使這樣，我還是充滿希望。我想要體驗完全被這套彈性衣包覆的感覺。

　　過了沒幾分鐘，我們立刻發現從上一回幫我量過身材之後，我很明顯地又胖了一些（醫院每天餵我吃30顆蛋，含有7,000卡路里，以幫助我的身體復原），所以這套加絲特跟我現在的身材有點不合。不管怎樣，我畢竟等這套衣服等了好久。終於，在每個人都付出無比的耐心、東拉西扯之

後，我全身已著裝完畢。長袖上衣讓我的胸膛、肩膀跟手臂都感覺到巨大的壓力，面罩也壓得我的臉好痛，長褲從我的腳趾一路壓到腹部，還有手套也緊貼我的雙手。我還暴露在外的部位只有腳趾末端、眼睛、耳朵跟嘴巴，其他部分都被棕色加絲特給覆蓋住。

隨著時間一分一秒過去，我感到衣服給我的壓力愈來愈大，身體也愈來愈燠熱。我的傷疤得到的血流供應不夠，加上高溫讓血液流動的速度加快，我的傷疤不只泛紅，還愈來愈癢。甚至連工廠發給我的胸章也是一大敗筆，因為上頭寫的是英文，而不是希伯來文，根本沒啥用處。我美麗的夢想破滅了，我掙扎地脫下那套衣服。院方又幫我重量身材，寄到愛爾蘭，好讓我有一套更合身的加絲特彈性衣。

新送到的衣服的確比較合身，卻沒讓我比較好過。這種治療方式讓我又癢又痛了好幾個月，每一次把衣服穿上身都要掙扎好久，而且還會撕裂我新長出來的細嫩皮膚（一旦如此，又得花更久的時間才能復原）。最後我終於明白這套衣服根本一點幫助也沒有，至少對我來說是如此。我身上覆蓋得比較好的地方跟覆蓋得沒那麼好的部分相較，不管是外觀或觸感都沒什麼差別。這套衣服最後留給我的只是受苦的經驗。

你看，雖然要燒燙傷病患參與測試這種服裝（不同纖維、不同彈性壓力）是否有效的實驗，在道德上是可議的，要請人們參與安慰劑實驗更是困難。但是，沒有真正充足的理由，便長年對病人施予會帶來痛苦的治療方式，同樣也有道德上的爭議。

如果這類合成纖維服裝能和其他方法一起做過測試、能和安慰劑服裝做過比較，也許就能減輕我所受到的痛苦。這麼做，也可能會刺激醫界去尋找不同的治療方法，找出真正有效的做法。我和其他與我同病相憐的人所嘗到的無謂的痛苦，就是沒有進行這類測試所付出的真實成本。

但是，難道我們對每一項醫療程序都要測試、都要做安慰劑實驗嗎？關於醫療及安慰劑實驗的道德困境是真實存在的，我們應該對進行這類實驗的潛在利益與所付出的成本進行評估，我們不能、也不應該濫用安慰劑實驗。但我的感覺是，現在我們做的實驗其實還不夠多。

品格的問題（I）

人為何會不誠實？有何對策？

　　在2004年，全美因搶劫案所付出的成本是5億2千5百萬美元，每一宗搶案的平均損失大約是1,300美元[1]。然而，和警察、司法跟矯治單位花在逮捕、監禁這些搶犯的人力及物力——更別提還有報紙、電視對這類犯罪的報導——相比，這些數字其實並不算大。我當然不是說要放過這些職業罪犯，他們畢竟是賊，我們必須保護自己不受侵犯。

　　但是，請再考量下列事實：員工在工作場所的偷竊與詐欺行為所造成的損失，估計達到6千億美元。與搶劫、闖空門、一般竊盜、偷車等犯罪行為的合計成本（2004年時約160億美元）相較，前者顯然要高出許多。這個數字比全美所有職業罪犯終其一生所能偷盜的金額要多出許多，大約是奇異（General Electric）公司市值的兩倍。但是，問題不只如此。根據保險業的報告顯示，人們在申報財產損失時，

---

[1]　Federal Bureau of Investigation, *Crime in the United States 2004—Uniform Crime Reports* (Washington, D.C.: U.S. Government Printing Office, 2005).

謊報的數目達240億美元。同時，美國國稅局（IRS）也估計在應收稅款與實繳稅款之間的差距約有3,500億美元。零售業也有令他們頭痛的情況：許多顧客買下衣服，沒拆標籤穿過之後，再退還這些衣服，以拿回當初購買的全額消費款項，這種情形讓零售業者每年損失160億美元。

人們不誠實的舉動五花八門，無奇不有，下列還有更多例子：國會議員接受遊說者招待高爾夫之旅；醫生從合作的實驗室那裡收取佣金；企業經理人在股票選擇權的合約日期上造假，回溯到股價較低的時候，以賺取最高報酬……。大量見不得人的經濟活動，造成的損失遠遠超過一般熟知的盜匪行為。

安隆這家公司曾連續六年獲得《財星》（*Fortune*）雜誌的「全美最佳創新企業」榮譽，很顯然它的成功絕大部分可歸功於它在會計上的創新。2001年當安隆案爆發時，瑪札爾（Nina Mazar）、加州大學聖地牙哥分校教授阿米爾（On Amir）和我發現，午餐時我們都在討論「不誠實」這個主題。我們想知道為什麼某些犯罪行為，特別是白領犯罪，所受到的批判會比其他類型來得輕，尤其是他們短短幾個小時的犯行所造成的財物損失，就可能比一般盜匪一生所造成的損害還要大得多。

誠信打折扣

討論幾回之後，我們分辨出兩種類型的不誠實行為。第一種不誠實行為讓我們想起搶劫集團窺伺加油站的情形。當

他們經過加油站時，他們揣測收銀機裡有多少錢、哪些人會出面阻止他們、一旦被捕可能會面對怎樣的處罰（包括他們可能會被關進牢裡與世隔絕多久）。在經過一番成本與效益的來回考量之後，他們會決定是否要搶劫這個地方。

做出第二種不誠實行為的人，通常是認為自己很誠實的人，例如有過下列行為的男士及女士（請起立）：從會議桌上「借」筆、從飲料販賣機多Ａ一杯汽水、在財產損失表格上虛報一台電視，或是把跟艾妮姨媽吃飯的飯錢（好吧，她的確有關心我的工作狀況）謊報成交際開銷的人。

我們都清楚第二種不誠實行為的確存在，但是有多普遍呢？再者，如果我們將一群「誠實」的人放進科學控制的實驗情境中，引誘他們做出欺騙行為，他們會做嗎？他們的正直會打折扣嗎？他們會巧取豪奪到怎樣的程度呢？我們決定要來探討這些問題。

坐落在麻州劍橋查爾斯河畔的哈佛大學，在美國人心目中有著不可取代的地位。壯觀的殖民風格建築，大筆湧入的捐贈款項，舉世皆知哈佛大學善於培養頂尖的商業領導人。事實上，《財星》五百大企業中最高三階的主管，有20％都是出身於哈佛商學院[2]。所以，還有什麼地方比哈佛更適合做一點和誠實有關的小小實驗呢[3]？

這項研究很簡單，我們要一群哈佛大學生及ＭＢＡ學

---

[2] 這是哈佛商學院的統計。

[3] 我們經常在哈佛大學做實驗，而非麻省理工學院，並不是因為我們認為哈佛的學生比較與眾不同，而是該校的設施很棒，而且教職員都很大方地讓我們隨意使用設施。

生，回答50題複選題。問題和一般標準測驗差不多，例如：世界上最長的河流是哪一條？《白鯨記》作者是誰？哪一個字可以用來描述一串數字的平均值？希臘神話中誰是愛之女神？學生有15分鐘時間作答，答題時間結束之後，他們要把答案從題目卷謄到答案卷，然後把題目卷與答案卷一起交到教室前面。每答對一題，監考人就會給他們10美分。非常簡單。

另一組學生，我們也讓他們做同樣一份測驗，但是有個重大改變。回答問題及填寫答案的過程與前一組是一樣的，只是這一回，答案卷上已經先標示出正確答案。每一個問題的正確選項都已經被畫上灰色色塊。比方說，如果有學生在題目卷上回答世界上最長的河流是密西西比河，等他們拿到答案卷時，就會清楚看到上面標出正確答案是尼羅河。這時候，如果受試者在題目卷上選錯答案，他們可以決定作弊，在答案卷上標出正確答案。

在謄寫完答案之後，學生可以數自己答對幾題，並且在答案卷上方寫下正確的答題數目，再將題目卷及答案卷交給教室前面的監考人。監考人查看答案卷上學生答對的題目有多少（也就是他們自己寫的正確答題總數），每答對一題，就付給他們10美分。

學生會騙人嗎？他們會把自己答錯的答案改成答案卷上已先標示出的答案嗎？我們並不確定，總之，我們決定給下一組學生更多誘惑。這一回，學生也是接受同樣的測驗，然後將答案謄寫到已先標示答案的答案卷。但是這一次，我們指示他們將原本的題目卷放到碎紙機裡，只交上答案卷給監

考人。換句話說，他們可以摧毀任何欺騙行為的證據。學生會吃下這個誘餌嗎？同樣地，我們並不知道。

最後，我們還想把這些學生的良心推到極限。這回我們不僅指示他們利用碎紙機切碎原始題目卷，連最後已先標示答案的答案卷也一併銷毀。甚至，他們還不需告訴監考人他們答對多少題、可得到多少獎金；在他們將題目卷與答案卷都銷毀之後，只需要走到教室前方，從一個裝滿零錢的罐子拿出自己應得的金額，就可從容地走出教室。如果有人存心欺騙，那麼這是個進行完美犯罪的絕佳時機。

是的，我們在誘惑他們，我們讓他們很容易就可假造成績。這群美國年輕菁英中的菁英，會吃下誘餌嗎？讓我們好好來了解一下。

你會作弊嗎？

在第一組學生坐定之後，我們向他們解釋規則，再發下題目卷。作答15分鐘之後，他們將答案謄寫到答案卷上，然後把題目卷與答案卷交給監考人。這群學生是我們的控制組，由於我們沒給他們任何答案，所以他們無從作弊。平均來說，50道題目中他們答對32.6題。

你預測其他實驗情境中的學生得分多少呢？根據控制組受試者平均答對32.6題的訊息，你認為其他三組學生會答對幾題呢？

第一組　控制組　　　　　　　　　　　＝ 32.6

第二組　自己對答案	= ___
第三組　自己對答案＋銷毀試紙	= ___
第四組　自己對答案＋銷毀試紙＋錢罐	= ___

　　第二組的情形如何？他們也做了這些測驗題，但是這一回當他們把答案轉謄到答案卷上時，他們可以看到正確答案。他們會為了一題10美分的報酬，讓自己的正直掃地，偷偷摸摸修改答案嗎？結果，這一組宣稱他們平均答對36.2題。這些學生會不會本來就比控制組更聰明呢？恐怕不是。我們查出他們之中有些人作弊，更改大約3.6題的答案。

　　那第三組呢？這一次我們提高了作弊的誘因，他們不只看到正確答案，還被要求銷毀題目卷。他們吃下誘餌了嗎？是的，他們有作弊。他們宣稱平均答對35.9題，比控制組的受試者多，但是和第二組（未被要求銷毀題目卷）的成績不相上下。

　　最後，是被要求同時銷毀答案卷及題目卷的那組學生，而且他們還可伸手進錢罐拿出自己應得的錢。他們就像天使一般銷毀試卷，把手伸進錢罐裡，拿出銅板。問題是，這些天使是黑面天使：他們宣稱自己平均答對36.1題。比控制組的32.6題略高，但是基本上跟其他兩組有機會作弊的學生成績相當。

　　我們從這樣的實驗結果得到什麼？第一個結論是，一旦有機會，許多誠實的人都會欺騙。事實上，不只是幾粒老鼠屎壞了一鍋粥，我們發現絕大多數人都作了弊，但只偷改幾

題答案而已[4]。如果你將這種不誠實的程度歸因於哈佛商學院過於文雅的氣氛，我應該告訴你，我們在麻省理工學院、普林斯頓大學、耶魯大學及加州大學洛杉磯分校都得到相同的結果。

第二個結論則不只更加違反我們的直覺，也更令人印象深刻：一旦決定作弊，受試者似乎不像我們所想，會受被逮到的風險高低所影響。無須銷毀試卷而有機會作弊的學生，他們將答對題數從32.6題拉高到36.2題。但是當他們有機會能銷毀題目卷和答案卷時（可讓他們的微小罪行完全消弭於無形），他們卻未讓自己的不誠實舉動繼續擴大。他們作弊的程度與之前相當。這表示即使我們不會被逮，我們還是不敢變得為所欲為。

在學生可銷毀試題與答案紙，並自行將手伸進錢罐的情況下，每個人都可以宣稱自己全部答對，或可多拿一點錢（錢罐裡大約有100美元），卻沒有人這麼做，為什麼？想必是有些事情制止了他們——內心的某些事情。但那是什麼事情呢？話說回來，「誠實」指的又是什麼呢？

誠實的成本與效益

關於這個問題，偉大的經濟學家亞當・斯密有很好的答案：「大自然在造人之時，讓人類天生就喜歡討好同伴，而

---

[4] 這四組正確答題數的分配相同，但是當受試者可以作弊時，出現了均值位移（mean shift）的現象。

討厭冒犯他們。大自然讓人們因同伴之所好而喜悅，因同伴之所惡而痛苦。」

　　亞當‧斯密並進一步說：「絕大多數人的成功……幾乎都來自他們的鄰居及同儕的讚許與好評。如果行為不端，人們很少會願意給予讚賞與支持。也因此，古老諺語說得好：誠實乃為上策，在這種情況下，這句話幾乎可說是百分之百為真。」

　　這聽起來像是工業時代頗有道理的解釋，就像是平衡錘與齒輪搭配形成的平衡與和諧。不管這個論點多麼樂觀，亞當‧斯密的理論有個比較黑暗的必然結果：既然人們會對「誠實」進行成本效益分析，他們也會對「不誠實」做成本效益分析。從這個角度來看，人們只在誠實有利於自己（包括滿足討好同伴的渴望）時，才會採取誠實行為。

　　當我們在考量要不要誠實時，所牽涉到的成本效益分析，與我們用來選擇車子、起司與電腦時的成本效益分析，是相同的嗎？我不這麼認為。首先，你能想像一個朋友跟你解釋他為何購買一台新筆記型電腦的成本效益分析嗎？當然可以。但是你可以想像你的朋友跟你分享他決定要偷一台筆記型電腦的成本效益分析嗎？當然不可能，除非你的朋友是職業小偷。而且，我與從柏拉圖以降的其他哲人想法一致，他們都認為誠實不只是如此——幾乎每個社會都將誠實視為一種美德。

　　佛洛依德的解釋是這樣的，他說當我們在社會中成長，我們會將社會規範內化，這種內化導致超我（superego）的

發展。一般而言，當我們能遵守社會倫理時，超我就會很高興，反之則否。這也是為什麼我們會在凌晨四點看到紅燈時還把車子停下來，即使我們知道此時路上根本沒有行人；同理，當我們將失物歸還原主時，內心會感到很溫暖，即使對方不知道拾金不昧的人是我們。這樣的行為會刺激我們大腦的獎賞中樞伏隔核（nucleus accumbens）及尾狀核（caudate nucleus），讓我們感到滿足。

但是假如誠實對我們這麼重要（在最近的調查中顯示，在將近36,000位受訪的美國高中生裡，有98％表示，誠實是很重要的），而且假如誠實讓我們感覺很好，那為什麼我們經常不誠實？

這就是我要探討的。我們很在乎誠實，而且我們想要誠實。問題是，我們只有在想到犯下大錯時，例如從會議室抱走一整盒筆，我們內在的誠實監測器才會啟動。對於微小的過錯，例如只拿一兩支筆，我們一點也不覺得是問題，因此我們的超我可說是處於休眠狀態。

沒有超我來協助監測與管理我們的誠實，我們唯一能防止犯錯的舉動就是做成本效益分析。但是誰會有意識地去衡量從旅館房間拿走浴巾所得到的效益，與被人逮到將付出的成本呢？誰又會在繳稅時為了多報幾張收據而進行成本效益分析呢？正如我們在哈佛大學所進行的研究顯示，成本效益分析及被逮到的機率，似乎並未對「不誠實」有多少影響。

防堵不誠實的漏洞

　　這正是整個世界目前的狀況。報紙上幾乎每天都報導不誠實行為或詐欺事件：我們眼見信用卡公司毫無節制地提高利率，榨取消費者的錢；看著航空公司宣告破產，然後要求聯邦政府為他們（以及他們資金短缺的退休基金）解套；儘管學校為校園裡的汽水販賣機辯解（並將飲料公司給的上百萬美元放入口袋），他們卻心知肚明，含糖飲料讓孩童過度興奮及肥胖。報稅期間更是道德崩壞的季節，有關這一點，可見天資聰穎又眼光犀利的《紐約時報》記者強斯頓（David Cay Johnston）所寫的書：《完全合法：瞞過眾人並造福超級富豪的祕密操縱稅制行動》（*Perfectly Legal: The Covert Campaign to Rig Our Tax System to Benefit the Super Rich—and Cheat Everybody Else*）。

　　我們的社會由政府出面反擊這一切。2002 年通過的《沙賓法案》（Sarbanes-Oxley Act，要求公開上市公司的高階主管為公司的帳目及稽核負責），正是要讓安隆這類事件絕跡。美國國會也通過針對「指定用途款項」（尤其是那些政治人物為了籠絡選民而偷偷加進聯邦經費的開支）的限制條款。美國證管會甚至通過加強揭露的規定，要求公開高階主管的薪水及津貼；這麼一來，當我們看到一台加長型豪華轎車裡載著《財星》五百大企業的高階主管時，便能清楚知道公司付給他多少錢。

　　然而，這些外部措施真能堵住所有的洞，預防所有不誠實的行為嗎？有些人認為不可能。就以美國國會的倫理改革

為例，法令規定遊說者不得在「公開」場合中免費招待國會議員及助理用餐。結果這些遊說者怎麼做呢？他們邀請國會議員參與只有受邀賓客才能參與的午餐，以規避這項規定。同樣地，新的倫理法案禁止遊說者以「固定機翼航空器」搭載國會議員，所以，嘿，為何不搭一程直昇機呢？

我聽說過最有意思的最新立法叫做「牙籤條例」。意思是，雖然遊說者不能提供必須坐著享用的餐點給國會議員，但還是能提供國會議員可以站著吃的東西（大概是法式開胃冷盤之類的菜餚），用手指或牙籤餵到國會議員的嘴巴裡。

這個規定是否改變了海鮮產業的原定計畫？並沒有。海鮮產業本來打算請華盛頓立法諸公坐下來吃頓供應義大利麵與生蠔的晚餐，結果因為這項新規定，海鮮產業的業者的確撤掉了義大利麵（要用牙籤鏟起義大利麵太難了），但還是用新鮮的生蠔好好餵飽了眾國會議員[5]。

人們也說《沙賓法案》徒勞無功。有些評論家認為它過於僵化，毫無彈性，但是批評最烈的聲浪則說它模稜兩可、前後不一致、沒有效率，還有成本高得離譜（對小型企業尤其如此）。正如美國智庫卡托研究所（Cato Institute）所長尼斯坎能（William A. Niskanen）所言：「沙賓法案並未肅清弊案，只是迫使企業唯命是從。」

有許多方法都是透過外在控制，強迫人們誠實，但這些方法並非無往不利。有什麼更好的方法可矯治不誠實的行為呢？

---

[5] Brody Mullins, "No Free Lunch: New Ethics Rules Vex Capitol Hill," *Wall Street Journal* (January 29, 2007).

「十誡」有效嗎？

在我回答這個問題之前，讓我先描述我們對這個主題所做的一個重要實驗。幾年前，瑪札爾、阿米爾與我三人，在加州大學洛杉磯分校的實驗室裡集合了一群受試者，請他們做一項簡單的數學測驗。這份測驗中有20道簡單的題目，每題都是要受試者找出兩個相加起來等於10的數字（請見表11.1）。他們有5分鐘可以答題，答多少算多少。時間到之後，他們可以抽獎，要是贏了，答對的每一題都可以拿到10美元。

就和前面提過在哈佛大學做的實驗一樣，這次實驗中有些受試者直接將答案卷交給實驗人員，這些人是我們的控制組。其他人則在另外一張紙上寫下他們的正確答題數，然後將原始答案卷丟掉。很顯然地，這些人有謊報答對題數的機會。那麼，在有這種機會的情形之下，這些受試者會作弊嗎？正如你所推測，他們會（不過當然，多報的正確答題數不多）。

到目前為止的描述並無多少新意。但這次實驗最大的關鍵是發生在開始答題之前。當受試者來到實驗室時，我們請其中一些人寫下他們在高中讀過的十本書書名，其他人則盡可能寫下他們所記得的「十誡」[6]。在他們做完這項「記憶」單元之後，我們才請他們開始回答數字陣列的問題。

---

[6] 你知道「十誡」嗎？如果你想測試自己記得多少，請寫下來，然後和本章末所附的「十誡」比較。為了確定你記得的「十誡」是否正確，不要用想的，請確實寫下來。

表 11.1

請看你的手錶，注意時間，
然後開始在以下的數字中，找出兩個相加起來
等於10的數字。你會花多久時間呢？

1.69	1.82	2.91
4.67	4.81	3.05
5.82	5.06	4.28
6.36	5.19	4.57

　　這個實驗是要區分出兩組受試者，一組是在回憶十本高中讀過的書之後接受作弊的誘惑，另一組則是在回憶「十誡」內容之後接受作弊的誘惑。你認為哪一組會謊報較多題數？

　　在受試者無從作弊的情況下，我們的受試者平均答對3.1題[7]。

　　在受試者可以作弊的情況下，回憶十本高中讀過的書那一組，平均答對4.1題（或者說表現優於控制組33％）。但我們最關心的是另一組，也就是先寫下「十誡」內容，再進行解題，然後撕掉答案卷的那一組。他們會作弊嗎？或者說，「十誡」會使他們保持正直嗎？結果連我們都感到驚訝：被要求回憶「十誡」的受試者一點也沒有作弊。他們平均答對3題，這個基本分數和無法作弊的那一組差不多，但

---

[7] 回憶「十誡」有可能會提高受試者的數學成績嗎？我們用同樣兩個回憶的任務，做為控制情境，以測試這項假設。在控制情境中，不管做了哪一種回憶，受試者的表現都是一樣的。所以「十誡」並不能提高數學成績。

比有機會作弊、回憶書名的那一組少一題。

當晚我走路回家時，心裡想著今天實驗裡發生的一切。寫下十本書名的受試者會謊報成績，當然，他們並不貪心，一旦內在獎賞中樞（伏隔核及尾狀核）介入，作弊的行為就停止。

但是，「十誡」帶來多大的奇蹟！我們甚至沒有提示受試者「十誡」的內容，只是請每一位受試者回憶而已（而且幾乎沒有人可以完全想出十條誡命的內容）。我們希望這項回憶練習能喚起受試者誠實的相關概念，顯然這項做法奏效了。因此，從這項實驗中，我們是否學到如何減少不誠實行為？我們花了幾個禮拜的時間，才得出結論。

誓詞的影響力

首先，也許我們可以把《聖經》重新帶進我們的公共生活中，如果我們只是想減少不誠實行為，這並不是什麼壞主意。但是同樣地會有人反對這樣做，認為《聖經》代表將某種宗教強加於他人身上，也有人認為這會將宗教與商業、世俗世界相混。但是，也許一種不同性質的誓言會起效用。讓我印象格外深刻的是，在回憶「十誡」的實驗中僅能想起一兩條「十誡」的學生，與幾乎想出十條的學生，因回憶「十誡」而受到的影響是一樣的。這表示並非是「十誡」的內容讓受試者誠實，單單只要回想某種道德標竿，就足夠讓人心正直了。

若是如此，那我們也可以運用非宗教性的標竿，來提升

第 11 章
品格的問題（Ⅰ）

人們的道德水準。比方說，醫生、律師及其他專業人士發誓時所說的專業誓詞，是否也有同樣的效用呢？

「專業」（profession）這個詞是來自拉丁文的「professus」，有「公開確認」之意。「專業」的起源與宗教有很深的關連，然後又傳到醫療與法律的領域中。人們認為，能充分掌握祕傳難解知識的人，不僅有獨門實踐這類知識的權利，也有義務要明智誠實地運用自己的力量。口傳、甚至經常形於文字的專業誓詞，就是用來提醒這些人士規範自己的行為，同時也提供他們盡專業義務時必須遵守的規則。

這些誓詞維持了很久的時間，但是在 1960 年代，有一股強大的力量興起，要求解放對專業的限制。推動這項運動的人認為，專業人士團體這種菁英組織，需要攤在陽光下接受檢驗。就法律專業來說，便是起訴書要多用白話易懂的語言撰寫，法庭裡要多裝設攝影機，並且要多做宣導。這類針對菁英主義的標準，同樣也被應用在醫療、銀行及其他專業上。這種做法許多時候的確有益於人群，但是當專業不再那麼專業時，有些東西就遺漏了。嚴格的專業主義被彈性、個人判斷、商業邏輯、財富的追求所取代，隨之消失的便是倫理與價值的根本，而這正是建立專業的根基。

例如，1990 年代由加州律師協會所進行的調查顯示，律師的優越感因工作的名聲低落而每下愈況，律師也對法律專業的景況「深感悲觀」。三分之二的律師表示，今天的律師「在經濟壓力下，讓自己的專業打了折扣」。將近八成的律師認為，律師協會「未能適當懲戒不遵守倫理規範的

233

律師」。半數的律師覺得，要是能夠重來一遍，他們不會當律師[8]。

另外一項由馬里蘭州司法特別小組所進行的類似調查，也發現該州律師有同樣的苦惱。根據馬里蘭州律師們的說法，他們的專業生活糟糕到「一天到晚煩躁易怒、愛爭辯，甚至不斷罵人」，或者「疏離退縮，漠不關心」。當維吉尼亞州的律師被問及專業領域上的問題逐漸增加，是因為「幾個壞蛋」造成的，還是普遍的趨勢，他們異口同聲表示，這是到處可見的現象[9]。

佛羅里達州的律師一向被公認為是最差勁的[10]，2003年佛羅里達州律師協會的報告指出，有為數不少的律師「只想搶錢，聰明狡猾，詭計多端，不值得信賴；這些人不把真相與公平放在眼裡，只想扭曲欺詐，操弄法律，不擇手段只求勝訴，高傲自大，目中無人」，他們還「愛現到令人討厭」。我還能說什麼呢？

醫學專業也同樣遭人批評。批評的人說，有醫生進行不必要的手術及其他醫療程序，只為了賺錢；還有醫生讓送自己回扣的實驗室進行實驗，並且在做醫療設備的測試時偏袒某些廠商的設備，而他們很巧地剛好也擁有這些設備。藥廠對醫生的影響又如何呢？有個朋友告訴我，最近他坐下來等他的醫生等了將近一小時，在這段時間有四個（非常迷人

---

[8] "Pessimism for the Future," *California Bar Journal* (November 1994).

[9] Maryland Judicial Task Force on Professionalism (November 10, 2003): http://www.courts.state.md.us/publications/professionalism2003.pdf.

[10] Florida Bar/Josephson Institute Study (1993).

的）藥廠業務代表自由進出醫生辦公室，送來午餐、免費樣品及各種禮品。

你可以看到幾乎各種職業團體，都出現同樣的問題。比方說，石油地質學家協會的情況如何呢？我一想到石油地質學家，腦海便浮現酷似印第安納·瓊斯的人，興致勃勃地討論侏儸紀頁岩及三角洲淤積，而不是談怎麼賺大錢。但是深入了解之後，你才會發現問題所在。一位協會成員寫給同僚的信裡是這樣說的：「不道德行為之普遍，遠比我們絕大多數人所想的還要嚴重許多」[11]。

我的老天，石油地質學家不道德的情形會嚴重到哪裡去？你可能會這麼問。很顯然，有些人會非法販售地震及數位資料；偷竊地圖及研究資料；在某件土地買賣或投資案快成功之前，誇大挖到油田的可能性。有位石油地質學家觀察道：「絕大多數的瀆職行為都是在灰色地帶，而非黑白分明的對與錯。」

但是，請記得不是只有石油地質學家如此，專業精神的淪落隨處可見，如果你還需要更多證據，請看看專業倫理學家內部的討論。現在的他們比以往更常在公開聽證會與審判上作證，可能是被其中一方雇來對醫療程序是否恰當或腹中胎兒有何權利之類的議題發表意見。他們會受誘惑而偏袒某一方嗎？顯然如此。在某本倫理學期刊上，有一篇論文的標題便是：〈道德的專業技術：專業倫理學家的專業倫理問

---

[11] *DPA Correlator*, Vol.9, No.3 (September 9, 2002). See also Steve Sonnenberg, "The Decline in Professionalism—A Threat to the Future of the American Association of Petroleum Geologists," *Explorer* (May 2004).

題〉¹²。正如我先前所說，到處都可見到專業倫理受到侵蝕的情形。

阻絕不誠實的誘惑

　　我們該怎麼辦呢？若不採用回憶「十誡」的方法，也許我們可以提倡在某些世俗聲明（類似專業誓詞）上簽名的習慣，以提醒我們對誠實的承諾。一個簡單的誓言能造成那麼大的影響嗎？為了找出答案，我們進行了下一項實驗。

　　我們再一次召集受試者，在這次研究中，第一群受試者做數學陣列測驗，然後將答案卷交給坐在教室前方的實驗人員。第二群受試者也回答同樣的測驗，但我們告訴這群受試者，可以將答案卷摺起來，自己留底，然後告訴教室前面的實驗人員自己答對了多少題。實驗人員會依此付錢，然後他們就可以離開了。

　　比較新鮮的地方，是在第三組。在第三組受試者開始回答題目之前，所有人都要在答案卷的這項聲明下方簽名：「我明白這項研究完全遵照麻省理工學院的榮譽制度」。在簽署這項聲明之後，他們便開始解題。等時間一到，他們將答案卷收進袋子裡，走到教室前方，告訴實驗人員自己答對幾題，然後實驗人員便付錢給他們。

　　結果如何呢？在無法謊報的控制組，受試者平均20題

---

¹² Jan Crosthwaite, "Moral Expertise: A Problem in the Professional Ethics of Professional Ethicists," *Bioethics*, Vol. 9 (1995): 361-379.

答對3題。可以拿走答案卷的第二組則回報平均答對5.5題。值得注意的是第三組，他們可以拿走答案卷，但也簽署榮譽制度聲明，他們回報平均答對3題。這個成績與控制組完全一樣。這個結果也跟用「十誡」提醒人們道德規範的效果很接近，同樣都使欺騙行為銷聲匿跡。簽署榮譽制度聲明會這麼有效，讓我們格外驚訝，因為麻省理工學院根本沒有什麼榮譽制度。

所以現在我們知道，人們有機會的話就會欺騙，但是不會太過分。甚至當誠實的概念進到他們腦子裡時——不管是回想「十誡」，還是簽份簡單的聲明——他們就會完全停止欺騙。換句話說，當我們沒有任何道德標竿可遵循時，我們就會迷途走向不誠實的道路。但如果我們在受到誘惑的當下，獲得提醒，我們就很容易保持誠實。

目前，好幾州的律師協會及專業團體正努力維持專業倫理。有的是在大學及研究所增開相關課程，有的則是需要重新調整倫理課程。在法律業裡，馬里蘭州霍華德郡的法官史威尼（Dennis M. Sweeney）出版了一本書《律師的法庭行為準則》（*Guidelines for Lawyer Courtroom Conduct*），他在書中寫著：「大多數規則其實簡單到就像母親所說有教養人士應該有的舉動。由於我們的（和你們的）母親另有重責大任，無法在美國每一個法庭上現身，所以我提供了這些規則。」

這些辦法行得通嗎？我們都記得律師和醫生在入行時都會宣誓，但是這種偶一為之的發誓及簽署聲明還不夠。從我們的實驗中可以看到，人們必須剛好在誘惑發生當時或之前

回想起這些誓詞與規則。還有，當我們正試著處理這些問題時，時間因素卻不利於我們。我在第4章中說過，當社會規範與市場規範相牴觸時，社會規範會退場，而市場規範卻會持續下去。即使這樣的類比不大精確，但誠實這件事也有相近的教訓：一旦專業倫理（社會規範）崩壞，要再重建就不容易了。

重建道德標準

但是這並不表示我們不應該嘗試。為什麼誠實這麼重要？我們可別忘了，美國今天之所以在世界上會有這麼強大的經濟力量，有部分正因為（或至少公認如此），就公司治理的標準來看，美國是世界上最誠實的國家之一。

根據2002年的一項調查，美國在誠信排行榜上排第20名（第一名是丹麥、芬蘭及紐西蘭；第163名則是海地、伊拉克、緬甸及索馬利亞）。也因此，我認為人們在和美國人做生意時，通常都會覺得交易的結果很公平。但事實上在2000年時，美國的排名是第14名。這時美國還沒爆發一波又一波的企業醜聞，讓美國報紙的財經版看起來像是警察的記事本[13]。換句話說，我們正在往下沉淪，而不是向上提升，這種情形會讓我們付出可觀的長期成本。

亞當‧斯密提醒我們，誠實的確是最佳上策，尤其是在

---

[13] The 2002 Transparency International Corruption Perceptions Index, transparency.org.

商業界。要想知道相反的狀況——缺乏信任的沉淪社會——只消看看其他國家。在中國，人們在一個地方所做的保證，是不適用於另一個地方的。拉丁美洲隨處可見的家族集團企業，則把錢借給親戚，即使債務人賴債不還，也不加追討。伊朗是另一個人們互不信任的國家。有個在麻省理工就讀的伊朗學生告訴我，在伊朗經商缺乏信任平台，因此沒有人會預先付款，沒有人願意給人賒帳，更沒有人願意冒任何風險。人們必須雇用自己的家人，因為只有家人之間才有些許信任可言。你願意生活在這樣的世界嗎？小心點，因為若是沒有信任，我們可能會更快淪為這種國家。

我們要怎麼做，才能讓我們的國家保持誠實呢？也許我們可以讀《聖經》、《可蘭經》，或其他可反映出我們價值觀的讀物。我們可以重新強調專業標準。我們可以簽名以示我們會正直誠實。另一個方法則是，先明白在什麼情況下我們的財務利益會與道德標準對立，導致我們「扭曲」事實，以符合自己利益的角度來看事情，並因此變得不誠實。這麼做有什麼用呢？如果我們認清這樣的弱點，我們可以從一開始就避免涉入這種情境當中。我們可以禁止醫生不與對其利益輸送的實驗室合作；我們可以禁止會計師與審計員去他們查帳的公司擔任顧問；我們可以限制國會議員為自己調薪等等。

但是關於不誠實這個議題，討論尚未結束。下一章我會提供更多建議，以及其他進一步的觀察。

附錄

十誡

我是你的上帝，除了我以外，你不可有別的神。

不可妄稱你上帝的名。

當記念安息日，守為聖日。

當孝敬父母。

不可殺人。

不可姦淫。

不可偷盜。

不可作假見證陷害人。

不可貪圖鄰居的妻子。

不可貪圖鄰居的財物。

第*12*章

品格的問題（Ⅱ）
為何使用現金會讓我們更誠實？

　　麻省理工的宿舍有許多公共區域，各式各樣的冰箱都會放在這裡，供鄰近房間的學生使用。某天早上11點，當大部分學生都在上課時，我溜進宿舍，到每一層樓去找這些公用冰箱。

　　每當我發現一個公用冰箱時，我會慢慢走近，小心地四下張望之後，打開冰箱門，偷偷放進6罐裝的可口可樂，然後迅速離開。走開一段安全距離後，我停下腳步，快筆記下我在什麼時間和地點留下可樂。

　　過了幾天，我回去查看可樂，記錄冰箱裡還剩下幾罐。正如你所想，可樂的半衰期不是很長，所有可樂在72小時之內就杳無蹤影。不過我在某些冰箱留下的並不是可樂，而是一個放有6張1元美鈔的碟子。這些鈔票會比可樂消失得更快嗎？

　　在我告訴你答案之前，請讓我問你一個問題。假設你的另一半在你上班時打電話告訴你，你女兒明天要帶一支紅色鉛筆去學校，「你可以從公司拿一支回家嗎？」從公司拿一

支紅色鉛筆回家給你的女兒，你會感到心安嗎？很不心安？有點不心安？完全心安？

我再問你另外一個問題。假設公司沒有紅色鉛筆，但你可以下樓花10美分買一支。假設你身上剛好沒有零錢，而你辦公室裡的小現金盒也剛好是打開的，旁邊又沒有人，你會從裡面拿出10美分去買支紅色鉛筆嗎？拿這個銅板，你會心安嗎？這樣是OK的嗎？

我不知道你覺得如何，但是要我從辦公室順手拿支紅鉛筆還算容易，可是要我拿錢，我覺得非常困難。（幸好我不用面對這種情形，因為我女兒還沒上學。）

之前我們還沒揭曉的答案如下：麻省理工的學生同樣覺得拿錢和拿可樂是兩回事。我先前提到，那6罐可樂很快就消失了，72小時之內，一罐不留。但是錢就不一樣了，盛著紙鈔的碟子過了72小時還是沒人碰，一直到我把碟子從冰箱中拿出來。

這是怎麼一回事？

當我們環顧這個世界，我們看到許多不誠實的行為，都不是直接偷現金的欺瞞行為。公司在帳本上動手腳；經理人把股票選擇權的合約日期回溯到股價較低的時候；遊說者為政客的宴會買單；藥廠請醫生及醫生太太享受奢華的假期。確實，這些人並沒有誆騙別人拿出白花花的銀子（雖然有時候確實是這樣沒錯）。所以我的論點是，當人們騙的不是錢時，欺騙行為比較容易發生。

你覺得策劃安隆弊案的那些人，如肯尼斯・雷（Kenneth Lay，譯註：安隆的創辦人兼董事長，已於2006

年7月過世）、史基林（Jeffrey Skilling，譯註：安隆執行長）、費斯多（Andrew Fastow，譯註：安隆財務長），他們會從老婦人的皮包裡偷錢嗎？當然，他們已經從很多老婦人的退休金裡拿走數百萬美元的錢。但是你認為他們會拿根棍子敲昏老婦人，搶走她手中的現金嗎？你也許有自己的看法，但我認為不會。

　　所以，當欺騙牽涉到非貨幣的物品時，是什麼原因讓我們能狠下心欺騙，而當事關金錢時，又是什麼因素讓我們有所節制？這種不理性的衝動是如何運作的？

合理化不誠實行為

　　由於我們很容易將自己小小的不誠實舉動合理化，所以要看清非貨幣物品對欺騙行為的影響，便不是那麼容易。比方說，我們很可能會說辦公室文具也算我們整體津貼的一部分，或是會說誰沒從公司拿過一兩支鉛筆。我們也許會認為偶爾從公用冰箱裡拿罐可樂，算不上什麼，畢竟每個人都有可樂被別人拿走的經驗。也許雷、史基林及費斯多的想法是，安隆公司作假帳只是權宜之計，等生意好轉時就可以更正過來，所以是可以接受的。是這樣子嗎？

　　為了要明白不誠實行為的真正本質，我們必須設計出更聰明的實驗，實驗中所用的物品必須讓我們一點藉口也沒有。瑪札爾、阿米爾和我對此有番思量，假若我們使用代幣，這是一種象徵性貨幣，不是現金，也不像可樂或鉛筆是你曾被人借用不還的物品，它能幫助我們更深入了解欺騙的

過程嗎？我們無法確定，但是這個假設挺合理的；於是在幾年前，我們就使用代幣進行實驗。

結果如下。我們在麻省理工一間學生餐廳進行實驗，我們詢問吃完午餐的學生，是否願意參與一項5分鐘實驗，只需要回答20題簡單的數學問題，找出兩個相加起來是10的數字。每答對一題，就可得到50美分。

每位受試者在實驗一開始的過程都是一樣的，但是結束時有三種不同方式。第一組受試者在測驗結束時，將試卷交給實驗人員，讓實驗人員計算他們的答對題數，每答對一題，就得到50美分。第二組受試者則被要求撕掉試卷，將碎片塞到口袋或背包裡，然後將分數告知實驗人員，拿到該得的錢。到目前為止，這項實驗和前一章所描述的誠實實驗很接近。

但是最後一組受試者接到的指示卻截然不同。我們請他們如前一組受試者一樣，把試紙撕掉，只要告訴實驗人員他們正確回答的題數。但是這一回，實驗人員不會給他們現金，而是每答對一題給他們一枚代幣。之後，這些學生要走12呎的距離去找另一位實驗人員，將代幣換成現金，每一枚代幣換50美分。

你看得出來我們在做什麼嗎？在交易中加入代幣，一枚沒有價值、非貨幣的流通工具，會影響學生的誠實行為嗎？代幣會讓學生在報分數的時候，比立刻拿到現金的學生更不誠實嗎？若是如此，不誠實的程度增加多少？

實驗結果讓我們驚訝不已：第一組受試者（無法欺騙）答對的題數平均3.5題（這是我們的控制組）。

　　第二組撕掉試卷的受試者回報的正確答題數平均6.2題。我們認為這些學生不會因為撕掉試卷就變得比較聰明，所以我們將多答對的2.7題歸因於他們謊報。

　　但是要講到最厚顏無恥的不誠實行為，則是第三組受試者的作為。他們並沒有比前兩組受試者更加聰明，但他們卻宣稱答對題數平均9.4題，比控制組多5.9題，比只撕掉試紙的那一組多3.2題。

　　這表示當有機會可以欺騙時，學生平均多謊報2.7題。但是在給予非貨幣的流通工具時，他們謊報的題數卻多了5.9題，比兩倍還要多。騙錢跟騙現金替代物，差別竟然如此之大！

　　如果這結果讓你深感震驚，請看看下列情形。參與我們誠實實驗（如前一章所述）的2,000名受試者中，只有4個人宣稱答對所有題目，換句話說，「完全欺騙」的人在2,000人中只有4人[1]。

　　但是在加入非貨幣流通工具（代幣）的實驗中，450名受試者有24人謊稱全部答對。這24個人中，有幾個人是在拿現金的情境中，又有幾個人是在拿代幣的情境中呢？結果這24個人全都是在拿代幣的情境中（在這個情境中的150名學生有24人謊稱全部答對，相當於每2,000名受試者有320人欺騙）。這表示代幣不只將人們從某些道德約束中「釋放」出來，對少數人來說，甚至還達到完全「釋放」的程

---

[1] 理論上來說，有可能有人能答對所有題目。但是由於在控制組的情境中，沒有人能解出超過10題的答案，所以這4位受試者答對20題的可能性是微乎其微。也因此，我們認為他們是騙人的。

度，讓他們以為可以肆無忌憚地矇騙。

這種騙人的程度已經夠扯了，但還可能更嚴重。別忘了在我們的實驗裡，代幣只需要幾秒鐘就能換成現金。要是將非貨幣流通工具轉換成現金的時間拉長到幾天、幾週或甚至幾個月（例如選擇權），不誠實的情況又會如何呢？是不是會有更多人欺騙，騙局更大呢？

用了再退貨

我們已經知道只要讓人們有機會欺騙，人們就會伺機而作。但是古怪的地方在於，絕大多數人都未能洞悉這一點。我們在另外一個實驗裡要學生預測，使用代幣時，人們的欺騙程度會不會比使用現金時高，學生都回答不會，他們認為兩者的欺騙金額會是一樣的。他們解釋，畢竟代幣代表真正的錢，而且在數秒內代幣就可換成真正的現金。也因此，他們預測實驗的受試者會把代幣等同於現金。

但是他們所想的跟實際狀況真是差遠了！代幣畢竟和現金隔了一層，他們不知道在這種情況下，人們會多快就把不誠實的行為合理化。當然，他們的盲點正是我們的盲點。也許就是因為這樣，才有那麼多欺騙行為繼續發生。或許這也是為何史基林、世界通訊執行長艾伯斯（Bernie Ebbers），還有這幾年來一大票遭到起訴的經理人會愈陷愈深的原因了。

當然，我們每個人在這個弱點上都是不堪一擊的。想想看那些層出不窮的保險詐欺案。據估計，消費者在舉報車子

及房屋的損失時，向保險公司索賠的金額會比實際高出10％
（但要是你報的金額太誇張，保險公司也會提高費率，一報
還一報）。當然，並非有那麼多索賠都是如此明目張膽，人
們多半是將遭竊的27吋電視謊報成32吋電視，或將32吋電
視報成36吋，諸如此類。這些謊報的人不可能直接從保險
公司偷走現金，但是在舉報損失的財物時，不管是誇大電視
尺寸或失物價值，都會讓他們的道德負擔比較輕。

　　還有另一種有趣的不誠實行為。你聽過「欺騙性退貨」
的做法嗎？欺騙性退貨指的是人們買了一件衣服，穿一陣
子之後又拿去退，商家既不能拒絕，也沒辦法再出售這件衣
服。當消費者對商家做這種事情時，他們並未直接從商家偷
取現金，只是買了之後再退貨。但是結果卻很清楚：服飾業
估計每年因欺騙性退貨而造成的損失，高達160萬美元，相
當於每年因家庭竊盜及車子被竊合計的損失金額。

　　在公司報公帳的情形又如何呢？人們因公出差時，應該
都知道報公帳的規則為何，但是報帳跟現金之間也是隔了一
層，有時甚至隔了好幾層。瑪札爾與我曾進行一項研究，發
現人們不會將所有開銷都心安理得地當成公務支出。例如
花5美元買一個馬克杯送一位迷人的陌生人是超出界線的行
為，但如果是在酒吧裡花8美元為這位迷人的陌生人點一杯
酒，就能說得過去。這之間的差別不在於這些支出的金額高
低，或是擔心被抓包，而是人們是否能說服自己這項花費是
合理的支出。

　　針對報公帳更進一步做的研究，也顯示出同樣的合理化
現象。在一項研究中，我們發現當人們將收據交由行政助理

申報時，因為多了這麼一個步驟，人們更容易交出有問題的收據。在另一項研究中，我們發現住在紐約的商務人士，如果是在舊金山機場（或離家更遠的地方）為小孩買禮物，會比在紐約機場或回家路上買禮物，更容易將這項支出視為公務開銷。這些行為無法用邏輯來解釋，但是當交易的媒介與貨幣無關時，我們合理化自己行為的能力就會大幅增加。

這樣算偷竊嗎？

幾年前，我自己也遇到這類不誠實行為。有人駭進我的Skype帳戶，用我的PayPal（一種線上付款系統）帳戶付了好幾百美元的電話費。

我不認為做這檔事的人是個慣犯。因為對一個慣犯來說，破解我的帳戶簡直是在浪費他的時間與天分。他既然聰明到能駭進Skype，就很可能也進得了亞馬遜書店、戴爾電腦或甚至信用卡帳戶，花同樣的時間可以獲得更大的利益。所以我認為這人不過是個聰明的孩子，駭進我的帳戶，只是想要在被人發現之前，利用這樣的「免費」通訊打電話給願意跟他聊天的人。他甚至可能會將這種行為視為一種技術上的挑戰。或許他是我曾經教過的學生，因為我給他打了一個很低的成績，而想要讓我不好過。

這樣的孩子會從我的皮夾裡拿錢嗎？即使他很肯定沒有人會發現他偷錢？或許吧，但我想答案應該是不會。我反而認為Skype有些地方，還有我的帳戶設立的方式，「幫助」這個人做這樣的事而不覺良心有愧：第一，他偷的是打電話

的時間，而不是錢；第二，他並沒有從交易中獲得任何實質的物品；第三，他下手的對象是 Skype，而不是我；第四，他可能認為 Skype 最後會彌補我的損失；第五，這些電話費是透過 PayPal 向我收錢。所以，究竟是誰會付出這些電話費，在這個過程中並不那麼直接，也多了一個模糊地帶（為免你好奇，還是告訴你，從那時候開始我就不再和 PayPal 往來）。

這個人從我這裡偷了東西嗎？當然，但是這過程中有許多地方讓這種偷竊行為模糊難辨，我不認為下手的人會覺得自己是個不誠實的人。畢竟他又沒拿現金，不是嗎？而且真的有人受到傷害嗎？諸如此類的思考很麻煩，如果 Skype 為我帶來的問題，真的是因為在 Skype 上的交易屬於非貨幣性質，這意味著還有更多危險存在，包括很多線上服務，甚至是信用卡及轉帳卡的使用。所有這些電子交易並不是金錢的實質交易，可能會讓人們更加不誠實，因為人們不會去質疑自己的行為道不道德，或是對此沒有清楚的認識。

卸下良知的心防

我們的研究還讓我產生另一個不祥的想法。在我們所進行的實驗中，受試者都是聰明善良、高尚正直的人。絕大多數人就算欺騙，也會適可而止，即使是在使用代幣這類非貨幣流通工具的情境中，也是如此。到了某一點時，絕大多數人的良心都會喊停，他們也會從善如流。因此，我們在實驗中所觀察到的不誠實行為，可能已經是人性中最糟糕的狀

況，畢竟這些受試者都期許自己能遵守道德規範，也希望自己在別人眼中是個有道德的人，也就是所謂的好人。

我所擔心的情形是，如果我們所使用的非貨幣流通工具，並不像代幣那樣可以立即換成現金，或是受試者比較不在乎自己是否正直誠實，或是我們所研究的行為無法如此公開觀察得到，我們很可能會發現更嚴重的不誠實比例。換句話說，若是考慮各種情境與各種人，則目前我們所觀察到的欺騙程度顯然被低估。

現在假設有一家公司或某個部門是由秉信「貪婪是好事」的高登‧蓋柯（Gordon Gekko，譯註：著名電影《華爾街》中的主角）所領導，再假設他使用的是會慫恿人們產生不誠實行為的非貨幣流通工具。你可以想像得到，這麼一個痞子會對他的部屬產生什麼樣的影響。原則上，這些人希望自己做個誠實的人，也希望看到自己是個誠實的人，但他們同樣也希望能保有一份工作，在職場中步步高升。就是在這種情況下，非貨幣流通工具會讓我們步入歧途，使我們卸下良知的心防，肆無忌憚地享盡不誠實的好處。

人性的這個面向令人憂心。我們當然可以期望身旁都是有道德與良知的人，但我們必須面對現實。即使是好人有時也不免自我蒙蔽。這種自我蒙蔽會讓他們暫時拋下自己的道德標準，以獲取金錢利益。本質上，無論我們是不是有道德良知的人，在別人的鼓勵煽動下，都會一視同仁地被引誘。

兼具記者與作家身分的辛克萊爾（Upton Sinclair）就曾說過，「如果一個人因為不明白某件事才能賺到一份薪水，那麼要讓他明白這件事是很困難的。」現在我們可以再加

上一句：當人們面對非貨幣流通工具時，要他去明白某些事情，更是難上加難。

順帶一提，不誠實的問題不只適用在個人層次，近幾年來，我們發現企業界也降低了誠實的標準。我指的不是像安隆或世界通訊那樣的大型弊案，而是類似從冰箱順手牽羊、拿走幾瓶可樂的小小不誠實行徑。換句話說，這些企業並不是真的從我們身上偷走了現金，而是竊取與現金隔了一層的東西。

這種例子不勝枚舉。我有一個朋友為了度假，費心積存了不少飛行哩程，最近他到航空公司兌換機票，航空公司卻告訴他，他想要兌換機票的所有日期都沒有空位。換句話說，他努力積存了25,000哩的哩程卻不能用（他試過好幾個日期，結果都一樣）。然後，航空公司的服務人員告訴他，假如他願意用5萬哩的哩程來兌換，也許還有座位。在查過電腦之後，對方確認說，沒錯，還有一大堆座位。

當然，我們或許能在飛行哩程累積計畫的說明傳單上，找到這項以極小字體註明的規定。但對我的朋友來說，他所累積的25,000哩其實價值不菲，假設是450美元好了，航空公司會從他的銀行帳戶搶走450美元嗎？不會，但由於哩程與現金隔了一層，航空公司就以多收取25,000哩的方式偷走了這筆錢。

再以銀行的信用卡收費為例。以雙循環計息（two-cycle billing）的規定來說，各家銀行的做法不一，但基本精神是，一旦你沒有全額繳交信用卡款之後，發卡銀行不僅會將你往後的消費金額以高利率計算利息，此計算基礎還會追溯

你過去的消費金額。美國參議院銀行委員會最近在檢視這條規定時，有許多消費者都出面作證，顯示銀行的這種做法有不誠實之嫌。例如，有一位俄亥俄州的居民用信用卡消費了3,200美元，結果加上罰款、費用與利息，他積欠銀行的卡債是10,700美元。

　　這並不是詐騙集團向你詐取高額的利息與費用，而是美國最大、信譽最好的銀行所做的事；這些銀行以廣告攻勢不斷告訴你，他們和你是「一家人」。家人會偷你的錢包嗎？不會，但這些銀行顯然是透過與現金隔了一層的交易，偷走你的錢。

　　當你從這個角度來看不誠實的行為時，你將會發現，每天早上打開報紙，都可以找到新的案例。

現金的時代即將結束

　　因此，我們再重回最初的觀察：現金是多麼奇怪的一種東西啊。當我們面對現金時，我們的行為就像剛簽署了誠實條款一樣。事實上，如果你仔細看看1美元的紙鈔，它的設計似乎就像是一紙契約：「美利堅合眾國」的字樣以顯眼的字體呈現，底下的陰影讓這幾個字看起來很立體。紙鈔上還印有華盛頓的人像（我們都知道他絕對不會說謊）。然後翻到背面，事情更大條了，上面寫著：「主內互信」（IN GOD WE TRUST）。接著還有一個詭異的金字塔，上面有一隻盯著我們看的大眼睛！除了這種種象徵之外，「金錢是清楚的交易單位」的這個事實，也讓金錢的神聖地位提高不少。沒

有人能指著一毛錢的銅板說它不是一毛錢，或指著一塊錢的鈔票說它不是一塊錢。

但看看非貨幣流通工具，我們永遠有辦法將自己的行為合理化。我們可以從公司拿走一隻鉛筆、從冰箱取走一瓶可樂，甚至將股票選擇權的日期追溯到過去，並提出一個合理的解釋。我們可以自我欺瞞說自己並非不誠實，我們可以在良知睡著了的情況下進行偷竊。

我們該如何改善這種情況？我們當然可以將文具櫃裡的物品都貼上標價，或是用文字清楚說明股票與股票選擇權所具有的價值。但放大來看，我們必須看到非貨幣流通工具與欺騙行為之間的關連。我們必須認知到，在非現金的事物上，我們的欺騙行為比想像中還要容易出現。不論就個人或國家的層面，我們都必須領悟這點，而且要快點醒悟過來。

為何要醒悟過來？首先，現金的時代快要結束了。現金會拉低銀行的獲利，因此銀行希望早日擺脫現金。其次，電子金融工具的獲利極高，全美國信用卡業務的獲利在1996年是90億美元，在2004年已提高到270億美元。銀行分析師說，到了2010年時，電子交易的金額將高達500億美元，幾乎是Visa與MasterCard兩大信用卡集團在2004年交易金額的兩倍[2]。因此現在的問題是，我們只有在看到現金時才會把錢當錢看，既然現在現金逐漸消失，我們要如何控制自己的欺騙習性？

---

[2] McKinsey and Company, "Payments: Charting a Course to Profits" (December 2005).

　　據說，知名的銀行搶匪威利·薩頓（Willie Sutton）曾
經說過，他搶銀行是因為那裡有錢。他的邏輯如今已充分體
現在信用卡發卡銀行的超小字體契約內容，或是航空公司所
謂的無法兌換免費機票的日期上。這些地方不一定有現金，
但一定有錢。

第*13*章

啤酒與免費的午餐

行為經濟學是什麼？免費的午餐又在哪裡？

　　在北卡羅來納大學教堂山校區外的富蘭克林街，是當地的主要道路，在這條街上有一間很受歡迎的酒吧叫「北卡羅來納釀酒廠」。這條美麗的街道上到處都是磚造建築與成蔭的老樹，餐廳、酒吧及咖啡店多不勝數，很難想像一個小鎮竟然有這麼多家店。

　　當你走進北卡羅來納釀酒廠酒吧，你會看到舊式建築物那種裸露屋梁的挑高天花板，還有幾座大型不銹鋼啤酒櫃，透露出歡樂的氣氛。酒吧裡四下散落的桌子是學生和教職員最喜歡待的地方，可以盡情享受美好的啤酒與食物。

　　在我進麻省理工之後不久，李華夫（Jonathan Levav，哥倫比亞大學教授）和我談起一些在這樣歡樂的酒吧裡會想到的問題。首先，我們倆想到點餐的順序（讓客人一一報出自己想要的酒或餐點）會不會影響到同桌人最後的決定？換句話說，人們會不會受到身旁其他人的選擇所影響？第二，要是如此，人們是會順從還是不順從？也就是說，同桌的客人會刻意選擇跟先點的人一樣、還是不一樣的啤酒？最後我

們還想知道，人們若受到其他人影響，會得到更好或更差的結果呢？也就是說，他們會更享受自己的啤酒嗎？

整本書走筆至今，我所寫到的實驗都希望能出人意表，讓人耳目一新。如果讀者有這樣的感覺，多半是因為這些實驗都違反了一般人以為人很理性的假設。我所提供的實驗結果一再與莎士比亞描寫的「人是何等偉大的天工之作」相牴觸。事實上，這些例子顯示出人類的理性既不崇高，能力也很有限，甚至悟性也不怎麼高明（坦白說，我認為莎士比亞對此心知肚明，出自哈姆雷特口中的這番話並非沒有諷刺之意）。

在最後這一章，我所做的實驗再度顯示，我們的不理性是在預料之中。接著我會進一步寫到一般經濟學對人類行為的觀點，與行為經濟學的不同之處，並做出一些結論。首先，我還是從實驗說起。

你點哪種啤酒？

為了探討我們在北卡羅來納釀酒廠酒吧裡想出的這些問題，我們決定著手進行實驗。我們先找酒吧經理，請他讓我們提供免費的啤酒給顧客，當然，啤酒錢由我們買單（請想像要進行這樣的實驗有多困難，因為隨後我們得說服麻省理工的會計部門，1,400美元的啤酒帳單是合法的研究經費）。酒吧經理當然很樂意與我們合作，畢竟他可以把啤酒賣給我們，而他的客人可喝到免費的試喝啤酒，這會讓客人將來更願意再度光顧。

他在將圍裙交給我們時，只開出一個條件：我們必須在顧客入座之後一分鐘以內，為顧客點餐完畢。如果我們做不到，我們就得把顧客交給一般的服務生為客人點餐。他的顧慮很合理，因為他不知道我們是否能當個稱職的服務生，而他並不想讓顧客等候太久。接著，我們就開始上工了。

當一群客人一入座，我立刻上前問候。他們看起來像是兩對一起出來約會的大學生情侶，兩位男士身上穿的可能是他們僅有最好的褲子，兩位女士臉上化的濃妝讓伊莉莎白‧泰勒相形失色。我致上歡迎之意後，便告訴他們今天提供免費的試喝啤酒，然後開始描述下列四種啤酒：

一、琥珀紅啤酒：醇度適中的紅啤酒，啤酒花與麥芽的比例非常調和，並帶有傳統的啤酒果香。

二、富蘭克林街淡啤酒：波希米亞比爾森啤酒風格的金黃色啤酒，帶有溫和的麥芽風味與清爽的啤酒花餘韻。

三、印度淡色麥酒：這種充滿啤酒花香的濃醇啤酒最早是為了度過從英國經南非到印度的漫長海上航程而釀製的，它在釀製過程的最後添加更多啤酒花以增添花香餘韻。

四、夏麥啤酒：巴伐利亞風味的啤酒，以50％的小麥釀製而成，是一種清爽的夏日飲品。釀製過程中只添加少許的啤酒花，散發出純正德國酵母所產生的香蕉與丁香的獨特香味。

你會選擇哪一種啤酒？

☐ 琥珀紅啤酒

☐ 富蘭克林街淡啤酒

☐ 印度淡色麥酒

☐ 夏麥啤酒

在形容完四種啤酒之後，我向其中一位金髮男子點頭示意，請他先點，他選擇了印度淡色麥酒。髮型顯然刻意整理過的女孩是下一位，她選擇了富蘭克林街啤酒。接著我請另外一個女孩點酒，她挑的是琥珀紅啤酒。她的男朋友是最後一位，他選擇了夏麥啤酒。四個人都點完之後，我趕緊往吧台走去，英俊高大、資訊系四年級生的酒保鮑伯正微笑地等著我。他知道我們時間有限，便先幫我服務。我端著盛有四杯兩盎司啤酒樣品的盤子，返回那兩對情侶的桌子，將他們要的啤酒放到他們面前。

我遞上啤酒樣品時，還附上一份用釀酒廠信紙印製的簡短問卷。我們在問卷上詢問他們對自己所選啤酒的喜愛程度，以及他們是否後悔選了這種口味的啤酒。在我將他們的問卷收回來之後，我繼續在遠處觀察這四個人的舉動，看他們是否有人啜飲其他人的啤酒。結果，沒有一個人與其他人分享啤酒。

公開與私下大不同

　　李華夫和我又重複這樣的流程，服務了另外49桌客人。但對於接下來我們繼續服務的50桌客人，我們則改用新的流程。這一回我們先敘述啤酒的特色，然後把一小張標有四種啤酒名稱的酒單交給受試者，請他們將自己想喝的啤酒寫下來，而不是大聲說出來。這個新流程把點酒變成是個人私下進行的行為，而不是公開行為。這表示每個受試者都不會聽到其他人點了什麼酒，包括那些可能試圖讓別人有好印象的人，如此他們就不會受到別人影響。

　　結果呢？我們發現當人們輪流說出自己所點的啤酒時，他們的選擇會與私下點酒時不同。輪流點酒的時候（公開進行），每一桌所選擇的啤酒類型比較多，簡單地說就是選擇多樣化。只要看夏麥啤酒的點酒率，就可以了解這種情形了。對絕大多數人來說，夏麥啤酒沒有什麼吸引力，但是當其他種啤酒都有人點了，我們的受試者就會覺得自己得做出不一樣的選擇——很可能是為了表現自己是個有想法的人，不想重複別人的選擇——所以他們就選擇了跟大家都不一樣的酒，雖然這不是他們原本想喝的酒，卻可以傳達出他們的獨特性。

　　那麼他們喜歡自己點的啤酒嗎？我們可以合理地推論，如果人們點的是先前沒有人點過的啤酒，也就是說，他們的選擇只為了表達自己是個有主見的人，那麼他們很可能會點到自己不想喝或不喜歡的啤酒。事實上，情況的確如此。整體來說，若按照一般餐廳點餐程序，將自己的選擇大聲說出

來，顧客對啤酒的滿意度沒有私下點酒時來得高。因為沒有
公開點酒，就不會將別人的意見納入考量。不過有一個很重
要的例外：第一個大聲說出自己點哪種酒的人，跟私下表達
意見的人，其實是處於同一種情況，因為在他做決定時並不
受其他人的選擇所影響。於是我們也發現，在輪流點酒時，
第一個點酒的人是同桌人中最快樂的一位，他的快樂程度與
沒公開點酒的人無分軒輊。

　　順帶一提的是，當我們在北卡羅來納釀酒廠酒吧進行實
驗時，發生了一件趣事。當我一身服務生打扮，走到某個餐
桌前準備照單唸出各種啤酒的特色時，突然發現眼前的男子
是李奇。李奇是資訊所的研究生，我曾經在三、四年前跟他
在一個與電腦視覺（computational vision）有關的計畫中一
起合作過。由於每一次實驗的流程必須一致，所以這不是我
跟他聊天的好時機。我只好擺出一張撲克臉，一字一句把
啤酒特色唸出來。唸完之後，我對李奇點點頭，然後詢問：
「請問你要點哪種啤酒？」他沒有回答我的問題，反而問我
近來過得如何。

　　「很好，謝謝你的關心。」我說，「請問你要點哪一種
啤酒？」

　　他和同行的人都點了酒之後，李奇又補上一句：「丹，
你的博士學位拿到了嗎？」

　　「拿到了，」我說，「大概一年前拿到的。抱歉，等一
下我就會將你們點的啤酒送上來。」當我走向酒吧時，我才
明白李奇一定以為這是我的正職工作，他以為我拿到社會科
學博士學位之後，只能找到酒吧服務生的工作。當我端著啤

酒樣品走回他們的桌前，李奇與同行的人（也就是他太太）品嘗了啤酒，填寫那份簡短的問卷。寫完之後，李奇又試著跟我攀談，他說他最近讀到我的一篇論文，他很喜歡那篇論文。那是一篇很不錯的論文，我自己也很喜歡，但我猜想他之所以這麼說，只是想讓我對自己以酒吧服務生為業的景況釋懷一些吧。

人人都想與眾不同

後來我們又在杜克大學對商學院學生進行試喝紅酒的實驗。這一次研究，讓我們有機會測試受試者的人格特質。這個實驗幫助我們找到可能造成這種有趣現象的原因。我們發現，人們傾向選擇同桌友人沒點過的酒類飲料，與我們所稱「獨特性需求」的人格特質有關連。簡言之，希望表現獨特性的人容易選擇同桌友人沒點過的酒類飲料，以展現他是與眾不同的。

這個結果顯示，有時候人們願意在某些消費經驗上做些犧牲，以求在別人心目中留下某種印象。人們在點選餐飲時有兩個目的：點選自己最喜愛的食物，以及在朋友心目中留下好印象。問題在於，一旦他們依照這些原則點餐，假設是食物好了，他們很可能被迫吃一道自己不喜歡的菜，而這情況往往會令他們後悔不已。簡言之，人們可能願意犧牲個人享受以成全自己的良好形象，尤其是「獨特性需求」較高的人。

雖然這些結果顯而易見，但我們猜想，在其他文化中

（在那些不崇尚獨特性的文化中），人們在公開點餐時，可能會試圖展現自己合群的一面，並做出與別人一致的選擇。我們在香港所做的研究，證實了這個猜測。在香港，人們在公開選擇時也會點選自己不喜歡的食物（私下選擇則不然），只不過他們比較容易選同桌人已點過的餐點。這同樣是會令他們後悔的錯誤決定，只是犯錯的類型不同罷了。

如何不做錯決定？

從我到目前為止所描述的研究實驗中，你可以看出一個簡單的人生智慧（這可是免費的午餐喔）。首先，當你到餐廳時，最好在服務生過來之前先做好決定，並且堅持到底。因為在受到他人的影響下，你可能會點選一道自己比較不喜歡的菜。假如你擔心自己可能會受別人影響，我教你一招，那就是在服務生過來之前，先向同桌友人說出自己想點的東西。如此一來，由於你已經先說出自己的選擇，即使點菜時有人在你之前點選相同的菜色，也不會讓同桌友人覺得你毫無特色。當然，最好的策略還是第一個點餐。

也許餐廳老闆應該請顧客各自寫下自己要點的東西（或將所選擇的餐點小聲地告訴服務生），這樣就不會有人受同伴的影響了。外出用餐所費不貲，匿名點餐是提高用餐樂趣最便利的方法。

除此之外，我想提出從這個實驗學到的另一件更重要的課題，事實上，也是從前面所有章節學習到的一個重要課題。標準經濟學認為人類是理性的，認為我們都掌握了與做

決定有關的所有訊息，都能計算出不同選擇所代表的價值，也能毫無困難地衡量每個選項可能帶來的結果。

因此，我們應該都能做出理性且合乎邏輯的決定。即使我們不時犯錯，標準經濟學也認為我們會很快從錯誤中學習，不論是靠自己的力量或借助於「市場力量」。從購物趨勢、法律到公共政策等領域，經濟學家都是基於這個假設，而得出各種結論。

然而，如同本書（以及其他著作）的實驗結果所顯示，人們在做決定時，不理性的程度遠比標準經濟學理論的假設嚴重得多。我們的非理性行為既非隨機出現，亦非毫無根據，而是有系統、可預測的。由於大腦迴路就是如此，我們總是一而再、再而三犯下相同的錯誤。既然標準經濟學與常識心理學禁不起理性思考的考驗──最重要的是，禁不起實驗的檢視──難道我們不該修正標準經濟學，並揚棄常識心理學嗎？

如果經濟學能建立在人們實際的行為、而不是人們應該有的行為上，不是更有道理嗎？如同我在前言中所述，這個觀念正是行為經濟學的基礎，這門新興學問將焦點放在一個相當直覺式的概念上，那就是人類的行為並非總是合乎理性，而且時常在做決定時犯錯。

就許多方面來說，標準經濟學與莎士比亞都對人性太過樂觀了，因為他們都認為人們能永遠保持理性。坦然面對人類缺點的行為經濟學則對人性比較悲觀，因為它指出，人們在許多方面都不如理想中那般完美。的確，覺悟到我們不論在私人生活、工作與人際互動上，都不斷做出不理性的決

定，確實會讓我們感到沮喪。但凡事都有好的一面：既然我們會犯錯，那也表示我們還有機會改善決策品質；因此，我們仍有機會享用「免費的午餐」。

天下沒有白吃的午餐？

　　標準經濟學與行為經濟學的主要差異，在於「免費午餐」的概念。根據標準經濟學的假設，每個人都能掌握所有相關訊息並做出理性的決定。也就是說，人們是在精確衡量所有物品和服務的價值，以及它們可能帶來多大的快樂（效用）之後，才做出決定。基於這個假設，市場中的每個人都會試圖獲得最高的利益，並致力讓經驗發揮最大效益。因此，經濟理論宣稱天下沒有白吃的午餐；即使有，也早已被別人吃光了。

　　而另一方面，行為經濟學家則認為，人們很容易受環境中不相關的事物（我們稱之為情境效應）、不相關的情緒、短視近利及其他形式的不理性因素影響（你可以在本書中所有章節、或其他行為經濟學的研究報告中，找到更多例子）。發現這點有什麼好處？好處在於，這些錯誤都是改善的機會。假如我們在做決定時老是犯同樣的錯誤，那麼我們何不找出新的策略、工具與方法，來幫助自己做出更好的決定，增進個人的福祉？這正是行為經濟學觀點所指的「免費午餐」所代表的意涵——我們可以利用工具、方法與制度來幫助我們提高決策品質，並因此成就我們想要的結果。

　　舉例來說，從標準經濟學的觀點來看，「美國人沒有儲

蓄足夠的退休基金」這個問題是毫無意義的。假如我們都能
得到充分的訊息並做出正確的決定，那麼我們所存的錢正是
我們想存的金額。我們的錢之所以會存得不夠，可能是由於
我們不在乎未來，由於我們希望在退休時體驗貧窮的日子，
由於我們期望孩子將來會養我們，或是由於我們冀望會中樂
透彩……可能的理由太多了。重點在於，根據標準經濟學
的觀點，我們會依據自己的偏好，存下自己想存的金額。

　　但是行為經濟學的觀點並不認為人是理性的，因此，人
們所存的錢不夠是很正常的。事實上，行為經濟學的研究已
指出存錢不夠的許多原因。人們有拖延的習性；人們並沒有
真正了解不儲蓄所需付出的代價，與儲蓄所帶來的效益（假
如你在未來的20年當中，每個月都多存1,000美元，你的退
休生活品質將提高多少）；坐擁不動產讓人們以為自己很有
錢；由儉入奢易，由奢返儉難……此外還有許許多多其他
原因。

　　行為經濟學可為人們提供的「免費午餐」是，透過新方
法、新機制以及其他措施，來幫助人們得到比心中真正的渴
望還要多的成果。例如，在第6章討論自制力時，我所提到
的創新信用卡設計，可幫助人們在消費時擁有更強的自制
力。另一個例子是「明天存多一點」的方法，這是由迪克·
泰勒（Dick Thaler）與班納吉（Shlomo Benartzi）在多年前
所提出並測試過的一種方法。

　　「明天存多一點」的方法是：當新進員工報到時，除了
依照慣例詢問他打算將薪水的百分之多少存入公司的退休金
計畫，還會問他將來加薪時要將加薪金額的百分之多少存入

退休金計畫。要人們為了遙遠的未來而犧牲眼前的享受是很困難的，但要人們犧牲未來的享受就比較容易了，而要他們放棄還沒拿到手的部分加薪金額，就更加容易了。

當一些公司試行泰勒與班納吉的這項做法時，他們的員工都願意加入公司的退休金計畫，並同意在未來加薪時提高儲蓄的比例。結果呢？經過幾年的調薪之後，員工的儲蓄率從3.5％變為13.5％，達成了員工、家人與公司三方皆贏的結果，員工也因此變得比較快樂、較少煩憂了。

這就是「免費午餐」的基本概念：為所有相關者都帶來益處。請注意，這些「免費午餐」並不是毫無成本的（不管是自制信用卡或「明天存多一點」的做法，都無可避免地仍有一些成本）。只要這些做法帶來的利益多於成本，我們就可視其為「免費」的午餐，也就是能為所有相關者提供淨利益的做法。

發現錯誤，才有改善的機會

假如要我從本書的研究中精選出一項最重要的課題，那就是：我們都是棋局中的小卒，而且對棋局的規則不甚了解。我們常以為自己是車子的駕駛，對於自己所做的決定與人生的方向擁有絕對的掌控權；然而，唉，這只是我們一廂情願的想法罷了，其實並非如此。

本書的每一章都提出一種影響我們行為的力量（情感、相對性、社會規範等等）。儘管這些力量影響我們的行為甚巨，但我們的天性就是很容易大幅低估、或完全忽略這些力

量。這些力量之所以對我們產生影響，不是因為我們缺乏知識、缺少練習或意志不堅。相反地，不論是專家或菜鳥都會一再受到影響，犯下有系統、可預測的錯誤。我們的生活方式和做生意的方式都充滿了這些錯誤。這些錯誤與我們無法分割。

用錯視（visual illusion，編註：即視覺上的錯覺）來做比喻，是很好的例子，我們不由自主地總是受到錯視的愚弄，同樣地，我們也常落入大腦「錯決」（decision illusion，編註：即決策上的錯覺）的陷阱中。問題在於，我們所察覺到的視覺與決策環境，都是經過眼睛、耳朵、嗅覺及觸覺，還有「大腦」這位感官之主的過濾。等我們要理解與消化這些外界訊息時，這些訊息不一定真實反映出現實的狀況，而往往是我們自己對現實的詮釋，然後我們又依此做出決策。簡單來說，我們乃是受限於老天爺所賜給我們的工具，當我們做決定時，很自然地就受限於這些工具的精確度與品質。

第二項重要課題是，雖然我們的不理性行為俯拾皆是，但這並不表示我們對此情況無能為力。一旦我們明白自己在何時何處容易做出錯誤決定，就可以提高警覺，強迫自己從不同角度來思考，或借助科技來克服天生的缺陷。商業人士與政策制定者也可修正想法，思考該如何設計制度與產品，來創造能讓各方共享的免費午餐。

謝謝你閱讀本書。我希望你透過本書，對人類行為得到一些有趣的觀察，了解真正影響人們行為的因素是什麼，並找到方法改善決策品質。我也希望你已感受到我致力於研究人類理性與不理性行為的熱情。對我來說，能夠研究人類的

行為是一項天大的禮物，因為這些研究可幫助我們更加了解自己，還有日常生活的奧祕。儘管這個主題非常重要，也十分迷人，要進行研究卻不容易，我們還有許多工作尚未完成。如同諾貝爾物理學獎得主墨瑞・蓋爾曼（Murray Gell-Mann）所說的，「請試想，假如粒子會思考，物理學會變得多麼困難！」

你不理性的朋友
丹・艾瑞利

附注：假如你想加入我們探索人類不理性行為的行列，請上www.predictablyirrational.com網站，報名加入我們的研究，並將你的想法留言告訴我們。

關於某些章節的反思和軼事

關於約會和相對性的反思（第1章）

在第1章〈相對性的真相〉，我提供了一些約會的建議。我提議，如果你想要逛夜店，你應該考慮帶著和你外型類似、但吸引力略遜你一籌的人去。由於評估的相對性，其他人不僅會覺得，你比你用來當誘餌的人可愛，同時也會覺得，你比夜店裡的其他人好看。根據相同的邏輯，我也指出，如果有人請你當他或她在搭訕異性朋友時的男伴（或女伴），你很容易就會理解，你的朋友實際上對你的看法如何。結果，我忘了納入麻省理工學院（MIT）某同事的女兒「蘇珊」提供的一個重要警告。

「蘇珊」是康乃爾大學的學生，她寫信給我，說她對我提供的技巧感到高興，這個技巧對她的效果非常好。一旦她找到理想的誘餌，她的社交生活就改善了。但是幾週後，她又寫信跟我說，她參加了一場派對，在派對中，她喝了幾杯，基於某個奇怪的原因，她決定告訴她朋友，為何她每到哪裡都邀請對方陪同。可以理解的是，這位朋友很生氣，故事的結局並不大好。

這個故事的寓意？絕對不要跟你的朋友說，你為何請他或她陪你。你的朋友或許會起疑，但是看在上帝的份上，千萬別釐清一切的懷疑。

關於旅行和相對性的反思（第1章）

《誰說人是理性的！》出版時，我展開一場為期六週的巡迴簽書會，我從一個機場飛到另一個機場，從一個城市走到另一個城市，從一個電台趕到另一個電台，幾乎是馬不停蹄地對記者及讀者談話，從不曾參與任何類型的私人討論。每一次交談都很短暫，「全都是公事」，而且焦點都集中在我的研究上。沒有時間和我所遇到的美好人們享受一杯咖啡或啤酒。

在前往行程的終點站時，我發現自己身在巴塞隆納。在那裡，我遇到美國遊客瓊，他和我一樣，完全不會說西班牙文，我們一見如故。我想，這種情誼經常發生在來自同一個國家的遊子，他們同在異鄉為異客，並且發現彼此都覺得，自己與周遭的當地人差異很大。結果，瓊和我一同吃了頓美妙的晚餐，並且作了深入的私人討論。他告訴我他以前似乎從沒跟人說過的事情，我也做了同樣的事，我們之間顯得異常親密，就好像我們是失散已久的兄弟。我們聊到很晚，直到得去睡覺為止。在隔天早上分道揚鑣之前，我們沒有機會再見面，所以就互相交換電子郵件位址。這是一項錯誤。

大約6個月後，瓊和我再度碰面，我們在紐約共進午餐。這次，我很難理解，為什麼我曾經和他有過這樣的關連，他很可能也有同感。我們用餐時的氣氛相當融洽有趣，但卻缺乏第一次見面時的強烈感覺，我不明白為什麼會這樣。

回顧起來，我想那是因為，我已經成為相對性效應的犧

牲品。當瓊和我初次見面時，我們周遭全是西班牙人，身為文化異客，我們成為彼此最好的夥伴選擇。但是一旦返鄉，回到親愛的美國家人和朋友身邊，比較的基礎就會重新切換到「正常」模式。考慮到這種情況，便很難理解，為什麼瓊和我會想要再找一天晚上聚首，而不是陪在我們所愛的人身邊。

我的建議？要了解，這種相對性是無所不在的，而且我們會透過它的鏡頭（玫瑰色或其他顏色）看待一切。當你在異國或異地遇到某人，而且你似乎和對方有某種神奇的連結，你要了解，這種著迷可能只局限於周遭的環境。這層了解，或許可以防止你在事後才醒悟過來。

關於「免費」價格的反思（第3章）

從實驗中得知，我們對於「免費」的東西全都會感到興奮，也因此，我們可能會做出並非對自己最有利的決定。

例如，想像你要在兩張信用卡之間抉擇：一張提供你12％的年利率，但是不收年費（免費！）；另一張提供你較低的年利率9％，但是要收你100美元年費。你會選擇哪一張？大部分人會過度強調年費，而追求「免費！」的提議，最後會讓他們得到長期下來花更多錢的信用卡──如果他們總是錯過付款期限或是積欠費用的話[1]。

---

[1] 說到信用卡，「免費！」的吸引力進一步獲得強化，因為大部分人對於自己的財務未來過度樂觀，並且過度自信自己一定都能準時繳費。

　　我們在做決策時，為了避免陷阱，識別和抗拒「免費！」的誘惑是很重要的，但是也有一些情況，可以讓我們將「免費！」化為助力。以和朋友上餐館的普通經驗為例，當用餐完畢，服務生放下帳單時，人們通常會絞盡腦汁，想出付帳的模式。我們要各付各的嗎？還是平均分攤帳單，即使約翰多點了一杯酒和法式烤布蕾？「免費！」可以幫助我們解決這個問題，並且在過程中，協助我們從和朋友一起用餐當中得到更多樂趣。

　　結果答案是，某個人應該先買單，其他人下次再輪流買單。理由如下：不論金額多少，我們付帳時，都會感到有些心痛，社會科學家將之稱為「付錢的痛苦」（pain of paying）。這種不愉快，與放棄我們辛苦掙來的錢相關，不論環境如何。結果證明，「付錢的痛苦」有兩個有趣的特性。第一個、同時也是最明顯的特性是，當我們不必付錢時（例如，當別人付帳時），我們不會感受到任何付錢的痛苦。第二個較不明顯的特性是，「付錢的痛苦」對我們支付的金額比較不敏感。這表示，帳單費用增加時，我們會感受到更多「付錢的痛苦」，但是帳單每增加1美元，我們的痛苦就會減輕一些。〔我們將這一點稱為「敏感性遞減」（diminishing sensitivity）〕。同樣地，如果你將1磅東西加入一個空背包，感覺上重量增加很多，但是將1磅加入已經裝了筆記型電腦和一些書本的背包，感覺上沒有多大差別。這種對「付錢的痛苦」敏感性遞減，表示我們支付的第一塊錢會讓我們最痛苦，第二塊錢會讓我們少些痛苦，以此類推，直到我們覺得，花2,000元買單只會產生一丁點兒刺痛。

因此，我們如果和別人一起吃飯，不用付帳當然是最開心的（免費！）；必須付點錢時，開心程度會少些；當帳單的金額增加時，我們每多支付一塊錢，痛苦的程度會逐次遞減。合理的結論是，某個人應該全部買單。

如果你還是心存懷疑，想想看下列例子：想像有四個人共享一餐，帳單共計100美元。現在，如果每個人付25美元，大家都會感受到「付錢的痛苦」。為了讓這一點具體些，我們用「單位」做為這種痛苦的衡量標準。我們會假設，若是平均分擔費用，支付25美元相當於10單位的痛苦，一桌四人總共感受到40單位的痛苦。但如果某個人付所有的帳呢？既然「付錢的痛苦」並不會隨著付款金額呈直線增加，付帳者對於他／她所支付的前25美元會感受到10單位的痛苦；對於接下來支付的25美元可能會感受到7單位的痛苦；對於再接下來的25美元可能會感受到5單位的痛苦；對於最後25美元可能會感受到4單位的痛苦。這樣做的痛苦總數是26單位，比一桌人感受到的痛苦數量少了14單位。重點在於：我們全都喜歡吃免錢的飯，因此只要能夠輪替付帳的人，我們就能一再享受「免費」的晚餐，並且在過程中，從友誼得到更多整體的好處。

你可能會說：「原來如此啊！但如果我只點了一道沙拉，而我朋友的先生不只點了沙拉，還點了一客頂級菲力牛排、兩杯最昂貴的蘇維翁紅酒（cabernet sauvignon），以及法式烤布蕾做為甜點呢？或者下次聚會時，人數改變了呢？或者團體裡的某些人全都出城了呢？這些情況全都會讓我被迫獨自負起全責。」

當然，這些考量，一定全都會讓「這次我買單，下次你買單」的做法比較缺乏經濟效益。不過，考慮到這種方法在「付錢的痛苦」上提供的巨大利益，我個人願意犧牲一點錢，為我朋友和自己減少「付錢的痛苦」。

關於社會規範的反思（第4章）

當我們混合社會規範和市場規範時，奇怪和不受歡迎的事情就可能發生。比方說，你和約會對象共度一個美好的夜晚之後，你送她回家時，不要提起那晚讓你花了多少錢。如果想要得到熱情的晚安親吻，那不是一個好策略。（我絕不會建議做這項實驗，但如果你真要試試看，請告訴我實驗結果。）當然，在許多領域中，採用市場規範可能會搞砸社交關係，約會只是其中一個領域，而且這種危機潛伏在許多角落裡。

在某種程度上，我們全都知道這點，因此，我們有時候會故意做出與理性經濟理論不一致的決定。以禮物為例，從標準經濟觀點來看，禮物很浪費錢。假設，你某晚邀請我到你家吃飯，我決定花50美元買一瓶上等的波爾多酒表示感謝，這項決定有一些問題：你可能不喜歡波爾多酒，你也許會偏好其他東西，例如一本《誰說人是理性的！》、一片《大國民》（*Citizen Kane*）電影的DVD，或是一台攪拌器。這表示，這瓶花了我50美元的酒，在效用上對你而言最多可能只值25美元；也就是說，用25美元，你可以得到別樣東西，而且你高興的程度，就和得到我花50美元買的一瓶

酒一樣。

如果送禮物是理性的活動，我會在赴宴時說：「謝謝請我吃晚飯，我本來想花50美元買一瓶波爾多酒，但我了解，這個禮物帶給你的快樂，可能不及現金50美元。」我拿了5張10美元的紙鈔給你，還加了一句：「請拿去，你可以決定怎樣花這筆錢最好。」或者，我可能會給你40美元現金，讓我們彼此都感覺良好──不要提到，我省了跑去買酒的麻煩。

雖然我們全都了解，提供現金而非禮物，比較符合經濟效益，但我覺得，很多人並不會遵循這個理性的建議，因為我們都知道，這樣做絕不會受主人歡迎。如果你想要證明誠意或是加強你們的關係，送禮物是唯一的方法，即使對方可能不像你所期望的那樣滿意禮物。

因此，假設有兩種情況。比方說，遇到假期的時候，有兩位鄰居不約而同在同一週邀請你參加他們的派對，你都接受了。在一個情況中，你做了不理性的事，送X鄰居一瓶波爾多酒；在另一項派對中，你採取理性的做法，送Z鄰居50美元現金。接下來一週，你需要人幫忙搬沙發，你放心找那兩位鄰居嗎？你覺得他們對於你的要求，會有何反應？X鄰居很可能會介入幫忙，至於Z鄰居呢？由於你曾經付錢給他（因為他做晚餐和你分享），對於你的要求幫忙，他必然的反應可能是：「好，這次你會付我多少錢？」同樣地，在市場規範上表現理性，在社會規範上可能就顯得很不理性了。

重點是，禮物雖然缺乏經濟效益，卻是重要的社交潤滑劑，它能幫助我們交友，以及建立能讓我們順利渡過人生起

伏的長期關係。有時候，事實證明，浪費錢可能會很值得。

關於社會規範的反思：
工作場所中的好處（第4章）

關於社會規範的通則，也適用於工作場所。一般而言，人是為薪水而工作，但是我們從工作中還可以得到其他無形的好處。這些好處，同樣也很實際且重要，只不過鮮少有人了解。

我搭飛機的時候，如果同一排座位的乘客沒有馬上戴上耳機，我通常會和其中某個人展開有趣的交談。我總是會得知對方工作、資歷和未來計畫的眾多相關資訊；另一方面，我對此人的家庭、喜歡的音樂、電影或嗜好卻所知甚少，除非對方遞給我名片，否則我幾乎都是在我們即將下機時，才知道對方的名字。關於這一點，原因可能有很多，但我懷疑其中一個原因是，大部分人對自己的工作都很自豪。當然，這一點可能不適用每一個人，但我認為，對許多人而言，工作場所不只是薪酬的來源，也是激勵和自我定義的來源。

這類感覺對工作場所和員工都有好處。能夠促進這種感覺的雇主，會得到專注積極、即使在下班後也老想著要解決公事問題的員工。此外，以自己的工作自豪的員工，會擁有快樂和目的感。然而，正如同市場規範可能會瓦解社會規範，市場規範也可能侵蝕員工從工作場所得到的驕傲和意義（例如，我們根據學生在標準考試上的表現，來支付學校老師薪水）。

　　假設你為我工作，我想要給你年終獎金。我提供你兩種選擇：1,000美元現金，或是免費到巴哈馬度週末（大約花我1,000美元）。你會選擇哪一個？如果你像大多數回答過這個問題的人，你會選擇現金。畢竟，你可能已經到過巴哈馬，而且不大喜歡那裡；或者你寧可週末到近一點的渡假勝地去玩，剩下的錢去買一台新的iPod。不論哪一種情況，你都認為，你可以自行做出最好的決定，看看要怎麼花這筆錢。

　　這種安排似乎符合經濟效益，但它會讓你對自己的工作更滿意，或讓你對公司更忠誠嗎？它會讓你變成更好的上司嗎？它會以任何方式改進勞雇關係嗎？我認為，如果我不提供你選擇，而是直接送你去巴哈馬度假，比較能夠符合你和我的最佳利益。想想看，經過了一個放鬆的陽光沙灘週末，你是否覺得輕鬆振奮許多；再比較看看，你拿到1,000美元獎金後，心情和行為如何。哪一樣會讓你覺得對工作更專注、在辦公時更怡然自得、對老闆更忠誠？哪一種饋贈，會讓你更可能長時間加班，以趕上重要的期限？在這一切事情上，假期都贏過現金。

　　這個原則不只適用於饋贈。許多雇主為了讓員工看到他們對員工有多好，在員工的薪資明細表上增加了不同的項目，說明雇主花在健保、退休計畫、員工健身房和員工餐廳上的錢有多少。這些項目全都是合理的，它們反映了雇主實際的成本，但卻過度說明了，這些項目改變了工作場所（使它從勞雇之間彼此擁有堅定承諾的社交環境，改變為交易關係），其所付出的代價。明確指出這些好處的金錢價值，也

會使樂趣、積極性，以及對工作場所的忠誠度減少──對勞雇關係以及員工本身對工作的驕傲和滿意度，產生負面影響。

乍看之下，饋贈和員工福利似乎是奇怪而且缺乏效率的分配資源方式，但如果了解，它們在建立長期關係、互惠和正面感覺上扮演了重要角色，企業應該嘗試繼續在社交領域中保有福利和饋贈。

關於立即滿足和自制力的反思
（第5、6章）

王爾德（Oscar Wilde）曾經說過：「我從不把後天的事拖到明天做。」（I never put off till tomorrow what I can do the day after.）他似乎接受、甚至樂於採納「拖延」在他生活中的角色。但是我們大多數人發現，立即滿足的吸引力相當強烈，它會破壞我們為了節食、省錢、打掃家裡等等事情所做的完美計畫。

我們如果有自制力的問題，有時候會拖延應該馬上去做的任務，但是當我們太常去做應該延後做的任務時（例如太常檢查電子郵件），也會出現自制力的問題。

在電影《七生有幸》（*Seven Pounds*）情節主線中，不斷檢查電子郵件的風險是關鍵所在：威爾‧史密斯（Will Smith）扮演的角色，在開車時用手機檢查電子郵件，結果車子突然偏離車道，正面撞上迎面而來的小貨車，使他妻子和其他六個人喪生。當然，這只是電影情節，但是開車時忍

不住檢查電子郵件，這種情況發生的頻率，比我們大多數人
願意承認的比例更高（儘管舉手承認吧[2]）。

　　我希望你們沒有沉迷於電子郵件，但是有太多人染上了
不健康的電子郵件癮頭。最近澳洲有一項報告發現，上班族
一星期平均花14.5小時，或是超過兩個工作天，用來檢查、
閱讀、組織、刪除和回應電子郵件[3]。此外，社交網路和新聞
群組的增加，極有可能讓人把花費在虛擬互動和訊息管理上
的時間增加一倍。

　　首先，我對電子郵件的感覺錯綜複雜。一方面，它讓我
和同事以及遍布全世界的朋友即時溝通，不會遇到郵寄信件
的延誤情況，或是電話交談的限制。（打電話會不會太晚？
奧克蘭現在到底是什麼時間？）另一方面，我一天收到數百
則訊息，其中很多則的內容都是我根本不在乎的事情（公
告、會議紀錄等等）。不論我在不在乎，不間斷的電子郵件
串流總是讓人分心。

　　我曾試著克服這種讓人分心的情況，決定只在晚上檢查
電子郵件，但是我很快就發現，這樣做不管用。其他人希望
我照他們的方式去做，也就是經常檢查電子郵件，並且把它
當做唯一的通訊方式。由於沒有定期檢查電子郵件，我老是
出席已經取消的會議，或是出席時間或地點弄錯。所以我讓
步了，現在我時不時就檢查電子郵件，而且在檢查時，經常

---

[2] 我每年教大約200位研究生，在2009年，我詢問有多少學生曾經在開車
時使用電子郵件或簡訊，並且要他們舉手表示，結果只有3人沒有舉手
（而且這3人之中，有一個人是視障生！）

[3] "Email Has Made Slaves of Us," *Australian Daily Telegraph* (June 16, 2008).

會將訊息分類：垃圾郵件以及要馬上刪除的不重要郵件；我可能會在意或是在未來某個時候需要回應的訊息；我需要立即回應的訊息等等。

在過去，郵件推車每天會在辦公室裡出現一、兩次，帶來一些信件和備忘錄，但自從有了全年無休的電子郵件後，情況就改觀了。對我而言，一天的程序如下：我開始做某件事，而且非常專注。後來，我在某個難題上卡住，就決定稍事休息。所謂的休息，當然就是檢查電子郵件。20分鐘後，我重新開始工作，卻幾乎記不起我剛做到哪裡，以及正在思考什麼問題。等到我回到正軌，我已經損失了時間和一些焦點。這項結果，絕不會幫助我解決，一開始造成我決定休息一下的任何問題。

可惜的是，故事並沒有就此結束。要再加上智慧型手機——這是更耗費時間的活動。不久前，我得到一支這種可愛但令人分心的iPhone裝置，這表示，我也可以在許多空檔時候檢查電子郵件，例如等待結帳、進辦公室前、搭電梯時，或是在聽別人演講時（我還沒想到，在自己演講時要如何做這件事），甚至在等紅綠燈時。事實上，iPhone已經使我的上癮等級變得非常清楚，我幾乎是不停地檢查郵件。（商界人士意識到這些裝置令人上癮的特性，所以他們經常把自己的黑莓機稱為「快克（強力古柯鹼）莓機」。）

我認為，電子郵件癮頭，和行為學家史金納（B. F. Skinner）所謂的「增強時制」（schedules of reinforcement）有關。史金納使用這個詞彙來說明不同行動之間的關係（以他的個案而言，是一隻飢餓的老鼠在一個所謂「史金納箱」

中按壓一根操縱桿），以及它們的相關獎勵（食物粒）。史
金納特別區分「固定比率（fixed-ratio）增強時制」和「變
動比率（variable-ratio）增強時制」。在固定時制下，老鼠
在按壓操縱桿一定次數後，比方說100次後，會得到食物獎
勵。（若要和人做比較，二手車商每銷售10輛車，可以得到
1,000美元獎金。）在變動時制下，老鼠隨意按壓了幾次操
縱桿後，會得到食物獎勵。有時候會在按壓10次後得到食
物，有時候則是在按壓200次後。（以此類推，二手車商在
銷售任意數量的車子後，會贏得1,000美元獎金。）

　　因此，在變動增強時制下，何時獲得獎勵是不可預測
的。從表面判斷，人們可能會預期，固定增強時制比較具有
激勵和獎勵性，因為老鼠（或二手車商）可以學到預期工作
結果。但相反地，史金納發現，變動時制其實比較具有激勵
性。最能顯示問題的結果是，當獎勵結束時，在固定時制下
的老鼠幾乎是立即停止工作，但是在變動時制下的老鼠卻繼
續工作很長一段時間。

　　這種變動增強時制，對於激勵人心也有神奇的效用。賭
博和玩樂透彩券，就是以這種神奇力量（或者更正確的說，
黑暗的神奇力量）為基礎。如果你預先知道，你一定會先輸
九次才會贏一次，而且只要你開始玩，這種順序會一直持續
下去，這樣玩吃角子老虎還會有多少樂趣？可能一點樂趣也
沒有！事實上，賭博的樂趣，就在於無法預期何時會得到獎
勵，所以我們才繼續玩下去。

　　那麼，食物粒與吃角子老虎，和電子郵件有何關係？如
果你想過，就會發現，電子郵件其實很像賭博，大部分都是

垃圾，就像是拉了吃角子老虎的拉桿然後輸了一樣，但我們偶爾會接收到自己真正想要的訊息。也許它包含關於一個工作的好消息、一些八卦消息、久未聯絡者寄來的訊息，或是某項重要的資訊。我們很高興接到非預期的電子郵件（食物粒），所以開始迷上檢查電子郵件，希望得到更多這類驚喜。我們一再持續按壓操縱桿，直到我們獲得獎勵為止。

這種解釋，讓我更了解我的電子郵件癮頭，更重要的是，它可能顯示了幾種逃出這類史金納箱以及變動增強時制的方式。我發現到，其中一個實用方式，是關閉自動電子郵件檢查功能。這個動作並沒有成功消除我檢查電子郵件的癮頭，但是它使電腦通知我「有新郵件等待查看」的頻率減少了（我會心想，其中有些郵件一定很有趣或很重要）。此外，許多應用程式讓使用者能夠用不同的顏色和聲音連結不同的新電子郵件。例如，我把列為副本抄送者的每一封電子郵件設定為灰色，直接傳送到一個標示為「稍後」的資料夾。同樣地，我也設定，當我接到標示為緊急和重要來源寄來的訊息時（這些來源包括我太太、學生或系所成員寄來的訊息），應用程式會播放出特別歡樂的聲音。當然，設定這些過濾條件要花一些時間，但是不怕麻煩，這麼做一次，就可以減少獎勵的隨機性，使增強時制更加固定，最後改善個人的生活。至於動不動就檢查iPhone的誘惑，我還在努力克服中。

關於自制的進一步反思：
干擾素的教訓（第5、6章）

幾年前，我聽到美國國家公共廣播電台（NPR）對當時
102歲和104歲的迪拉妮姐妹（Delany sisters）所作的一段訪
問，其中有一部分，我到現在還記憶猶新。迪拉妮姐妹說，
她們長壽的一個祕訣，是從未結婚，因為她們從來都沒有
「讓她們擔心得要命」的丈夫。這聽起來很合理，但卻不是
我個人所能證實的事情（而且事實也證明，無論如何，男人
從婚姻中得到的好處比較多。）[4]迪拉妮姐妹的其中一位說，
長壽的另一個祕訣，是避免上醫院。這點似乎很合理，理由
有二：如果你原本就很健康，就不需要去醫院。再者，避免
去醫院也比較不會染上疾病。

我當然知道她的意思。我因為燒燙傷而第一次住院時，
由於輸血而感染肝炎。顯然，感染肝炎沒有所謂的好時機，
但是這個時候感染，對我而言是再糟不過了。肝炎增加了我
手術的風險、延誤我的治療，並且造成我的身體排斥多項皮
膚移植。過了一段時間，肝炎好轉，但仍然延緩了我的復
原，因為它有時會突然復發，使我的身體系統大亂。

當時是1985年，也就是我感染的肝炎類型未被分離出
來之前；醫生們知道，那不是A型或B型肝炎，但它仍然是
一個謎，於是便稱之為非A非B型肝炎。1993年我讀研究所
時，肝炎復發，我向學生健康中心報到，醫生告訴我，我得

---

[4] "Studies Find Big Benefits in Marriage," *New York Times* (April 10, 1995).

了最近才被分離和識別出來的C型肝炎。這是個好消息，原因有兩個。第一，我現在知道自己得的是什麼病；第二，新的實驗療法，也就是干擾素，似乎前景樂觀。考慮到肝纖維化、肝硬化，以及C型肝炎早期死亡率的威脅，對我來說，參與實驗研究顯然是兩害相權取其輕。

　　干擾素最初是由美國食品藥品監督管理局（FDA）核准，用於治療毛細胞性白血病（這種病沒有其他實際療法），而且就像癌症治療一樣，治療計畫特別令人討厭。最初的醫療方案，需要每週自行注射干擾素三次。在每次注射後，我被警告會出現發燒、噁心、頭痛、嘔吐等症狀，而且這項警告是正確的。因此，連續六個月的週一、週三和週五，我從學校回家後，從藥櫃中取出針，再打開冰箱，把正確劑量的干擾素裝入針筒，然後把針插進自己的大腿。接著，我會在大吊床上躺下來──在我閣樓般的學生公寓中，這是唯一一件有趣的家具。從吊床上看電視，視野最好。我在伸手可及的範圍內放了一個水桶，以便接住不可避免會產生的嘔吐物。在此之後，高燒、顫抖和頭痛會相繼出現。到某個時候，我會睡著；醒來時，會因為類似感冒的症狀而感到疼痛。到中午時，我多少會覺得好一些，並且再回去工作。

　　我和其他病患在干擾素上遇到的困難，是延遲滿足（delayed gratification）和自制。在每個注射日，我會面臨一項取捨：一邊是自行注射，並且在接下來16個小時感到噁心（負面的立即效應）；一邊是希望長期而言，療法會讓我痊癒（正面的長期效應）。六個月的試驗期結束時，醫生們

告訴我，在這項方案中，我是唯一依照他們設計的方式進行治療計畫的病患，研究方案裡的其他人全都略過藥物注射好幾次。鑑於實驗的挑戰性，這一點並不大令人驚訝。（事實上，不遵守醫療規定是非常普遍的問題。）

究竟我是如何做到的？我有鋼鐵般的意志嗎？並不是。我和其他任何人一樣，在自制力上也有很多問題，但我確實擁有一項技巧。基本上，我會試著利用自己的其他欲望，使恐怖藥物注射的前景變得較能讓人忍受。對我而言，關鍵在於電影。

我喜歡看電影，如果有時間，就會每天看一部。當醫生告訴我會遭遇什麼情況時，我便決定要等我開始自行注射之後才看電影，到那時，我就可以盡情徜徉在電影的世界裡，看到睡著為止。

在每個注射日，我會在前往學校的途中，先到錄影帶店看一下，挑一些我想要看的電影，並把這些錄影帶放進袋子裡，迫不及待想要在當天稍晚一一觀賞。就在我注射完之後，趁著顫抖和頭痛開始發作之前，便趕緊跳進我的吊床，讓自己感到舒適，並確定水桶擺好位置，然後就開始我的迷你電影節。這樣一來，我學到了將最初的注射，與欣賞好電影的獎勵體驗產生關連性。只是，在一小時後，也就是在負面的副作用開始發作時，我對電影的美好感覺就減少了。

用這種方式規劃我的夜晚，有助於讓我的腦袋將注射這件事，與電影產生更密切的關連，而不是跟發燒、發冷和嘔吐緊緊相繫，如此我便能夠繼續進行治療。

「注射—電影—吊床」

在六個月的治療期間，干擾素似乎發揮作用，我的肝功能大幅改善。不幸的是，試驗結束幾週後，肝炎又復發，於是我便展開更積極的治療。這次持續一年，不僅使用干擾素，而且還使用了一種稱為利巴韋林（ribavirin）的藥物。為了強迫自己遵循這項治療，我又像以前一樣嘗試「注射—電影—吊床」的程序。（幸虧我的記憶力不算好，我甚至能夠欣賞第一次使用干擾素治療時看過的電影。）

但是這一次，我也要拜訪各家大學，尋找助理教授的工作。我必須到14座城市，在飯店過夜，向幾組學者報告，然後接受和教授及院長的一對一面試。為了避免向那些可能成為我同事的人們坦承，有關於我在干擾素和利巴韋林方面的冒險經歷，我堅決要求相當奇怪的面試時間。我照例得編一些藉口，說明為何我在面試之前提早到，但當晚卻無法外出，和東道主共進晚餐。事實是，當晚在我完成登記住房的手續後，就會從隨身攜帶的一個小冰箱裡拿出注射劑，自行注射，然後觀看飯店電視上的一些電影。隔天，我也會嘗試將面試時間延後幾小時，一旦覺得好些，我會盡力完成面試。（有時候，我的方法奏效；有時候，即使身體仍然感到不適，我還是得去面試。）幸運的是，我完成各項面試之後，就接到天大的好消息，我不僅得到工作，合併療法也消滅了我的肝炎，從那時起，我就擺脫了肝炎。

我從干擾素療法得到的，是一個普遍的教訓：如果某個受人期待的特定行為造成立即的負面結果（懲罰），這個行

為勢將難以推廣，即使最終結果（以我為例，最終結果是健康獲得改善）受到高度期待也是如此。畢竟，延遲滿足的問題就在這裡。當然，我們知道，經常運動和多吃青菜，即使不會讓人像迪拉妮姐妹那麼長壽，也會讓人更健康；但因為很難在自己心中保持對個人未來健康的鮮明影像，我們總是會忍不住伸手去拿甜甜圈。

為了克服各種人性缺失，我相信，尋找竅門，讓立即、強大和正面的增強行為，配合令人不太舒服、但為了達成長期目標而勢在必行的步驟，是相當有用的。對我而言，在尚未感受到任何副作用之前開始看電影，有助於我承受治療上的不愉快。事實上，我把一切事情的時機都安排得恰到好處，我一注射完畢，就按下「播放」鍵。我猜想，如果在副作用產生之後才按「播放」鍵，我便無法成功贏得這場拉鋸戰。誰知道呢？也許，如果等副作用產生後才開始放電影，我可能會製造出負面聯想，使得現在變得比較不喜歡看電影[5]。

我在杜克大學的同事拉爾夫・基尼（Ralph Keeney）最近指出，美國頭號殺手不是癌症或心臟疾病，也不是抽菸或肥胖，而是無法做出明智的抉擇並且克服本身的自毀行為[6]。拉爾夫估計，大約半數的人會在生活方式上做出最後導致自己英年早逝的決定。此外，就好像這樣還不夠糟一樣，我們做出這些致命決定的比率，正以驚人的速度增加中。

---

[5] 我確實經歷過這種和蛋有關的負面聯想。在我受傷後不久，醫生們用餵食管每天餵我吃30顆生雞蛋，直到現在，連聞到蛋味，都會讓我倒胃。

[6] Ralph Keeney, "Personal Decisions Are the Leading Cause of Death," *Operation Research* (2008).

我懷疑，在接下來數十年裡，平均壽命和生活品質的實際改善，背後的推動力不大可能是醫學科技，而是改進的決策。專注於長期好處，不是人類的天性，所以我們更需要審慎檢視自己一再失敗的情況，並且嘗試提出一些對症下藥的良方。（對體重過重的電影愛好者而言，關鍵可能是邊走跑步機邊看電影。）竅門在於，針對每個問題，找出適當的行為矯正方法。將我們喜歡的事物，與我們討厭但對我們有益的事物連結起來，或許就能夠控制欲望與結果，並且進而運用自制力克服每天都會面對的一些問題。

關於所有權挑戰的反思（第7章）

2007年和2008年，全美國房價的下跌速度，和布希總統（George W. Bush）聲望的下降速度一樣快，每個月都傳出更多相關的壞消息：在蕭條的房地產市場中，法拍屋和待售新屋愈來愈多，得不到貸款的人也愈來愈多。協助搜尋房屋和估價的房地產數據服務網站Zillow.com曾經做過一項研究，最後得到的結果，說明了這項新聞對屋主的影響有多大：在2008年第二季，十個屋主中有九個（92％）表示，他們當地的房地產市場因為有法拍屋，而擔心這些法拍屋已經降低該地區的房價。此外，五個屋主裡有四個（82％）認為，短期內房地產市場改善的希望不大。

從表面判斷，Zillow的研究顯示，屋主們持續注意媒體的動向，知道經濟發生了什麼事，而且了解房市危機已經是一項事實。但是這項研究也發現，這些看似消息靈通的人們

相信，他們自己的房價並沒有降低這麼多。三個屋主裡有兩個（62％）相信，他們自己的房價上漲或持平；大約有半數（56％）的人準備投資家庭修繕，即使他們看到房市正逐漸崩解。什麼因素可以解釋，他們對自己房價的高估，和前景黯淡的市場現況之間的懸殊落差？

如同我們在第7章所討論的，所有權徹底改變了我們的觀點，就像我們認為自己的小孩比朋友和鄰居的小孩更好、更特別（不論我們的小孩是否值得這樣的評價），我們總是高估自己擁有的一切，不論那是兩張棒球門票或是自己的住所。

但是住家所有權甚至比一般的個案（例如擁有一個咖啡杯或是兩張棒球門票）更為有趣且複雜，因為我們對自己的住家投資甚多。例如，想想我們搬進新家後，對住家所做的一切改變和修繕。我們把廚房的合成板檯面改成花崗岩檯面；我們打掉一面牆，安裝新的窗戶，讓光線正好可以照在餐桌上；我們把客廳牆壁漆成深陶土色；我們換掉浴室磁磚；我們新增門廊，並且在後院設一個鯉魚池。逐漸地，我們在各處做改變，直到整個房子感覺上完全符合我們獨特的個人品味，直到它向其他每個人展示我們優雅或不拘一格的風格。鄰居登門造訪，對我們的廚房檯面和燈具讚賞不已，但是到最後，其他人對我們用心做出的改變，會像我們自己那麼重視嗎？他們究竟重不重視這些改變？

想想一位屋主，她把自己精心改裝的房子，和這條街上好幾個月都乏人問津的類似房子相比，或是與另一間最近才以遠低於要價的價格出售的房子相較。她這麼一比較，就了

解為什麼這些屋主這麼難賣房子：他們房子的廚房檯面是合成板，不是花崗岩；沒有漆成深陶土色的牆面，或是正好落在餐桌上的光線。「難怪那些房子賣不出去，」她心想，「他們的房子沒我的房子好。」

昂貴的教訓

我太太蘇米和我也成為這種偏見的犧牲品，我們在MIT工作時，在麻州劍橋買了一間新房子（這房子最初建於1890年，但是我們覺得很新）。我們迅速著手整修，打掉一些牆，讓房子帶有我們所喜歡的開放感；我們翻新浴室，在地下室設了三溫暖；我們也將花園裡的客屋改成小型住辦兩用室。有時候，我們會在洗衣籃裡裝一些酒、食物和衣服，躲進客屋裡「度週末」。

後來在2007年，我們接受杜克大學的工作，搬到北卡羅來納州杜倫（Durham）。我們認為，房市會繼續走低，對我們最有利的做法，便是盡快賣掉劍橋的房子。此外，我們也不想同時支付兩間房子的暖氣、稅金和貸款。

許多人來看我們精心改裝的房子，他們似乎都很欣賞房子的結構和感覺，但卻沒有一個人開價要買。人們都說，這房子很美，但不知怎地，他們就是沒辦法充分欣賞開放式的樓層配置，反而想要擁有更多隱私空間。我們聽到他們說的話，卻都無法了解他們的抱怨為何。在每一組潛在買家來了又離開之後，我們對彼此說：「那些人顯然既無趣又缺乏想像力，也毫無品味可言。我們漂亮、開放和通風的房子，當然只適合完美的人來住。」

　　時間一天天過去，我們仍舊支付兩筆貸款、兩筆暖氣帳單，以及兩筆稅金，而房市持續走低。許多人來看房子，沒有開價就離開了。最後，我們的房地產仲介珍恩向我們宣布惡耗，就像醫生告訴病人，他的X光片有某種看來很奇怪的東西一樣。她悠悠地說：「我想，如果你要賣房子，可能得重砌一些牆，把你所做的改變恢復過來。」在她說出這些話之前，我們一直都無法接受這項事實。儘管我們存疑，而且仍然完全相信自己卓越的品味，但我們決意一試，花錢請包商重建一些牆。幾星期後，房子賣出去了。

　　到最後，買家們都不想要我們的房子，而是想要自己的房子。這是一項非常昂貴的教訓，我當然希望能更進一步了解，我們修改房子對潛在買家所造成的影響。

　　我們常高估自己的東西，這種習性是基本的人性偏誤，它反映了一個更普遍的傾向：我們會愛上並且樂觀看待任何與自己有關的事物。想想看，你不覺得自己的開車技術比一般人好嗎？或者比較可能有能力負擔退休生活，而且比較不可能膽固醇過高、離婚，或是因為在收費錶旁多停了幾分鐘而收到違規停車罰單嗎？這種心理學家所謂的「正向偏誤」（positivity bias）還有另一個名稱：「太平湖效應」（The Lake Wobegone Effect），它是根據幽默作家葛瑞森・寇勒（Garrison Keillor）受歡迎的廣播劇《大家來我家》（A Prairie Home Companion）裡的虛構城鎮來命名。根據寇勒的說法，在太平湖，「所有的女人都強壯，所有的男人都英俊，所有的小孩都過人。」

　　我想，我們對自己小孩和房子的看法，不可能變得更正

確和客觀，但也許我們可以了解自己有這種偏見，並且多仔細聽聽別人給我們的建議和反應意見。

關於期望的反思：音樂和食物（第9章）

想像一下，時間是晚上9點，地點是95號州際公路空寂無人的路段，你走進一個卡車服務站，你已經開了6小時的車，非常疲倦，而前方還有漫長的車程等著你。你需要吃點東西，想要下車休息一會兒，所以你走進看來勉強算是餐廳的地方，裡頭設有常見的破損塑膠雅座和日光燈，染上咖啡漬的桌面讓人有點擔心。儘管如此，你想：「沒關係，沒有人能把漢堡做得多差。」你伸手去拿隨意塞在空蕩蕩的紙巾架後面的菜單，結果卻發現，這不是普通的低級餐館。你很驚訝地發現，菜單提供的，不是漢堡和雞肉三明治，而是肥鵝肝三明治、松露醬佐綠捲鬚生菜和橘子醬、乳酪泡芙佐油封鴨、蛤蟆風味鵪鶉等等。

當然，像這樣的菜色，即使出現在曼哈頓的小餐館裡，也不會令人驚訝，而且，主廚有可能厭倦了曼哈頓，所以搬到不知名的小地方，現在替任何剛好路過的人煮菜。因此，在曼哈頓點乳酪泡芙佐油封鴨，跟在95號州際公路偏遠的卡車服務站點這道菜，兩者之間有重大差異嗎？如果你在卡車服務站發現這種法國美食，你有勇氣點這些菜嗎？假設價格沒有列在菜單上，你願意為開胃菜或主菜付多少錢？此外，如果你準備好開動了，你會像在曼哈頓吃同樣的菜一樣享受它嗎？

根據我們在第9章學到的，答案很簡單。氣氛和期望，確實會讓我們更覺得享受。在這種環境中，你比較不會有所期望，因此，你對於在卡車服務站的經驗，比較不會有享受的感覺，即使你在兩個地方都點了肥鵝肝三明治。同樣地，如果你知道，鵝肝醬主要是由普通的鵝肝和奶油[7]做成的，而不是超級特別的原料做成的，你更不會覺得享受。

幾年前，《華盛頓郵報》的工作人員也對這項基本主題感到好奇，並決定進行一項實驗[8]。他們用音樂而非食物做實驗，實驗問題是：傑出的藝術能夠穿透世俗和乏味期望的層層過濾，發光發亮嗎？

《華盛頓郵報》記者吉恩・溫加騰（Gene Weingarten）請世界頂尖小提琴家約書亞・貝爾（Joshua Bell）假扮成街頭藝人，在早上尖峰時刻的華盛頓特區地鐵站，演奏一些史上最美好的音樂[9]。人們會注意到，這個人比大部分的街頭藝人優秀嗎？他們會駐足聆聽嗎？他們會朝他這邊丟一、兩美元嗎？你會嗎？

如果你像那天早上98％經過朗方廣場地鐵站（L'Enfant Plaza Station）的人一樣，你會匆匆走過，對這項表演無動於衷。在經過的1,097人當中，只有27人（2.5％）在貝爾敲

---

[7] 事實上，鵝肝醬主要是由等分的鵝肝和奶油，再配上一些酒和香料製成。

[8] "Pearls Before Breakfast," *Washington Post* (April 8, 2007).

[9] 演奏的曲子包括：巴哈的《夏康舞曲》（*Chaconne*）、舒伯特的《聖母頌》（*Ave Maria*）、龐賽（Manuel Poncc）的《宛若星辰》（*Estrellita*）、法國作曲家馬斯奈（Jules Massenet）的一首曲子、巴哈的一首《加沃特舞曲》（*gavotte*），以及夏康舞曲的重奏。

開的史特拉第瓦里（Stradivarius）提琴盒中放錢，只有7人（0.5％）駐足欣賞超過一分鐘。貝爾演奏將近一個小時，賺了32美元，這對一般街頭藝人可能不算太差，但是對平常每分鐘演奏酬勞遠遠超出這個數字的人來說，無疑令人感到羞辱。

溫加騰訪問那天早上經過地鐵站的一些人。在駐足聆聽的人當中，有一個人從前一晚的表演認出貝爾，另一個人是認真的小提琴家，還有一個人是地鐵站工作人員，他數年來聽多了偶有才華、但大多平凡無奇的街頭藝人表演之後，覺察出貝爾不同凡響。除了這幾個人以外，人們都沒有駐足聆聽，許多人甚至連看都沒看貝爾一眼，這一點令古典樂迷、尤其是貝爾的樂迷感到困惑。在接受訪問時，路過者不是表示，自己根本沒有注意到音樂，就是表示，音樂聽起來比演奏尋常古典樂的普通街頭藝人好一些。沒有人預期，世界級的音樂家會在地鐵站演奏難度極高的曲子，因此，他們多半都沒有聽進去。

後來我和貝爾碰面，問他這段經歷，我特別想要知道，他對於被這麼多人漠視和忽略，感覺如何。他回答說，他其實沒那麼訝異情況會如此發展，他也承認，「期望」是我們體驗音樂的方式中重要的一環。貝爾告訴我，要有適當的環境，才能協助人們欣賞現場古典樂演奏——聆聽者需要坐在舒適的仿絨座位上，由音樂廳的音響效果所環繞。此外，人們用絲綢、香水和喀什米爾羊毛打扮自己時，似乎更能夠欣賞昂貴的演出。

「若是我們進行相反的實驗呢？」我問道。「若是我們

安排一位平庸的表演者在卡內基音樂廳和柏林愛樂合作呢？
期望將會很高，但品質將不會太好。人們會察覺到差異，
而滿心的喜悅會被粉碎嗎？」貝爾想了一下。「在那種情況
下，」他說，「期望將會戰勝經驗。」此外，他說，他可以
想到一些不是卓越小提琴家但是得到熱烈掌聲的人，因為他
們處在對的環境中。

最後，我不相信，貝爾不在乎他在地鐵站的表演情況。
畢竟，時間會癒合所有的傷口，時間以有利於我們的方式發
揮作用，而其中一個方式，就是協助我們忘記或是記錯過去
的事情，讓我們對自己感覺好些。此外，貝爾不訝異人們忙
到忽略他的演奏，這一點必定有助於他避開小提琴家版本的
老問題：「如果有棵大樹在沒有人的森林裡倒下，它還會發
出倒下的聲響嗎？」

隔天，我坐在蒙特雷（Monterey）表演廳裡，有機會聆
聽貝爾演奏巴哈著名的夏康舞曲，也就是他為通勤族聽眾
演奏的同一首美妙曲子。我閉上雙眼，想像自己聽的不是
傑出小提琴家演奏，而是平庸的十五歲孩子拉著史特拉第瓦
里琴。我不是鑑賞家，但是我發誓，我聽得出幾個走音的部
分，另外，琴弦的一些軋軋響聲也突然間清楚可聞。或許軋
軋響聲是巴哈曲子的一部分，是演奏弦樂器不可避免的部
分；或者，也許因為是在表演廳演奏，而非在適當的音樂廳
演奏，才會這樣。我很容易就可以想像，像我這種沒什麼音
樂素養的聽眾，可能會把這些聲音歸咎於平庸演奏者的錯
誤，尤其是，如果演奏者在尖峰時刻站在熙來攘往的地鐵站
中演奏。

表演結束時,貝爾獲得良久的起立鼓掌。雖然我很喜歡這項演出,但我不知道,有多少掌聲是對他的表演所做的獎勵,有多少掌聲是出於觀眾的期望。我不是在質疑貝爾(或任何人)的才華高低,重點在於,我們其實並不了解,在我們體驗和評估藝術、文學、戲劇、建築、食物、酒或任何東西的方式上,「期望」所扮演的角色。

「期望」的角色

我認為,我最喜愛的作者之一,或許最能夠掌握「期望」的角色。在傑羅姆·傑羅姆(Jerome K. Jerome)1889年的幽默中篇小說《三人同舟》(*Three Men in a Boat*)裡,敘事者和他的兩位旅遊同伴參加在一間旅館裡舉行的宴會,與會者的談論主題碰巧轉到滑稽歌曲上,有兩位毫無其他與會者高貴儀態的年輕外來客,向大家保證,著名德國喜劇演員赫爾·史拉森·柏斯琛(Herr Slossenn Boschen)所唱的一首歌,是最有趣的歌,而柏斯琛本人恰巧就下榻在這間旅館裡,也許他可能會被說服,為大家表演一首他的歌?

柏斯琛很樂於為大家表演,儘管其他人都假裝懂德文,由於只有這兩位年輕人才懂,大家都跟著他們倆有樣學樣。這兩位年輕人尖聲大笑時,他們也跟著大笑,有些人還更進一步,偶爾就自己笑了出來,假裝懂得一些別人所錯過的微妙幽默。

結果,柏斯琛其實是著名的悲劇家,而且正使盡渾身解數要詮釋一首戲劇性、充滿情感的歌曲,這兩位年輕人每隔幾段就大笑,目的是要讓其他人誤以為這是德國喜劇的風

格。柏斯琛很疑惑，繼續表演下去，但是當他唱完時，他從鋼琴上跳起來，對著觀眾罵了一大堆德文髒話。

觀眾不懂德文和德國的音樂傳統，所以繼續做下一件妙事：遵照兩位外來客自稱的專業知識，學他們的樣子大笑，以為這一切表演，包括柏斯琛大發雷霆，都極度好笑。全部的觀眾都很喜歡這場表演。

傑羅姆的故事很誇張，但卻是事實，這正是大部分人的處世之道。在眾多人生的領域中，「期望」在人們體驗事情的方法上扮演了重大的角色。想想看《蒙娜麗莎》（*Mona Lisa*）。為何這幅畫像如此美麗？為何這個女人的微笑充滿神祕？你可以看出達文西（Leonardo da Vinci）創作這幅畫所發揮的技巧和才華嗎？對大部分人而言，這幅畫很美，微笑很神祕，因為我們是這樣被告知的。如果沒有專業知識或完整資訊，我們會尋求社會線索，以協助我們了解，自己對這幅畫的印象有多深，或應該多深，我們的期望會負責其他部分。

傑出諷刺文學作家亞歷山大‧波普（Alexander Pope）曾經寫道：「無所乞求者有福了，因為他從不感到失望。」對我而言，波普的忠告，似乎是過著客觀生活的最佳之道，此外，它對於排除負面期望的效應，也極有幫助。但是正面期望呢？如果我不抱期望去聽貝爾演奏，這個經驗，將不會和如果我跑去聽他演奏，並且對自己說：「老天，我何其有幸，能夠聆聽貝爾在我面前現場演奏」那樣令人滿足或愉悅。我知道貝爾是全世界最好的演奏者之一，這項了解大幅增進了我的愉悅感。

結果證明，正面期望讓我們更能夠享受事物，並且改進我們對周遭世界的感覺。不抱期望的危險在於，到最後，我們所得到的可能僅止於此。

關於安慰劑的反思：
別拿走我的安慰劑！（第10章）

幾年前，我搭飛機到加州，鄰座的一位女子從她袋子裡拿出一個稍長的白色圓筒容器，打開它，然後把25美分硬幣大小的藥片放進機上供應的一杯水中。我在一旁看著，當淡黃色的泡泡發出嘶嘶聲，並且在杯中瘋狂地起著泡沫時，我被迷住了。等杯裡的活動停止，女子一口氣就喝掉整杯混合液。

我對這個東西非常好奇。當她看起來對整個過程感到很滿意時，我問她喝的是什麼。她把那個稍長的白色圓筒拿給我，我一看，是愛維寶（Airborne）！

圓筒上的說明真的令我印象深刻。上面寫道，這些藥片可以增強免疫力，協助乘客在飛行時對抗周遭的細菌。如果我在剛出現感冒症狀時，或是在進入擁擠、可能有大批細菌出沒的環境之前服用一片，就可以避免對抗煩人的感冒。我想不出任何比這更好的東西，而且這種藥不像我以前看過的任何其他藥物，它明白表示，它是由一個小學二年級老師發明的！有誰比每天都受到帶菌小孩圍繞的人更能夠設計出感冒藥呢？由於老師們常被學生傳染感冒，這似乎是很自然的連結，此外，我喜歡藥片冒著泡泡的感覺。

　　我的鄰座乘客看得出我很有興趣，就問我想不想試一片，我很高興地接受了，用我的半杯水溶解它，看著它發出嘶嘶聲和冒出泡沫，然後把那杯淡黃色的東西一飲而盡。我可以看到，在我面前，出現了我敬愛的二年級老師瑞秋的影像。我對她的喜愛，更加強了這個體驗。我幾乎是馬上感覺好多了，在那次飛行後，我完全沒生病。證據！因此，愛維寶變成我旅途中的常備良藥。

　　接下來幾個月，我依照包裝指示服用愛維寶，我有時候是在飛行途中喝，但大多數時候是在飛行後喝。每次我重複這個儀式，就會立即感到自己好多了，也覺得自己更有機會擊退周遭潛伏的空氣傳染疾病。我百分之九十九確定，愛維寶是安慰劑，但是泡泡和儀式太美妙了，所以我只知道，它讓我覺得更好，而且它真的有此功用！此外，服用它，會讓我對自己的健康更有信心，比較不會擔心生病。畢竟，眾所周知，壓力和焦慮會降低免疫力。

　　幾年後，就在我開始巡迴簽書會，必須經常飛行時，我聽到一項噩耗：發明愛維寶、來自加州的小學二年級老師維多利亞‧奈特—麥克道爾（Victoria Knight-McDowell）同意支付2,330萬美元，以平息一項關於廣告不實的集體訴訟，並退錢給購買愛維寶產品的消費者。製造商必須更改產品上面的說明和聲稱，之前號稱「神奇的感冒剋星」，如今降級為「由17種維他命、礦物質和藥草做成的簡單營養品」。原先的愛維寶「支撐您的免疫系統」說法，仍保留在包裝上，但是後面附加了惱人的箭號，以指出包裝上還有用小號字體印刷的附加條款。你必須搜尋這些條款，但是到最後，你

會發現它隱藏在背面角落裡：「這些聲明尚未獲得食品藥物管理局鑑定。本產品非用於診斷、治療、消除或預防任何疾病。」真令人沮喪。[10]

　　所以我在那裡，面對接下來幾個月每週至少三次的飛行，眼睜睜看著我擁有的愛維寶神奇力量，被人從我身上奪走了。我覺得自己就好像忽然得知，我多年來視為好友的某人其實從來沒喜歡過我，而且還在我背後說我的不是。我想，也許如果我直接到藥房，買一些附有誇大聲明的舊包裝產品，它們或許有助於恢復愛維寶的神奇力量。但這似乎不可能實現。我沒辦法不承認，我那嘶嘶起泡的特效藥沒有「神奇力量」這回事。它只是一些愚蠢的維他命，再加上像Alka-Seltzer牌胃片的絕佳特效。面對這樣的幻滅，我不再享受往昔美好的安慰劑免疫增強效果。

　　噢，為什麼他們要對我做這種事？為什麼他們要把我美好的安慰劑拿走？

---

[10] 我猜想，愛維寶納入許多元素，將安慰劑效果極大化（泡泡、泡沫、藥物顏色、誇大聲明等等），結果對我的免疫系統和我對抗疾病的能力，產生真正有益的影響。安慰劑全都是關於自我實現的預言，而愛維寶是其中的佼佼者之一。

關於次級房貸危機
及其後果的一些想法

　　長久以來，經濟學家堅稱，人類行為和機構的運作，用理性經濟模式最能夠說明。而理性經濟模式基本上認為，人是自利、精明的，而且能夠充分權衡每一項決定的成本和好處，以使結果發揮最大效益。

　　但是在許多金融危機之後，從2000年網路泡沫破滅，到2008年次級房貸危機和接踵而至的金融崩潰，我們猛然驚覺一項事實：在經濟運作上，心理學和不理性行為所扮演的角色，重要性遠超出理性經濟學家（和我們其他人）願意承認的程度。

　　一切全都從有問題的貸款做法開始，並且因為抵押債權憑證（CDO，以抵押付款為主的債券）而擴大。CDO危機轉而加速房屋市場泡沫的緊縮，創造出一個強化的降低估價循環，它也揭露金融服務業各類參與者的一些可疑做法。

　　2008年3月，摩根大通銀行（JP Morgan Chase）以每股2美元收購貝爾斯登（Bear Stearns），估價如此低，原因在於貝爾斯登正在接受CDO相關弊案的調查。7月17日，大幅投資CDO和其他抵押擔保證券的各大銀行和金融機構，公布將近5,000億美元的損失。最後，有26家銀行和金融機構因為在處理CDO的做法上引人質疑，因而受到調查。

9月7日，美國政府接管房利美（Fannie Mae）和房地美（Freddie Mac），以免它們破產，進而對金融市場造成嚴重的影響。一週後，在9月14日，美林證券（Merrill Lynch）賣給美國銀行（Bank of America）。隔天，雷曼兄弟公司申請破產，讓人擔心可能會爆發流動性危機，進而加速經濟崩解。那天的翌日（9月16日），美國聯邦準備銀行對保險業巨人美國國際集團（AIG）緊急紓困，以免該公司崩解。9月25日，華盛頓互惠銀行（Washington Mutual）被美國聯邦存款保險公司（FDIC）接管後，被迫出售旗下銀行子公司給摩根大通銀行，隔天，該銀行的控股公司及其餘子公司申請破產保護。

9月29日週一，國會否決布希總統提出的紓困方案（舊稱為「問題資產救助計畫」，簡稱TARP），結果造成股市重挫778點。當政府努力擬定將會在大約一週後通過的方案時，美聯銀行（Wachovia）成為另一個受害者，它與花旗銀行（Citigroup）和富國銀行（Wells Fargo，最後收購該銀行者）展開談判。股市聽到紓困消息，重挫了22%，使得該週成為自經濟大蕭條以來，華爾街最悲慘的一週。

感覺上就像骨牌效應一樣，機構銀行一個接著一個，紛紛倒下。這些銀行的工作人員全是遵照標準模式，卓越（理性）和聰明的經濟學家。

如果理性經濟策略不足以保護我們，我們應該要怎麼做？我們應該採用什麼模式？考慮到人性的弱點、怪癖和不理性傾向，我覺得我們的行為模式，以及更重要的，我們對新政策和做法的建議，應該要根據人們實際上做了什麼，而

非根據在「人們完全理性」的前提下，人們應該要做什麼。

　　這個看似激進的點子，其實是經濟學上非常古老的構想。現代經濟學老祖宗亞當·斯密在寫出代表作《國富論》（*Inquiry into the Nature and Causes of the Wealth of Nations*）之前，曾寫了一本同樣重要、但更加偏向心理學的《道德情操論》（*The Theory of Moral Sentiments*）。在《道德情操論》中，亞當·斯密指出，情緒、感覺和道德，是經濟學家不應該忽略（或者否認）的人類行為層面，反而應該視為值得探查的主題。

　　大約200年前，另一位經濟學家約翰·莫里斯·克拉克（John Maurice Clark）同樣指出：「經濟學家可能試圖忽略心理學，但是他絕對不可能忽視人性……如果經濟學家借用心理學家對人的概念，他的建設性工作有可能在特性上保持純經濟；但如果他沒有這麼做，他將不會因此避開心理學，反而會強迫自己創造出自己的心理學，而且那會是低劣的心理學。」[1]

　　經濟學如何從採用人類心理學，轉而完全駁斥人類行為不理性的可能性？無疑地，其中一個原因，必然與經濟學家醉心於簡單的數學模式有關；而另一個原因，則必然與他們想要對企業和決策者提供簡單、易處理的答案有關。這兩項都是有時候忽略「不理性」的好因素，而且它們也可能帶我們走上危險之路。

---

[1] John Maurice Clark, "Economics and Modern Psychology," *Journal of Political Economy* (1918).

　　我認為，行為經濟學的目標，是重新燃起亞當・斯密所寫的，對人類行為和心理學的經濟興趣。一般而言，行為經濟學的研究人員感興趣的，是修改標準經濟學，以便將真實、常見，而且往往不理性的行為納入考量。我們想要將經濟學的研究，從根植於自然心理學（naive psychology，通常無法通過理性、內省，以及最重要的，基於經驗的檢查考驗）移開，並且讓它回到包羅更為廣泛的人類行為研究。我們認為，屆時經濟學將會更適合提出建議，協助人們處理自己在真實世界裡的問題，包括退休儲蓄、教育子女、針對醫療保險做出抉擇等等。

　　接下來，我想要從行為經濟學的角度，針對大家全都突然察覺到的這個奇異新世界，分享我的一些觀點。是什麼把我們帶到目前的經濟困境？我們如何才能夠更充分了解發生了什麼事？我們如何才能夠開始思索後續步驟，確定自己不會再重蹈覆轍？下列提出的回答，並不是根據對股市本身所作的實驗，因為股市的本質讓它很難進行任何直接的實驗。相反地，回答是根據在心理學、經濟學和行為經濟學上的一般實驗發現結果，從我的個人和專業角度來提供，大家應該給予適度的信任。

一、為何人們會採用自己其實負擔不起的抵押貸款？

　　政治人物、經濟學家、新聞播報員和大眾，把龐大和高風險的抵押貸款責任歸咎於幾方。有些人認為，不負責任的

借貸者承擔的債務，比他們認定自己負擔得起的債務還高；其他人則認為，借貸者只是遵循當時被視為專家的掠奪性放款者的指示。我認為，兩種說法都各有一些道理，但是我也認為，罪魁禍首在於，要了解在特定財務狀況下的某個人應該貸款多少錢最理想，本來就很困難。

下列是問題的癥結：房市熱絡的時候，提供抵押貸款的銀行家理所當然地認為，顧客不會想要讓自己的房子被法拍。為了進一步確認人們會償還貸款，抵押貸款合約也納入各種罰則和罰金，以防人們決定在中途就把貸款丟開不管。乍看之下，這個邏輯似乎很吸引人：考慮到無法償還貸款的人可能會發生的所有可怕情況（失去房子、信用掃地、各種法拍費用、法律費用，以及還款不足而遭到放款者控告的可能性），銀行假定，人們會非常努力避免過度借貸。

用下列的方式想：假設我同意，你想借多少錢，我就借你多少錢，而且我跟你保證，如果你沒有還我錢，我會把你的兩條腿都打斷。在這些條件下，你會不努力避免借太多錢，不努力準時還我錢嗎？但是看過黑手黨電影的人都知道，這種交易總是會出一些問題。一度看似合理的程序，到頭來往往取決於高度引人質疑的假設。以打斷人腿的情境而言，其假設是，你可以了解，你要償還多少錢，才不會危及你的雙腿。此外，在抵押貸款的情境中，核心假設是，人們能夠了解，自己最多能夠借貸多少，才不會有失去房子之虞。當然，有了抵押貸款，計算方式就更為複雜，因為需要考慮到稅金、通貨膨脹、資產價值的改變等等。

就像在《金鎖姑娘和三隻熊》（*Goldilocks and the three*

bears）的故事中，有一筆恰到好處的貸款金額，既不會太小，也不會太大。但人們真的可以計算出自己應該借貸、「恰到好處」的金額嗎？

當房市正熱的時候（大約在1998年和2007年之間），我有幸在波士頓聯邦準備銀行的研究部門任職。我大部分時間是在麻省理工學院工作，但每週會現身銀行一次，我的職務是和銀行內的經濟學家辯論，試著在他們的工作中注入一些行為經濟學的意識。有一天，我和當地一位經濟學家（姑且稱為大衛）討論到，銀行和監管人員應該對抵押貸款設下的限制。大衛主張免除抵押貸款程序的所有障礙，他認為，所有買房子的人絕對能夠為自己特定的情況做出最佳抉擇。

幾個月前，蘇米和我搬進我們的新房子，我自己才剛經歷抵押貸款程序，所以有不同的觀點。當我們試著想出要在一間房子上花多少錢時，我向我認識的一些專家，包括在MIT的財務學教授和一些投資銀行家，問了看似簡單的兩個問題：（一）考慮到自己的財務狀況，我們應該花多少錢在一間房子上？以及（二）以30年期抵押貸款來說，我們應該借多少錢？

我詢問的每個人都告訴我相同的話：我們每個月花在抵押貸款上的錢，應該不要超過每月總收入的38％。但是這並沒有回答我的問題，而且當我試著催促對方提供答案時，專家們告訴我，他們絕不可能幫我算出我們應該支出或借貸的最佳金額。我跟大衛重述這個故事，但是他很快就駁斥我的疑慮，他告訴我，雖然沒有人能算出最佳的借貸金額，但是每個人都可以想出大致的數字，而且人們在很多地方犯下的

小錯，其實不大重要。

我不大放心這種一概而論的策略，所以決定要進行一項研究，檢視人們實際上如何決定要借多少錢。當時房市處於全盛時期，要找到正在找房子、而且願意和我分享想法和決策過程的人，並不是問題。我發現，一般房屋買家（也就是除了大衛以外的受訪者）其實真的很難想出自己應該要借多少錢。因此，他們沒有針對正確的問題（應該要借多少錢）想出答案，而是專注於完全不同的問題，一個不是正確問題，而是他們可以輕易回答的問題：我們「可以」借多少錢？他們利用一個抵押貸款計算器，並且和一、兩位熱心的房地產經紀人談話，然後算出他們每個月可以支付的最高金額，平均約為其收入的38％。由此，他們算出，銀行會借給他們的最高抵押貸款金額，這會決定他們最後要尋找和購買的房屋價格。

這個故事，說明了人們如何算出自己的抵押貸款金額，它在人類的決策上提供一個普遍的教訓。我們想不出眼前問題的正確答案時，經常會想到另一個稍微不同的問題的答案，然後把這個答案套用到原始的問題。這是「最佳借款金額」的問題如何自我轉換，成為一個關於「銀行最多願意借貸多少」的問題，但這兩者是完全不同的問題。

想想看，如果你必須立即買新房子，你應該花費的理想金額是多少？其中有多少應該採用抵押貸款的方式？如果你自己想不出這個數字，銀行和所有的抵押貸款計算器會告訴你，你最多可以借貸薪資的38％，才能支付每個月的費用，你不會將這個金額視為應當借貸金額的隱含式建議嗎？

「只付利息的房貸」真的比較好？

在我們的討論結束幾週後，大衛被指派撰寫關於「只付利息的房屋貸款」[2]看法報告。他對這類抵押貸款非常興奮，想要建議監管人員盡可能加以推廣。「聽著，」他試著向我解釋，「只付利息的房屋貸款，比定期貸款更有彈性，這一點無庸置疑。採用這種貸款的人，每個月可以自行決定，要怎麼支配在定期貸款中將用來支付本金的金錢。他們可以即時付清信用卡債，或是支付大學學費、醫療費用，或者，如果他們想要的話，他們也可以付清貸款的本金。」

我點頭，等待他說明。「繼續說。」我說。

「所以，只付利息的房屋貸款，至少和定期貸款一樣好，但是這種貸款讓人們在支出方式上更有彈性。根據定義，每次你增加彈性，你就能夠協助消費者，因為你讓他們有更多自由做出特別適用於他們的決定。」

我說，這番話聽來相當合理，它假設人們會做出非常合理的決定。然後我告訴他，關於那個讓我感到不安的小型研究結果。「如果人們能借多少就借多少，」我解釋，「只付利息的房屋貸款並不會增加貸款者的財務彈性，反而只會增

---

[2] 只付利息的房屋貸款，運作方式如下：在貸款期間，借貸者只須付利息，因此，在貸款期結束時，結欠款和最初的貸款金額相同。比方說，如果你接受利率6.25%的30萬美元10年貸款，定期貸款每個月要讓你花費3,368.40美元。而相同金額、相同利率的只付利息貸款，每個月只會讓你花費1,562.50美元。當然，如果你接受定期貸款，10年結束後，你就不會有欠債，而且擁有自己的房子，但如果你接受只付利息的貸款，10年後你仍積欠30萬美元（那時你會開始新的貸款，以此類推）。

加貸款者的借貸金額。」

大衛沒被說服，所以我試著向他提出更具體的例子。以你的姪女為例，她的名字是……「迪迪。」他主動說。

「比方說，迪迪負擔得起月付3,000美元的定期貸款，現在你給她『只付利息的貸款』選擇，她會怎麼做？她當然可以找到她有能力用定期貸款支付的房子，每個月付少一點──把多餘的錢拿來付學生貸款。但如果她像其他人一樣，她會利用她最大的償債能力，做為思索要取得哪種貸款和房子的起點，結果，她會每個月支付3,000美元，以取得更大、更昂貴的房子，她將不會擁有更多的彈性，但她會更容易受到房市波動的影響。」

我想，大衛對我的論點並沒有留下深刻印象，但是當次級房貸危機爆發後，我有機會檢視一些只付利息的房屋貸款資料，情況確實顯示，這種貸款並沒有提供財務彈性，反而造成貸款延展，並且讓貸款者在多變的市場中面臨更高的風險。

抵押貸款該由監管人員介入

從我的觀點來看，房貸市場的主要挫敗之一，是銀行家甚至沒有考慮到一個可能性：人們不會計算適當的借款金額。如果銀行了解到這一點，他們一定會讓人們自己想出適當的借款金額。但因為沒有這層了解，銀行引誘人們借貸超出自己償還能力的金額。當然，銀行可以用等同於打斷雙腿的財務報復來威脅貸款者，但他們卻不能協助貸款者為銀行或是為自己做最妥善的安排。難怪，當房貸危機終於爆發

時，銀行和他們的顧客最後都慘遭斷腿厄運。

結果，如今銀行終於變聰明，決定進行實證研究，檢視人們如何才可能著手計算出最理想的貸款金額。銀行家假設，他們的資料透露出和我的小型研究相同的結果（人們會借貸最高金額），然後可能會發現，最符合他們利益的做法，是協助貸款者做出更好的決定。他們要如何才能夠做到這點？

顯然，協助貸款者想出實際的貸款金額，不是件簡單的事，但我知道，我們可以做得比貸款計算器還好（事實上，我覺得我們不會做得更差）。所以比方說，銀行接受挑戰，實際發展出更好的貸款計算器，這種計算器不僅能告訴人們理論上可以借貸的金額上限，也能協助人們算出適當的貸款金額。如果人們能夠使用這種人性化的貸款計算器，我不知道他們是否能夠做出更好的決定、承受較低的風險，並且使最後失去房子的可能性降低。誰知道呢？如果這種計算器在過去十年間就已經存在，也許就可以避免大部分的貸款問題。

儘管我相信，貸款者想要做出適當的決定（並且避免做出可能造成災難性結果的錯誤決定），但我必須承認，即使某些銀行創造出更好的貸款計算器，在房市泡沫陷入瘋狂的時候，積極的銀行家和房地產仲介，仍可能促使人們借貸愈來愈多。

這是監管人員可以介入的地方，畢竟，在協助我們對抗自己最糟的習性上，監管是非常實用的工具。1970年代，監管人員對抵押貸款設下嚴格的限制，他們規定可以用來支付

貸款的收入比例、需要的頭期款金額,以及貸款者必須出示以記錄其收入的證明。隨著時間過去,這些限制放寬到可能引起危險的地步。最後,銀行提供惡名昭彰的NINJA(「不需要收入、工作或資產」)抵押貸款,給一開始就絕不應該借貸的人們,因而帶來次級房貸風暴。

在完全理性的世界,將所有市場(包括抵押貸款市場)裡的一切限制和監管人員排除,是言之成理的。但因為我們不是生活在完全理性的世界,而且人類並非總是會自然做出適當的決定,所以,將我們對自己和他人造成傷害的能力設限,也言之成理。這是監管人員的實際角色——他們提供我們安全邊界。他們限制我們喝酒和開車的能力;他們強迫小孩上學;他們要求製藥公司實際測試他們管理的藥物;他們限制企業污染環境的能力,諸如此類不勝枚舉。當然,人生中有許多領域,是我們可以理性運作、不需要監管的,或者至少在按自己的意願做事時,不會造成太多傷害。但是,當我們的執行力不夠令人滿意,或是缺乏執行力,當我們的失敗可能傷及自己和其他人(想想開車的例子),這時候,管理法規就是非常便於應用的邊界。

二、是什麼因素造成銀行家忽略經濟?

2008年的金融危機讓許多人覺得,相關的投資銀行家根本是邪惡之人,經濟危機的起因是他們的欺詐和貪婪。當然,像世紀大騙子伯納德·馬多夫(Bernard Madoff)這類人企圖欺騙投資人,以圖利自己,但是我個人認為,在這次

金融風暴中，設局詐欺是例外，而非常規。

我絕不是指銀行家是無辜的旁觀者，但我確實認為，他們的行動故事，比單純指控他們是壞蛋還要複雜得多。在安隆事件和其他市場挫敗的餘波中，大家務必要了解的是，什麼因素造成銀行家做出這樣的行為，因為這是確保我們不會重蹈覆轍的唯一方法。為達此目的，我們來對我們所知道的利益衝突——現代職場中非常普遍的弱點——進行評判。

「理性犯罪理論」（theory of rational crime）在芝加哥誕生，或許一點也不奇怪，該市以可疑的政客、組織犯罪，以及理性經濟學家著名。在那裡，曾獲諾貝爾獎的經濟學家蓋瑞‧貝克（Gary Becker）率先指出，犯罪者會套用理性的機會和成本分析。如同提姆‧哈福特（Tim Harford）在其著作《生命的邏輯》（*The Logic of Life*）中所說的，貝克構想的誕生相當平凡。貝克開會要遲到了，合法的停車位又少，所以他決定違規停車，冒著被開罰單的風險。貝克思索他自己在這個情況中的思考過程和行為，並且了解，在規劃這場犯罪時，沒有道德存在的餘地。這完全是預期成本和收益的事情。他想想自己被逮到的機率和遭到罰款的成本，再想想尋找合法車位、甚至更晚抵達會場的艱難情況，並將兩者做了權衡，最後決定冒著被開罰單的風險，進行唯一適合經濟學家的犯罪活動——完全理性的犯罪活動。

根據理性犯罪理論，我們全都會像貝克一樣行事，這表示，一般人就像一般搶劫犯一樣，只會在符合自己利益的世界上一路前進。我們是藉由搶劫或是藉由寫書來做到這點，並不重要；重要的是，有多少錢處於風險中、被逮到的可能

性，以及預期懲罰的大小，這全都是關於權衡我們的成本和收益。

這項通常針對決定，以及特別針對犯罪的理性成本——收益策略，可能極為精確地說明了貝克本身，但是如同我們在第11和12章所看到的，簡單的成本——收益計算，似乎沒有掌握到促使大多數人欺騙或誠實行事的實際驅力。相反地，從我們的實驗結果來看，欺騙的起因，是我們試圖要平衡兩個不相容的目標。一方面，我們想要看著鏡子，對自己感覺良好（因此，「我甚至沒辦法看著鏡中的自己」這句話，是一個人本身罪惡的指標）。另一方面，我們是自私的，而且我們想要從欺騙來獲利。表面上，這兩個動機似乎相互矛盾，但是我們彈性的心理，讓我們在「稍微」欺騙時，能夠同時根據兩者行事，也就是從欺騙中獲利，同時設法不要對自己有不好的感覺。我將這一點視為個人「附加因素」，或是模糊的良心。

要檢視第11和12章裡說明的實驗，其中一個方法，是把它們想成一項檢查，看看人們在努力解決相互衝突的利益時，會發生什麼事。當我們安排情境，讓參加者既想要行為誠實又想要獲得利益，因而左右為難時，他們通常會臣服於誘惑，只不過幅度不大。從那個角度來看，假設有位醫生參與某製藥公司的研究，並從該公司的新處方藥（比方說是糖尿病處方藥）得到分紅。在治療一位糖尿病患者時，該醫生可以選擇他知道會有良好效果的標準藥物，但是他也可以開出他擁有經濟利益的新藥處方。他覺得，對病患而言，使用標準藥物可能會稍微好些，但是新藥有利於他執業。如果

診斷非常明確清楚，醫生很有可能會建議病患使用最好的藥物，但如果其中有一些不確定之處，就像大部分醫療決策裡的情況一樣，醫生很有可能建議病患使用他本身協助開發的藥物，讓他既對自己的診斷感到滿意，又能夠從中獲利。

當然，這種利益衝突，並不僅限於醫界；它們會出現在生活裡的每一個層面。以體育運動為例，如果你是某支球隊的球迷，裁判對你喜歡的球隊做出難分勝負的判決，你很可能會認為，那個裁判是瞎眼、白痴或是惡魔。設法從自利的角度看待事實，並不是只有「壞人」才有的專屬道德缺陷。它是普遍的人性弱點，是人類本性的一部分。如同我們在第9章談論到的，我們期望某樣事物，就可能會用我們想要看到的顏色來重新粉飾事實，我們用眼睛過濾資訊，以配合自己的期望和模式，而且我們很善於說服自己：我們想要看到的情況，就是我們實際看到的情況。

再看金融危機

透過利益衝突的觀點來檢視2008年的金融危機，它的某些層面就變得更清楚。在我看來，除了少數例外，銀行家都想要精確地估計和不同金融商品相關的風險，並且為自己和客戶進行良好的投資。另一方面，他們將抵押擔保證券等金融商品視為絕佳的創新，也有極大的財務誘因。你從他們的立場想想：如果你只要讓你全部的客戶購買抵押擔保證券，就可以賺到1,000萬美元，你難道不會趕快說服自己，這種投資真的很棒嗎？此外，如果你必須相信理性市場理論，以說服自己情況就是如此，你難道不會成為真正相信理

性市場的人嗎？就像體育運動迷一樣，銀行家的利益衝突，讓銀行家有理由認為市場該做出對他們有利的判斷，而且因為他們有能力依照自己的預期來觀察世界，他們會設法將抵押擔保證券視為有史以來最棒的人類發明。

除了基本的利益衝突之外，銀行家還有一個對他們發揮作用的力量──「模糊」的力量。如同我在第12章所說明的，當參與我們研究的受試者有機會欺騙，以換取幾秒後就可以換成現金的代幣時，他們將欺騙的題數增為兩倍。就像實驗中的代幣能夠讓受試者扭曲事實，我覺得，抵押擔保證券、衍生商品和其他複雜的金融商品，讓銀行家能夠看到他們想要看到的，而且變得更不誠實。說到這些複雜的金融工具，利益衝突造成華爾街的巨人想要將它們視為現代世界最新、最大的創新。拜這些金融工具固有的模糊性之賜，銀行家更容易用自己放心的方式改造事實。

所以他們在那裡，而我們在這裡。在一個由人之常情的成功期望所推動的市場，我們模糊事實、並將它改造成符合自己的願景，這種驚人的能力，讓我們陷入麻煩。股市也利用許多模糊的意符（signifier）來換取金錢。例如，銀行家通常用「碼」（yard）一詞來表示10億，用「棍」（stick）來表示100萬，用「點」（points）來表示百分之一的百分之一──這些是巨大規模的標誌。所有這些因素，讓銀行家在扭曲事實上的天生本領壯盛起來，並且邁向新的欺騙層次。

如何消除利益衝突？

當然，有個最終的問題：就解決方案來說，這一切把我

們帶到哪裡？如果你相信人有善有惡，你需要做的，就只是想出如何判斷誰是好人，誰是壞人，而且只雇用好人。但正如我們的實驗結果所顯示的，如果你相信大部分面臨利益衝突的人們可以騙人，那麼唯一的解決之道，就是去除利益衝突。

就像我們絕不會夢想要設立法官對於自己審理的和解案可以收取5％費用的制度，我也相信，我們不會希望醫生銷售他們協助研發的藥物，或是希望銀行家為了自己的獎勵方案而有所偏誤。除非我們建立毫無利益衝突的金融體系，否則2008年金融崩潰的悲劇及其可怕的後遺症將會重演。

我們要如何消除市場中的利益衝突？我們可以期望政府會開始更有效管制市場，但是鑑於建立和執行這類管制的複雜度和成本，我個人要等到這項解決方案開始運作，才會屏息以待。我的希望是，有某家銀行會決定加速迎接這項挑戰，領先開路，做法是宣布採用不同的薪資結構、對銀行家實施不同的獎勵方案、透明化，以及對利益衝突採取嚴格規定。我也認為，這類行動最後將對銀行產生效益。

我在等待誠實的銀行和更好的法規出現，同時也計畫採取積極的步驟，也就是更仔細檢視我和眾多角色的關係，包括醫生、律師、銀行家、會計師、理財顧問，以及尋求專家級建議的其他專業人士。我可以詢問開藥給我的醫生，他們在製藥公司裡是否有任何財務利益；詢問理財顧問，他們是否收取自己推薦特定基金的經營者提供的酬勞；詢問壽險業務員，他們努力要爭取什麼樣的佣金——並且尋求和沒有利益衝突的保險業者建立關係（或至少取得其他人的客觀意

見）。

　　我了解這樣做會很勞神傷財，但我懷疑，根據擁有強烈利益衝突的某位專家所提供的偏誤意見來行事，長久下來，最後可能會讓我花更多錢。

三、為什麼我們不未雨綢繆？

　　社會科學家稱為「規劃謬誤」（planning fallacy）的普遍現象，與我們的一個習性有關，這個習性，就是常常低估完成一項工作需要花多久時間（它解釋了為何道路施工似乎總是沒完沒了，新的建築物總是沒辦法準時開幕）。要證明規劃謬誤，有一個非常簡單的方式，就是詢問一些大學生，在最佳狀況下，他們完成優等論文（honors thesis）之類的大型作業，會花多久時間。

　　「3個月」是標準回答。

　　接著詢問他們，在最糟的狀況下會花多久時間。

　　「6個月」是他們慣常的回答。

　　接著詢問另一組人，依照平常的研究、工作和活動時程表，他們認為，在一般狀況下，完成優等論文實際上要花多久時間。

　　「3個月。」他們通常這樣回答。

　　考慮到前兩項回答，你可能會預期，他們將會預測，完成優等論文需要花將近6個月，或者4.5個月，但是他們並沒有這樣預測。他們的回答總是太樂觀，不論這實際上有多不真實。如果你認為，這種誤判只會發生在大學生身上，那

就請回想一下，你有多少次向你的另一半承諾，你會在晚上6點前下班回家。你完全願意履行承諾，但每次總有事情出差錯，使你延遲下班。你接到客戶打來的電話；收到老闆的電子郵件，需要立即回覆；一位同事路過你的辦公室，對某件事力陳己見；或者，你想要列印某樣文件，但是印表機卡住了。現在，如果你每次想列印，印表機就卡住5分鐘，你很快就會把這一點納入考慮，並且計畫好在需要離開辦公室之前印好文件。但由於不同的事情總在不同的時間點出錯，而且不可能預期什麼時候會出現哪種特定的延遲，因而我們在自己的腦海中播放下班的情節時（傳送最後一封電子郵件、列印明天開會要用的筆記、收拾好自己的袋子、找到鑰匙，離開辦公室下班），全然沒有考慮到這些可能出現的中斷情況和意外事故。

結果證明，在我們思索預算的方式上，規劃謬誤也扮演重要角色。當我們廣泛思考自己負擔得起和負擔不起的東西，以及應該和不應該買的東西，我們會考慮到每個月的帳單和支出，並且據此大致做出決定。但如果事情出了差錯，有意外的事情發生，比方說，需要替房子換新屋頂，或是車子需要一組新輪胎時，我們銀行裡就是沒有足夠的存款可以支付這些費用。因為不同的壞事在不同的時間點發生，我們沒有將其中許多事納入考量。

遺憾的是，故事並非到這裡就結束了，因為規劃謬誤和它的沉默夥伴金融產業，合力對我們的生活造成更嚴重的破壞。結果證明，金融產業了解，我們在某種程度上忽視這些負面活動，而這正是金融產業對待我們不公之處。當我們出

了某種問題,無法準時繳費或是支票跳票時,總是會有強烈的負面後果。為說明這一點,容我告訴各位一個故事,這個故事內容是關於我當了一天窮人的經歷,以及我從過程中學到什麼。

2006年冬天,我出國一個月,在這段期間,我的汽車保險過期。我回國後發現這一點,就打電話給我的保險經紀人,要求續保。「不,不,不,」她非常激烈地說,「如果你的保險已經過期,你就不能透過電話續保。你必須親自到我們辦公室,取得新保單。」

當時我住在新澤西州的普林斯頓,而我的保險公司位在大約250英里外的波士頓。我試著跟經紀人理論,甚至也打電話給其他幾家保險公司,但他們全都提出相同的要求。由於我讓自己的保險過期,我現在被歸類為保險業界眼中的壞人,一位經紀人必須和我面對面談過,才能夠核准保單。因此,我搭了7小時的火車到波士頓,下午早早就來到保險公司的辦公室,準備交出支票,續保保單,然後搭火車回到普林斯頓。你會覺得,剩下的事情就簡單了,但當然不是這樣,事實並非如此。

我到了保險公司那裡,得知的第一件事情是,我的保費會大幅提高。保險經紀人希拉通知我,我讓自己的保險失效,就失去了過去累積的所有優良駕駛折扣。現在,我是個次級貸款人,我得到適用於青少年的費率。此外,保險公司不接受我的支票,因為在他們眼中,我顯露了自己不負責任的真面目。

「信用卡可以嗎?」我用盡可能平和的口氣詢問。

「當然不行，」希拉冷冷地說，她的雙手隱藏在她的辦公桌下。我猜想，她隨時都可能會按下按鈕，叫警察來。「我們只接受你的現金。」

基於某種原因，我身上帶了幾百美元現鈔，而且隔壁就有一間銀行。我用兩張提款卡把我能領的現金全領出來，所以能夠取得另外800美元，來支付比半年的保費多一點的總金額。

「確定這樣就成了嗎？」我在希拉面前放下錢說。「我現在用現金付你前六個月的保費，明天會寄餘款給你。」

希拉停頓了一下，就好像我很難理解一樣地看著我（我猜我是很難理解）。「你必須用現金付清整年的保費，」她逐字逐句非常緩慢地說。「這樣我們才能讓你續保。」接著她的臉突然亮了起來。「幸運的是，」她用比較愉快的語調補充說，「我們有一個專門針對這種問題設計的方案，有一家只對這類情況提供短期貸款的放款公司，申請程序非常快速簡單，10分鐘內你就可以辦妥手續，離開這裡。」

我還能做些什麼？我請她替我報名申請這項特殊貸款，貸款條件包括貸款本身20.5％的利率，再加上單單針對登記報名的優惠待遇所收取的100美元費用。這顯然很惱人，但如果我那天要重新得到保險，就別無選擇。（當然，幾天後，我付清了這項可怕的貸款。）

在回到普林斯頓的火車上，我作了結論：這是令人發狂但是非常富有啟發性的經驗。我學到，你一旦犯下一項財務錯誤，被各種罰款、官僚難題，以及其他財務障礙擊中的機率就會非常高。我很幸運沒有受太多罪：沒錯，我失去

了一天的工作時間，而且被迫支付火車票錢、啟動貸款的費用、昂貴的貸款本身，以及提高的保費（而且要預先以現金支付），但是我很納悶，負擔不起停工一天的人，以及瀕臨財務困境的人，會發生什麼事？他們要怎麼拿出錢來支付這一切費用和更高的保費？如果我因為債務而耗盡積蓄，而且沒有緩衝，這起事件很可能會把我推到財務絕境，使我的人生更為昂貴、緊張和困難。我將必須取得一個極為昂貴的貸款來支付我的汽車保險，借更多錢來支付那筆貸款，並且開始積欠信用卡債，開始為那項特殊待遇支付高額的費用和利率。

後來我得知，保險和銀行業的許多部分都是用這種方式來運作，以便佔那些已經面臨財務風險者的便宜。例如，想想銀行慷慨提供我們免費支票帳戶（free checking）的「優惠」，你可能會以為，銀行提供免費支票帳戶，一定會虧本，因為他們要花一些錢來管理帳戶。事實上，他們從人們犯下的錯誤賺取大把鈔票：對空頭支票、透支，以及超出支票帳戶餘額的簽帳卡費用，收取極高的罰金。實質上，銀行利用這些罰金，來補貼支票帳戶裡有足夠現金、不可能開空頭支票或是用簽帳卡透支者的「免費支票帳戶」。換言之，那些靠薪水度日的月光族，到頭來要為其他所有人補貼整個體系：窮人替富人付錢，而銀行在過程中大賺數十億美元。

銀行的高利貸（我認為是墮落邪惡）並沒有就此打住。想像一下，現在是月底，你的支票帳戶裡有20美元，你的2,000美元薪水今天會自動存進你的銀行。你沿著街道走，替你自己買了一支甜筒。之後，你又用27.99美元替自己買

了一本《誰說人是理性的！》原文書。一小時後，你替自己
買了一杯2.5美元的拿鐵咖啡，你用簽帳卡支付一切費用，
你今天感覺很好，畢竟今天是發薪日。

　　那天晚上，也就是午夜過後的某個時候，銀行結算你當
天的帳，他們沒有先把你的薪水存進去，然後針對這三筆消
費進行收費，而是反過來做，使你被收取透支手續費。你會
認為這種懲罰已經夠了，但是銀行甚至更窮凶惡極，他們用
一種演算法，先針對最昂貴的項目（書本）向你收費。碰！
你的花費超過你戶頭裡的現金，被收取35美元的透支手續
費。接著計算甜筒和拿鐵，每一項都附帶它自己的35美元
透支手續費。一瞬間後，你的薪水存進來，你又恢復盈餘，
但是卻平白少了105美元。

「蝴蝶效應」的威力

　　我們全都深受規劃謬誤症候群之苦，銀行和保險機構了
解這一點，於是設立了在這些非預期（對我們而言是非預
期）的壞事一發生時就開始生效的龐大罰金。此外，由於我
們在申請使用這些理財或保險服務時，當然沒有計畫要遲交
保險費、跳票、不付刷卡費用，或是超支簽帳卡額度，我們
通常連看都沒有看罰則，總認為它們不會發生在我們身上。
但是當「事情發生」時，銀行埋伏以待，結果我們付出高昂
的代價。

　　考慮到這種做法，許多申請次級貸款的人（依照定義，
就是那些財務狀況不好的人）拖欠信用卡債款、把抵押貸款
丟開不管，甚至宣布破產，會讓人感到詫異嗎？

　　當然，有一些有錢人會覺得這一切事不關己，但是我們從2008年經濟危機學到的主要教訓之一，就是我們的財務、財富全都連結在一起，而且連結程度比任何人所理解的還要緊密。一開始是信用較差者的次級房貸問題，到頭來卻掏空整個經濟中的財富，並且讓每一種經濟活動（從汽車貸款到零售支出）都幾乎停擺。連擁有可觀退休投資組合的人們，都受到重大衝擊。最後，經濟是複雜的動態系統，有點像混沌理論（chaos theory）中的「蝴蝶效應」（butterfly effect），也就是說，在系統中，發生在一小群個人（例如次級房貸貸款者）身上的事件，在將來的某個時候，可能對其他每個人產生龐大而驚人的影響。

　　身為個人，我們能夠採取什麼行動，來克服財務規劃謬誤所構成的挑戰？當然，首先每個人都需要未雨綢繆[3]，並且了解雨天比我們所預期的更普遍。對已經陷入財務困難的人們而言，這一點顯然不容易達成，而我也不會天真到以為，我們可以完全排除財務規劃謬誤的問題。但是我們可以讓自己防範財務道路上的顛簸，做法是存一些錢，讓自己有緩衝，而且這麼一來，我們就能夠削弱規劃謬誤問題，讓它減輕嚴重程度。

　　最後，我想，坑騙最缺乏資源者的懲罰性金融理財做法，包括高利率信用卡、汽車所有權抵押貸款、發薪日貸

---

[3] 如需實用的觀點，請參閱鄧利維（M. P. Dunleavy）的〈養成節儉的習慣〉（"Making Frugality a Habit"），《紐約時報》（New York Times，2009年1月9日）。

款[4]等等，必須受到管制。如果我們把支票帳戶、信用卡和保險等金融理財服務的成本，分攤到所有的客戶身上，而不是強迫資源和選擇較少的人背負大部分的重擔，對整體經濟會比較適當、公平和理想。不管怎麼說，我們都必須了解，如果我們在財務上壓榨已經沒有多少財力的人們，所有的人都會受害。

四、政府忽略了信任是一項重要的經濟資產？

2008年9月，當時的財政部長亨利·鮑爾森（Henry Paulson）告訴美國國會議員和大眾，除非他們立即花一大筆錢（7,000億美元）購買銀行的有毒證券（toxic securities），否則毀滅破壞就會發生。當這項紓困案出爐時，情況看來就像是美國大眾真的想要勒死那些把我們的投資組合沖進馬桶裡的銀行家。〔紓困方案的最終名稱是「問題資產紓困計畫」（The Troubled Asset Relief Program），但這並不能改變民眾的情緒。〕

我有位快要氣炸的朋友大力鼓吹「1660年風格的舊式股市」構想。「國會不應該拿我們的稅金去救那些騙子，」他怒吼，「而應該把他們關進木枷台，讓他們的手腳和頭伸出來。我敢斷定，美國每個人都會因為能對他們丟爛番茄，而

---

[4] 從1990年以後，美國提供「發薪日」貸款的機構家數，成長率已經超越了星巴克展店的速度。

樂得給一大筆錢！」

我朋友不是唯一有此想法的人。下列摘錄，是取材自某位匿名國會議員在政治進步網站OpenLeft.com[5]上張貼的一封信，文中貼切地說明大眾積壓的憤怒情緒：

> 我也發現自己對（紓困法案）條款很感興趣，這些
> 條款除了侮辱業界以外，並沒有提供實用的目的，
> 侮辱方式包括：針對把抵押貸款相關證券賣給財政
> 部的任何實體，要求他們的執行長、財務長和董事
> 長必須證明，他們已完成經過認可的信用諮詢過
> 程。現在申請破產的消費者，都需要做到這點，以
> 確定他們對於債台高築有適度感到羞慚，即使大部
> 分人財務失控，是因為家人生了重病。那是瑣碎而
> 幼稚的做法，完全符合我的行事風格。我接受其他
> 構想，同時也尋求想要抓住那些渾蛋，好讓我能痛
> 毆他們的志工。

國會議員非但沒有認真看待這種憤怒，仔細思考要如何重建大眾對銀行體系和政府的信任，反而在傷口上灑鹽，進一步促使公眾的信任逐漸削弱。他們對提議的紓困方案增加幾項不相關的減稅措施，然後強行通過。幾個月後，鮑爾森透露，在把7,000億美元的大約一半支付給銀行後，這筆錢沒有一毛花在買回有毒證券上，財政部日後也不打算購買任

---

[5] http://www.openleft.com/showDiary.do?diaryID=8374, Openleft.com (posted September 21, 2008).

何這種證券，他沒有提出理由或是解釋，甚至連道歉都沒有。2008年底，分紅的時間到了，銀行的做法，為進一步削弱公眾信任，貢獻一份力量：他們撥給自己數百萬美元獎金，無疑是自認為工作表現良好而犒賞自己。

為了更廣泛闡明「信任」在社會中扮演的角色，容我詳細說明我們稱為「信任遊戲」（Trust Game）的實驗。你是兩位參加者之一，和你配對的，是將成為你對應角色的匿名參加者，遊戲透過網路進行，所以你們絕不會知道彼此的身分。

遊戲一開始，你們兩人會各別收到10美元，你是一號參加者，先發權在你身上：你必須決定要留下錢，還是要把錢寄給你的對應者。如果你留下錢，你們兩人可以保有10美元，稍有斬獲地回家。不過，如果你決定把你的10美元寄給第二個參加者，實驗人員會把你寄的金額增為4倍，這樣另一位參加者現在就會有原先的10美元外加40美元（他從你那裡得到的10美元乘上4倍）。現在輪到他做決定。他可以選擇把所有的錢全留給自己，也就是說，他會帶著50美元回家，而你會一無所獲地離開；或者，他也可以把一半的錢寄給你，這表示，你們會各自帶著25美元回家。

這個基本的遊戲產生兩個問題：如果你是二號參加者，你的夥伴把他的10美元寄給你（讓你得到額外的40美元），你會帶著50美元回家，還是會和夥伴平均分享？此外，如果你是一號參加者呢？在這個情況下，你應該自問，你期待二號參加者做什麼事，以及他是否值得你信任。你會願意捨棄你的10美元，冒著「夥伴接下來可能不會和你分

享錢財」的風險嗎？根據理性經濟理論，這些問題的答案非常簡單：二號參加者絕不會寄回25美元，因為這樣做並不符合他在財務上的自我利益，而且如果一號參加者知道這一點，一開始就絕不會寄出原有的10美元。

所以簡單、自私、理性的預測開始作用。但是稍微思考這一點：如果你是二號參加者，一號參加者寄給你10美元（金額變成40美元），你會帶著50美元回家，還是會把25美元寄回去？你會寄出你的10美元嗎？我不確定你會怎麼做，但結果證明，比起標準經濟理論讓我們相信的情況，人們通常會更容易信賴別人和回報別人。許多版本的信任遊戲研究已經顯示，有相當多人把10美元寄給自己的夥伴，大部分人則是以寄回25美元做為回報。

用「信任遊戲」來證明「信任」在人類行為中扮演的關鍵角色，是非常實用的，但故事還沒有結束。由具有創造力和啟發性的經濟學家恩斯特‧費爾（Ernst Fehr）領導的一群瑞士研究人員，利用這個遊戲的延伸，不僅檢視「信任」的程度，也檢視「報復」的程度[6]。在瑞士版本的遊戲中，如果二號參加者決定不和你分享50美元，你會有機會加做一次決定。實驗人員告訴你，另一位參加者決定留下50美元，之後他會說：「聽著，我很遺憾你失去10美元，這樣吧，如果你想的話，你可以用你自己的一點錢來進行報復，你掏1美元給我，我就會從另一個人身上拿走2美元；如果

6　Dominique de Quervain, Urs Fischbacher, Valerie Treyer, Melanie Schellhammer, Ulrich Schnyder, Alfred Buck, and Ernst Fehr, "The Neural Basis of Altruistic Punishment," *Science* (2004).

你給我3美元，我會從他那裡拿走6美元；如果你給我7美元，我會從他那裡拿走14美元，以此類推。你覺得如何？」

再次設身處地為一號參加者想想。如果二號參加者背叛了你的信任，你會犧牲自己的錢，讓他吃到苦頭嗎？

實驗結果顯示，大多數有機會對貪婪的夥伴進行報復的人會這樣做，而且他們會嚴厲懲罰對方。但這項發現不是研究中最有趣的部分。當參加者想到進行報復的可能性時，用正子放射斷層攝影（PET）機器掃瞄他們的腦部，腦中牽涉到規劃和進行報復的是哪個部分？是紋狀體（striatum），亦即與我們體驗獎勵的方式相關連的部分。這表示，在某種程度上，決定懲罰不值得信任的夥伴，與愉快及獎勵的感覺有關。更重要的是，結果證明，紋狀體活化程度高的人們，懲罰他人的程度更高。這一切顯示，即使得因此付出某種代價，報復的欲望具有生物學的基礎，而且報復是令人愉快或是近似愉快的某種事情。

這項對信任和報復快感的分析，也提供了一個有用的觀點，讓人透過這個觀點，更普遍地檢視不理性和行為經濟。乍看之下，報復似乎是不可取的人類動機：人類究竟為何逐漸演變成喜歡對彼此報復？以這種方式思考：想像你和我兩千年前生活在一座古老的沙漠中，我有一顆你想要的芒果，你可能會對自己說，「丹，艾瑞利是十分理性的人，他花了20分鐘才找到這顆芒果，如果我把它偷偷藏起來，使得丹找到的時間，比去找一顆新芒果還費時，他會進行正確的成本效益分析，然後動身去找新的芒果。」但假使你知道我並不理性，而且是陰沉、心存報復型的人，會對你窮追不

捨，不僅要討回我的芒果，也要拿走你所有的香蕉呢？你還會逕行偷走我的芒果嗎？我猜你不會這樣做。在某種異乎尋常的程度上，報復會是一項執行機制，支撐著社會合作和秩序。

這就是為什麼一開始可能看來毫無意義、而且不屬於「理性」基本定義的人類習性，事實上卻能夠變成一項實用的機制——這項機制不一定總是對我們有利，但卻擁有一些有益的邏輯和功能。

信任是經濟之必要

既然我們已稍微進一步了解信任、違反信任、報復和芒果等事情，我們如何開始因應目前股市的不信任現象？信任遊戲和次級房貸危機之間的相似性非常清楚：我們把自己的退休金、存款、抵押貸款託付給銀行家，但該是他們行動的時候，他們卻帶著全部的50美元一走了之（你很可能想要在那個數字後面加上幾個零）。結果，我們覺得遭到背叛和憤怒，我們想要機構和銀行家付出沉重代價。

除了復仇的感覺之外，這類分析協助我了解，信任是經濟的必要部分，一旦信任遭到侵蝕，就很難回復。央行可以採取英雄措施，挹注資金，提供短期貸款給銀行，買回抵押擔保證券，並且使用本書提到的任何其他技巧。但是除非他們重建大眾的信任，否則這些所費不貲的措施不可能產生預期的效果。

我懷疑，政府的行動不僅忽略了信任的問題，也無意間促成信任的進一步侵蝕。例如，紓困法案最後獲得通過，

不是因為它變得更吸引人，而是因為它增添了一些不相關的減稅項目。此外，當鮑爾森說，購買有毒資產需要動用7,000億美元，他會適當管理這項職責時，他要求我們信任他。但我們後來得知，他沒有堅持完成前者，這項挫敗使得後者似乎不大可能發生。當然，我們也別忘了銀行家本身的行為，從昂貴的辦公室裝潢等小問題〔美林證券（Merrill Lynch）執行長約翰·塞恩（John Thain）花了超過100萬美元裝潢自己的辦公室〕，到較為實質的問題，例如雷曼兄弟公司（Lehman Brothers）、房利美、房地美、AIG、美聯銀行（Wachovia）、美林、華盛頓互惠銀行、貝爾斯登的執行長，為執行長的薪酬設立新紀錄。

　　想像一下，如果銀行和政府一開始就了解信任的重要性，事情看來會有何不同。如果情況如此，他們會更加努力，更清楚說明問題出在哪裡，以及會如何將紓困金用來清理殘局。他們不會忽略大眾的觀感；他們會將紓困金用於指導，會在紓困法案本身納入一些建立信任的要素（例如，他們可以保證，每一家用納稅人的錢紓困的銀行，必須致力於透明性、限制高階主管的薪資，並且排除利益衝突）。

　　不過，還有一線希望在。雖然國會議員顯然還不了解信任的重要性，但是我仍然抱著希望，相信有些銀行會決定脫離群體，改過向善——避免利益衝突、塑造完全透明化的作風，藉此建立信任。他們可能會這麼做，因為這是符合道德的事情，或者更可能的是，因為他們會了解，解決流動性問題的最佳方法，就是製造信任。他們要用這種方式來看世界，一定要花一些時間，但是到某個時候，他們會了解，除

非他們建立一個新架構，慢慢重新獲得我們的信任，否則沒有人能夠脫離這個經濟困境。

五、不了解金融市場發生什麼事，會造成什麼心理後果？

2008年底，消費者信心降至1967年（研究團體開始衡量這項指數的年分）以來的新低，顯示經濟也陷入1967年以來最糟的情況，並且仰賴本身進一步搞垮經濟。雖然經濟狀況確實令人沮喪，但是我懷疑，還有其他因素（與根本的經濟情況無關的因素）造成我們黯淡的前景。

如前所述，鮑爾森的行為傳達出一個清楚的訊息：沒有人真的了解金融市場發生了什麼事，而且我們對自己所製造的怪物沒有實際掌控權。我們可能會問的一個問題是，如果鮑爾森一開始能夠解釋一些事項，接踵而至的普遍景氣低迷是否可能緩和。這些事項包括：什麼事情出了差錯、他提議的措施將會達成什麼目標、為何改變了收購有毒證券的決定，以及他對其餘紓困金的計畫是什麼。

結果證明，即使是部分答案也可能產生影響。在事情看似行不通的狀況下，所有的動物（包括人類）都會有否定的回應，當世界無緣無故地給我們無法預期的懲罰，以及當我們對發生的事情沒有得到任何解釋時，我們會變得很容易出現心理學家所謂的「習得無助感」（learned helplessness）。

1967年，兩位心理學家馬丁·塞利格曼（Martin Seligman）和史提夫·梅爾（Steve Maier）利用一個可預期

環境、一個不可預期環境，以及兩隻狗（一隻控制狗和一隻實驗狗）進行一組著名的實驗[7]。（警告：下列說明可能會令愛護動物人士感到難過。）在控制狗的房間裡，鈴聲偶爾會響起，在每次鈴聲後，這隻狗馬上就會受到輕微的電擊──強度只到困擾和驚嚇牠。幸運的是，這隻狗也能使用開關來關掉電擊，牠很快就發現這個開關並且知道要使用它。

在隔壁，實驗狗〔科學家稱之為「共軛」（yoked）對照狗〕受到相同的電擊，但是牠沒有預先聽到任何鈴聲，也沒有可以讓牠關閉電擊的開關。從牠們實體事實的觀點來看，兩隻狗都受到相同的電擊，但是牠們的情況差異點，在於牠們預測和控制電擊的能力。

一旦兩隻狗適應自己的環境（盡其所能），研究人員開始進行第二項測試。這次，兩隻狗都放在「穿梭箱」，也就是由一個低矮柵欄分成兩個隔間的大箱子，偶爾會有警告燈亮起，幾秒鐘後，穿梭箱的地面會發出輕微的電擊，在那個時候，如果狗從一個隔間跳到另一個隔間，牠就能逃避電擊。更好的是，當警告燈首次出現時，如果狗跳過柵欄，到另一個隔間，牠就能完全避免電擊。如同你可能預期到的，一等警告燈亮起，控制狗很快就知道要跳過柵欄。牠有些焦慮是可以理解的，但是牠似乎相當快樂。

那麼實驗的「共軛」狗怎麼樣？你可能預期，牠會有相同的動機，而且同樣能夠避開穿梭箱裡的電擊。但是結果既

---

[7] Martin Seligman and Steve Maier, "Failure to Escape Traumatic Shock," *Journal of Experimental Psychology* (1967).

有趣又相當令人沮喪：共軛狗只是躺在籠子的角落裡嗚咽。牠在實驗的第一個階段中學到，電擊的發生是不可預期且不可避免的，所以就帶著這種心態進入穿梭箱。在實驗的第一個部分，經驗教導這隻狗：牠不了解因和果之間的關係。結果，這隻可憐的狗後來在牠的普遍生活態度上變得無助，顯現出和經歷長期臨床憂鬱症的人們類似的症狀，包括潰瘍和免疫系統普遍變弱。

你可能會認為，這項實驗只適用於電擊和狗，但是當我們不了解我們環境中的賞罰原因時，這項原則也適用於許多情況。想像自己所處的經濟環境，就像共軛狗的穿梭箱一樣。有一天，你被告知，最好的投資標的是高科技股，而下一刻，在沒有預警之下——嗶滋（電擊聲），網路股泡沫頓時破滅。接下來，你被告知，最好的投資標的是房市，同樣毫無預警地——嗶滋，你的房屋價值暴跌。接著，突然間——嗶滋，汽油價格創下新高，據推測可能是伊拉克內戰造成的，但是幾個月後，即使戰爭仍然如火如荼進行，油價卻下跌了——嗶滋，而且跌到更低的水準。

接下來，你目睹在此之前受到信任的金融體系，它的支柱，也就是大型金融機構，紛紛倒閉，你的投資因而受創——發出巨大的嗶滋聲。基於某種無法解釋的原因，這些機構中，有些得到紓困——嗶滋——用你賺來然後拿去繳稅的錢——嗶滋，而其他機構卻沒有獲得紓困——嗶滋。然後，三大車廠發現自己瀕臨破產（其實並不令人驚訝），但是他們並沒有獲得像銀行得到的慷慨待遇，即使他們要求的少得多，而且有許多人的工作面臨風險。不管怎麼說，所有這些

極度昂貴的紓困行動，好像是變化多端、不同尋常的修補工作，而且沒有理由或計畫。嘩滋。

這種經濟穿梭箱聽起來很熟悉嗎？所有這些原因不詳而且不穩定的行為，毀損了我們的信念：我們了解自己環境中的因與果，並且將大眾變成經濟版本的共軛狗。由於時常會被太多不同和不能理解的電擊給電到，難怪消費者信心重挫，而且那種低迷氣氛會蔓延擴散。

與此同時，我們個人可以做什麼，以便從自己的「習得無助感」中復原？有個構想來自德州大學奧斯汀分校心理學家詹姆士・潘尼貝克（James Pennebaker）的研究。潘尼貝克的研究結果一再顯示，運用積極和自覺的程序，嘗試理解困難、令人困惑、甚至造成創傷的事件，有助於人們從這些事件中復原。潘尼貝克大半的工作，是請病人用日記寫下自己的反思，結果發現，這對病人的幫助很大。也就是說，即使外在的事件不具意義，我們還是可以嘗試理解自己的世界，並且從中獲益。

潘尼貝克的建議聽起來很合理，但大部分人當然會做相反的事。我們隨時都可以收看電視、廣播和網路上的新聞，這些新聞大多是由鎖定觀眾心理而非觀眾思維的快速新聞短語所組成。記者圈有句格言：「不流血、不上頭條」（If it bleeds, it leads.），表示頭條新聞總是最令人震驚或是聳動的新聞。我覺得，大部分的新聞播報員都是一個模子印出來的，擁有嚴肅的神情和聞風不動的頭髮，他們的播報聽起來也好像全都受過標準訓練，知道如何提出他們每幾分鐘就複述的快速、聳動短語。關於經濟的可怕報導，採用賺人熱淚

的故事形式，內容描述奮力求生、失去工作、無法支付房貸房租或保險的人們。

並非這些報導不重要、不夠悲慘、或是不實用，而是它們不能幫助我們了解，我們周遭發生了什麼事，或者原先是什麼因素造成經濟崩解。此外，當我們忍受每天沒完沒了、令人沮喪和情緒化的新聞摘錄內容時（想想我們即將從一再觀看、閱讀或收聽它們，而學到某些東西），我們有可能會強化自己的沮喪心理。為了對抗這種習性，我們應該遵照潘尼貝克的建議，將接收新聞的方式從消極接受改為積極思索資訊，並嘗試理解它的意思。

也許有一天，記者們、鮑爾森、下一屆聯邦準備銀行主席、歐巴馬，或是其他政府機構的新領導者，會充分重視我們的福祉，向我們解釋發生了什麼事，以及他們做的決策背後的理由，而且要愈快愈好，因為我不確定，我們還能夠接受多少驚嚇。

六、全球市場會增加不理性的行為嗎？

至少過去十年，許多人將「市場全球化」宣傳成一件好事。他們的想法是，從多個半獨立市場轉向單一大型市場，可以增加流動性、鼓勵金融創新，並且容許無摩擦的貿易。結果，如果你還沒注意到，讓我告訴你，現在日本、英國、德國和美國股市之間並沒有太大差別，我們看到它們幾乎一致地起伏，只是程度不同。但是在我們見證加深全球化的效果時，我們應該自問，擁有單一大型市場的好處和成本是什

麼。我懷疑，單一大型市場事實上可能會減少金融創新，對金融健全度造成危險，最後將無法保護我們避免金融崩潰。

為協助我們思考單一大型市場如何變得缺乏效率，想想以下麥可‧克萊頓（Michael Crichton）在《失落的世界》裡所寫的幾個段落[8]。一個名叫麥爾坎（Malcolm）的角色〔在電影裡，由傑夫‧高布倫（Jeff Goldblum）扮演的混沌理論科學家〕對網際空間表達悲觀的看法。網際空間指出，每一個人都互相連結的世界，可以帶來創意、創新和進化。

> 「把全世界串連起來」，這個構想是大規模死亡。每一位生物學家都知道，單獨存在的小團體演進最快。你把1,000隻小鳥置於一座海島上，牠們會非常快速演進；你把10,000隻小鳥置於一個大洲上，牠們會減緩演進。現在，以我們自己的物種而言，演進主要透過人們的行為發生，我們創造新的行為來適應。此外，世上每個人都知道，創新只會在小團體中發生。找3個人負責一個委員會，他們可能會完成某件事；找10個人來，要完成事情就變難了；找30個人來，什麼事也不會發生；找3,000萬人來，就變成不可能的任務。那是大眾媒體的效果──它會避免任何事情發生。大眾媒體換掉多樣性，它讓每一個地方都變得一樣，不論是曼谷、東京或倫敦，某個街角有一家麥當勞速食店，另一個

---

[8]　Michael Crichton, *The Lost World* (New York: Random House, 1995).

街角有一家班尼頓（Benetton）服飾店，而對面有一家Gap服飾店。區域的差異消失了，所有的差異都消失了。在大眾媒體世界，除了十大書籍、唱片、電腦、構想之外，一切事物都變少了。人們擔心雨林失去物種多樣性，但是智慧多樣性、也就是我們最需要的資源呢？那種資源的消失速度，比樹林的消失速度更快。但是我們尚未理解那一點，所以現在我們打算同時安排50億人聚集在網際空間，它將會使整個物種停擺。一切都會突然打住，每個人會在同時想同樣的事情。全球一致⋯⋯

顯然，麥爾坎是擁有極端意見的嚴肅人物，但即使我們認為，在網際空間中連結全世界並不會使一切停擺，但有一點仍然是可以思考的有趣事情：全球金融市場的連結，是否確實會減少思維和金融產品的多樣性，並且因此減少競爭力和效率。

我個人覺得麥爾坎的類推很恰當，我懷疑，在單一全球市場的旗幟下連結許多市場，會減少金融工具和看法的多樣性。此外，一致性的壓力很大，所以在一個全球金融村內生活，可能要讓所有相關人員都接受關於金融世界運作方式的同一套共識（模式）。從這個觀點來看，連理性經濟理論都會預測，彼此間存在更激烈競爭的眾多市場，會比單一市場更有利。有些諷刺的是，理性經濟理論被用來推動一個大型全球市場，它的支持者強調流動性和效率的好處，但是這些人卻忘記了構想、策略和金融工具多樣性的高度重要性（不

管怎麼說，它們都可能成為一股更重要的經濟力量）。

當然，如果結局是一個完美的全球市場，全球化會很美好，但是鑑於人類容易犯錯和不理性的程度，我們創造的任何市場似乎都可能不完美。最後，我比較偏好多重市場，這種市場多少有些獨立，每一個市場可能效率較低，但是比較有區隔、彈性、靈活、有競爭力，而且比較可能隨著時間演進，產生更有效率和強大的金融市場。

七、銀行家的適當薪酬是多少？

最近，高階主管天文數字般的高薪引發公憤。民眾基本上覺得，這件事似乎很不公平：有人失職、沒有妥善管理客戶資金，卻賺這麼多錢。尤其，民眾很難看出，銀行家的才智和能力如何證明他們坐領高薪是合理的。當然，如果高階主管績效拙劣，卻仍領取高額獎金，或者更糟的是，如果獎金來源是承蒙政府紓困方案提供的納稅人稅金，事情更令人反感。

毫不令人意外的是，銀行家展開反擊，聲稱需要有高薪，才能吸引一流頂尖人才擔任壓力大、技能高的關鍵職務。如果薪水被設限，大多數有能力的重要銀行家就會另謀高就。你的基本自由市場論點是：如果他們不能招攬和留住業界最佳人才，這些人才就會轉往別處，留下資歷較差者主掌經濟，到最後，這種情況會讓所有的人都失敗。

比較實用的做法，不是將這個情況視為一邊是自私銀行家，另一邊是義憤填膺納稅人的意識形態辯論，而是詢問自

己，對巨額獎金和工作績效之間的關係實際上了解多少。

為了檢視獎金如何影響績效的問題，烏里·格尼茨（Uri Gneezy）、喬治·柳文斯坦（George Loewenstein）、妮娜·瑪札爾（Nina Mazar）和我進行一些實驗。我們同時給參加者一系列工作，這些工作需要注意力、記憶力、專注和創意。比方說，我們請參加者把一片片金屬拼圖排到塑膠框中、玩一項需要複製一串數字的記憶遊戲、對著目標丟擲網球，以及一些其他類似工作。我們承諾，如果他們把每一項任務都做得非常好，我們就會支付金額不等（低、中或極高）的獎金給他們。大約三分之一的受試者被告知，他們會得到小額獎金（相對於他們的一般薪資），另外三分之一的受試者被承諾會得到中額獎金，最後三分之一的受試者可以得到巨額獎金。

順帶一提，在你還沒有詢問，你可以在哪裡報名參加這項實驗之前，我應該告訴你，這項研究是在生活費用相當低廉的印度進行。我們在那裡進行實驗，可以支付對他們而言是高額，但仍在我們研究預算內的金額。低額獎金是50美分，相當於參加者在印度鄉下一天工作所得；中額獎金是5美元，相當於兩週工資；而巨額獎金是50美元，相當於5個月的工資。

你覺得結果是什麼？我們的參加者會遵循預期的獎勵模式，獲得最少獎金提議的人表現最差，獲得中額獎金提議的人表現較好，而獲得巨額獎金提議的人表現最好嗎？當我們對一群商學系學生提出這個問題時，他們預期，人們的表現會隨著獎勵的金額而改善。在商界，這項假設其實是自然

法，也是促使高階主管博得巨額薪酬的理由。但是我們的實驗結果剛好相反。結果證明，獲得最高獎金提議的小組，在每一項任務的表現，比其他兩組人還差。此外，獲得中額獎金提議的人，表現並沒有比獲得低額獎金提議的人來得好或差。

在麻省理工學院的一項研究中，我們再度獲得同樣的結果。在這項研究中，大學生只要做兩項長達4分鐘的任務，就有機會贏得極高的獎金（600美元），或是較低的獎金（60美元）。這兩項任務，一項需要一些認知技能（加入數字），另一項只需要機械技能（盡可能快速敲打鍵盤）。我們發現，只要任務僅涉及機械技能，獎金就會像一般預期的一樣發揮作用：獎金愈高，表現愈好。但如果任務還得需要基本的認知技能（就像我們可能認定，投資和銀行業需要認知技能），結局便和印度的實驗結果一樣：提議獎金愈高，表現愈差。

我們的結果，讓我們得到一個結論：財務獎勵通常是雙面刃，它們激勵人們工作良好。但如果這些財務獎勵變得太大，可能會適得其反，而且實際上會影響表現。如果我們的測驗模仿真實世界，較高的獎金可能不僅會讓員工付出更多代價，也會阻礙高階主管全力以赴。

有趣的是，金錢不是促使表現更好（或更差）的唯一事物，我們在芝加哥大學進行這項實驗的變異版；這次我們想要檢視另一種激勵因素：公眾形象。我們要求參加者完成填字遊戲，有時是私下在小隔間裡進行，有時是在其他人面前進行。假設他們在公開場合表現良好的動機比較高，我們想

要看看，如果有他人旁觀，是否會影響他們的表現，以及這是否會改善或損及他們的能力。我們發現，雖然受試者在他人面前工作時，不會想要表現得比較好，但是他們的表現變差了。

我們的結論是，社會壓力就像金錢，也是雙面刃；它能激勵人們，但是必須在他人面前執行工作時也會增加壓力，到某個時候，那種壓力會蓋過增加動機的好處。

高薪 ≠ 高績效

當我向一組銀行高階主管提出這些結果時，他們向我保證，他們本身和員工的工作，將不會遵循我們在實驗中發現的模式。（我因而建議，如果有適當的研究預算和他們的參與，我們可以檢驗他們的主張，但是他們不感興趣。）我強烈懷疑，他們太快認定我們的實驗結果不重要。我敢打賭，對大多數銀行家（如果不是全部的人）而言，數百萬美元薪酬組合很容易會造成反效果，因為在爭取高薪時會面臨壓力、擔心得不到，而且會讓他們在工作上分心，把注意力集中在龐大的獎金上。

我不想爭辯說，不論當事人的工作類型或特質，在所有情況中，支付較低的薪酬會比較有成效，但是我確實想要建議，薪酬是複雜的議題，涉及複雜的經濟誘因、壓力，以及我們往往不了解而且不列入考慮的其他人性心理層面，或許，「薪酬愈高就等於績效較好」的單純理論，不如我們所想的來得實際，至少不是一直都很實際。如果薪酬愈高會使得績效更好，我們難道不會期望那些得到數千萬薪酬的人會

有最好的績效嗎？或甚至完美？在2008年金融海嘯中，那些擁有極高薪酬的人一敗塗地，這項事實應該進一步證明，高薪酬與高績效之間並沒有直接關連。

由於眾怒難平，歐巴馬在走馬上任後數週內，針對高階主管薪酬（至少針對接受政府金援的企業）提出「常識」準則，這些準則要求對高階主管薪水設下50萬美元的上限；進一步的薪酬，只能採取股票形式，也就是在企業償還政府債款之前不能出售的股票。無疑地，這項做法讓納稅人在某種程度上感覺好些，但是問題在於，它行得通嗎？

我認為行不通，原因如下：如果我們重新設計股市，提供人們每年50萬美元外加股票激勵，我確定，我們會得到許多為了這份薪水而爭取經營大銀行的人才，而且他們可能不只是為了薪水，也是為了執行重要的公務，維護我們所有的人仰賴的金融體系。不幸的是，我們並沒有從頭做起，而是和已經習慣每年拿數百萬美元高薪、外加股票選擇權和獎金的現有銀行家交涉。多年來習慣這種環境，高階主管已經發展出許多理由，證明他們為何值得擁有這麼高的薪水。畢竟，你想會有多少人願意承認，他們得到的薪酬遠超過他們的價值？

這是個相對的問題。銀行家對於「正常」的看法，使得50萬美元薪水似乎顯得很無禮而且不負責任。我猜想，高階主管不會接受這些條件；如果他們接受這些條件，他們會找到其他門路付給自己自認為「適當」而且合理的薪酬，比得上他們過去的所得。

如果我是歐巴馬的財政首長，我會鼓勵用新的薪資結構設立新銀行，嘗試將銀行家以及賦予他們扭曲的特權意識的體系改頭換面。這些新銀行會推動一個構想：銀行家不是貪婪的渾蛋，而是道德正直的人，能夠扮演攸關經濟和國家運作的關鍵角色（他們確實扮演這種角色）。「舊派銀行家」覺得自己需要數百萬美元才能工作，而且需要另外數百萬美元才能把工作做好，這些人可以嘗試在這個新市場競爭。但如果替代的選擇是一家新銀行，而且這家銀行擁有更理想的基礎和更實際、更透明的薪資結構，誰還想跟那些舊派銀行家往來？

八、理性經濟一直是訂定政策和籌劃機構的基礎，那出了什麼問題？

新古典經濟是以非常強烈的假設為基礎，而這些假設長期以來已經變成「既定事實」，其中最著名的是所有的經濟代理人（economic agent，消費者、企業等是完全理性的，而所謂看不見的手努力要建立市場效率）。對理性經濟學家而言，這些假設似乎很基本、符合邏輯且顯而易見，不需要任何實證檢查。

根據這些基本假設，理性經濟學家針對規劃健保、退休基金的最佳方式，以及金融機構的營運原則，提出建議。當然，這是對於解除管制智慧的基本信念來源：如果人們總是作出正確的決定，而且「看不見的手」和市場力量總是促成效率，我們不就應該鬆開任何管制，讓金融市場盡其所能地

運作嗎？

　　另一方面，從化學、物理到心理學領域，科學家們所受的訓練，讓他們對「既定事實」持懷疑態度。在這些領域中，假設和理論一再受到實證測試。科學家在測試它們時，一再發現，許多被視為事實的概念，結果都是錯的；這是科學的自然進程。因此，幾乎所有的科學家都比較相信資料而非自己的理論。如果實證觀察與某個模式不相容，這個模式就必須被揚棄或修改，即使它的概念很完美、邏輯很吸引人，或是在數學上很方便。

　　不幸的是，這種健全的科學懷疑論和實證論，尚未在理性經濟中生根。在理性主義裡，關於人性的初始假設，已經被鞏固成教條。如果只有少數大學教授和修課的學生迷信人類理性和市場力量，情況也許不會這麼糟。但實際問題在於，經濟學家已經非常成功地說服全世界，包括政治人物、企業家和一般民眾：經濟不但對於我們周遭的世界如何運作有一些重點要說（確實如此），它也足以解釋我們周遭的一切事情（並非如此）。本質上，經濟教條是，一旦將理性經濟納入考慮，其他一切都不需要了。

　　我認為，在規劃政策和機構時太過仰賴理性的能力，再加上對經濟完整性的相信，可能導致我們讓自己暴露在重大風險中。

　　下列是思考這一點的一個方式。比方說，你負責規劃高速公路，你在規劃時抱持的假設是，所有的人都會好好地開車。這種理性的道路設計，看起來會是什麼樣子？路邊絕對不會有鋪好的邊距。我們為什麼要在理應不會有人開車經過

的某部分道路，鋪上水泥和瀝青？其次，你在那條路上開車時，不會在路邊留下刮痕並且發出奇怪聲響，因為一般預期，所有的人都會好好地順著車道的中間開車。我們也會讓車道寬度更接近汽車的寬度，免除所有的速限，並且讓車道百分之百填滿車子。毫無疑問，這是較為理性的造路方式，但你想要在這種體系下開車嗎？當然不想。

我們都不是「心理超人」

說到在實體世界中設計東西，我們全都了解本身有什麼樣的缺點，並且據此設計周遭的實體世界。我們明白，我們不能跑得非常快或非常遠，所以就發明汽車和設計大眾運輸系統。我們了解我們的實體限制，所以就設計階梯、電燈、冷暖氣等，來克服這些不足。能夠跑得非常快、一躍而過高樓大廈、在黑暗中看得見，以及適應各種溫度，當然很好，但這不是我們天生的本能。所以我們付出很多努力，試著要將這些限制納入考量，並且使用科技來克服。

令我驚訝的是，說到設計心智和認知領域，不知什麼原因，我們總是假設人類是沒有界限的。我們堅持「我們是完全理性的生物」這個看法，而且就像心理超人，我們可以理解任何事物。為什麼我們這麼快就願意承認自己的實體限制，但卻不願意將自己的認知限制納入考量？首先，我們的實體限制一直直視著我們；但我們的認知限制並沒有那麼明顯。第二個原因是，我們想要認定自己極具能力——這在實體領域上是不可能做到的。或許最後一個原因可以解釋，為什麼我們看不到自己的認知限制：也許我們全都太過相信標

準經濟。

別誤解我，我重視標準經濟，而且我認為，它對於人類的努力提供了重要實用的見解。但同時我也認為它不完整，而且全盤接受所有的經濟原則並不明智，甚至很危險。如果我們準備嘗試了解人類行為，並且將這項知識用來規劃周遭的世界，包括稅務、教育制度和金融市場等機構，我們需要使用額外的工具和其他學科，包括心理學、社會學和哲學。理性經濟是實用的，但是對於我們在人類行為上的了解，它只提供一種類型的見解。光仰賴它，是不可能協助我們充分增加長期福利的。

丟掉偏見，探索各種假設

最後，我確實希望，標準經濟和行為經濟之間的辯論，不會以意識形態戰爭的形式出現。如果行為經濟學家採取的立場，讓我們必須良莠不分，把標準經濟（看不見的手、涓滴論以及其餘部分）和不要的東西一起拋去，我們就很難有長足的進展。同樣地，如果理性經濟學家繼續忽視人類行為和決策研究所累積的數據資料，那就太可惜了。相反地，我認為，我們需要用科學的客觀精神來處理社會的大問題（例如，如何設立更好的教育制度、如何設計稅務制度、如何形成退休和健保制度，以及如何建立更強大完善的股市）；我們應該探索不同的假說和可能的機制，並讓它們接受嚴格的實證測試。

比方說，在我的理想世界裡，在執行任何公共政策之

前，例如《有教無類法案》（No Child Left Behind）、1,300
億美元退稅，或是7,000億美元的華爾街紓困案，我們應該
先從不同領域召集一組專家，請他們針對究竟要用什麼方法
才能達到政策目標，提出最好的理性猜測。其次，我們該做
的，不是執行這個小組裡最暢所欲言或最有名望者提出的構
想，而是針對不同的構想進行試驗性研究。或許，我們可
以在羅德島這樣的小州（或是其他有意參與這類計畫的地
方），花一、兩年試行一些不同的方法，看看哪一種方法成
效最好；之後，我們就可以安心地大規模採用最好的計畫。
如同在所有的實驗中，自願參與實驗的城市最後會出現結果
比別人更差的情況，但是從好的方面想，其中也會有能夠達
到更理想結果的情況，而且這些實驗真正的好處，當然是讓
全國長期採用更好的計畫。

我了解，這不是簡潔的解決方案，因為在公共政策、商
業，甚至個人生活上進行嚴格的實驗，並不簡單，也不能對
所有的問題提供簡單的答案。但是考量到生活的複雜性以及
世界變化的速度，我認為除此之外，沒有其他方法可以真正
找出改進人類命運的最佳方式。

行為經濟學的承諾

最後，我要說的是；我認為宇宙的奇觀之一，是人類行
為的複雜、怪異和不斷改變，這一點是無庸置疑的。如果我
們能學著在心中接納《辛普森家庭》（The Simpsons）卡通裡
的荷馬・辛普森，接納我們所有的缺點和無能，並且在規劃
學校、醫療計畫、股市和環境中的一切事物時，將這些重點

納入考量，我確信，我們會建立更美好的世界。這是行為經
濟的真正承諾。

誌謝

　　過去幾年來，我有幸得以和一群聰明、有創意、和善慷慨的人共同完成多項研究專案。本書所提到的研究大多出自這些人的聰明才智與洞察力。他們不僅是很棒的研究人員，也是我的好友。有他們的幫助，這些研究才得以開花結果。本書中如有任何錯誤與遺漏之處，都是我的疏失（這些優秀研究人員的簡介請參見後文附件）　。除了這群合作夥伴之外，我也要感謝其他研究心理學與經濟學的同事。我的每個想法、每篇研究報告，都直接或間接受到他們的著作、觀念與創意的影響。科學的進展大多來自過去研究的點滴累積，而我有幸得以在這些傑出研究人員的成果基礎上，跨出我的一小步。在本書的最後，我附上與每一章相關的其他學術論文的書目資料，讓有興趣的讀者可針對每個主題的背景與知識進行深入的了解。當然，這份書目清單並不完備。

　　本書所提到的多數研究都是我在麻省理工學院時完成的，許多受試者與研究助理也都是麻省理工的學生。實驗結果突顯出他們（以及我們自己）不理性的一面。實驗有時作弄了他們，但不影響我對他們的喜愛與欣賞。這些優秀的學生參與實驗的動機，以及熱愛學習、好奇與慷慨大方的一面，值得讚賞。能夠認識你們，是我莫大的榮幸；你們甚至讓我難以忘懷在波士頓度過的那幾個寒冬！

　　要寫「非學術性」的書並不容易，但我得到許多貴人的協助。我想向吉姆・樂凡（Jim Levine）、琳西・艾吉康

（Lindsay Edgecombe）、伊莉莎白・費雪（Elizabeth Fisher）以及樂凡・葛林博格文學代理公司（Levine Greenberg Literary Agency）的優秀團隊致上最深的謝意。我非常感謝珊蒂・布萊克斯理（Sandy Blakeslee）一針見血的建議；也要感謝吉姆・貝特曼（Jim Bettman）、瑞貝嘉・韋柏（Rebecca Waber）、安妮亞・傑庫貝（Ania Jakubek）、艾林・阿靈翰（Erin Allingham）、卡利・伯克（Carlie Burck）、布朗溫・弗萊爾（Bronwyn Fryer）、德芙拉・尼爾森（Devra Nelson）、珍奈兒・史坦利（Janelle Stanley）、米契・史特希利維茲（Michal Strahilevitz）、艾倫・霍夫曼（Ellen Hoffman）與梅根・霍格提（Megan Hogerty），他們協助我將概念轉換成文字。特別要感謝我的寫作夥伴艾瑞克・克隆尼斯（Erik Calonius），他幫助我利用實際例子清楚說明概念。也要特別感謝哈潑柯林斯出版公司（HarperCollins）的編輯克萊兒・韋契特（Claire Wachtel）對我的信任、支持與協助。

本書是我在普林斯頓大學的高等研究院（Institute for Advanced Study）擔任訪問學人時寫成的。這裡是最適合思考與寫作的地方，我甚至有機會到研究院的廚房去，在大廚米契・雷蒙（Michel Reymond）與亞恩・布蘭謝（Yann Blanchet）的監督下學習切菜、烘焙、作菜與烹調食物。能夠在這裡開發第二專長，是再理想不過了。

最後，我要感謝我可愛的妻子蘇米，她聽我講述研究內容不下數百次。我想你也會同意，這些研究讀個幾次也許還算有趣，但她不厭其煩聽我講述同樣內容的耐心，足以讓她被封為聖徒。蘇米，我保證今晚最遲會在七點半回到家，也有可能是八點，不然就是八點半。

貢獻者名單

翁‧阿米爾 On Amir

翁比我晚一年進麻省理工博士班，也因此成為「我的」第一個學生。因為是第一個學生，他深深影響了我對學生的看法，以及我與學生的關係。他是個絕頂聰明的人，同時也具備許多令人嘆為觀止的技能，總能夠在一、兩天之內就把一件原本不會的事學起來。和他一起工作、相處，一直是件很有趣的事。他目前是加州大學聖荷西分校的教授。

馬可‧柏提尼 Marco Bertini

我第一次遇到馬可時，他是哈佛商學院的博士班學生。和其他同學不一樣，馬可認為查爾斯河是他必須橫越的障礙。馬可是義大利人，也有義大利人典型的性情和時尚感，是你會想一起出去喝杯小酒的夥伴。馬可現在是倫敦商學院的教授。

吉夫‧卡蒙 Ziv Carmon

吉夫是我決定進入杜克大學博士班的主要原因之一，我們在杜克一同度過的那些日子，讓我覺得這個決定十分正確。我不只從他身上學到很多和決策有關的事、學習如何做研究，也和他成為好友，而且這些年間從他那裡得到的忠

告建言，事後也證明極有價值。吉夫目前是歐洲管理學院（INSEAD）新加坡分校的教授。

申恩·費德理克 Shane Frederick

我還在杜克大學唸書時，就認識了當時就讀卡內基美隆大學的申恩。那個時候我們一邊吃壽司一邊對魚這個主題進行了冗長的討論，從此讓我對魚和壽司產生熱愛之情。幾年後申恩和我都進入麻省理工，因此我們有更多機會一起吃壽司、一起無邊無際地談論，包括那個生命中最重要的問題：「如果一枝球棒和一顆球加起來賣1.1美元，而球棒比球多一塊錢，這顆球要多少錢？」申恩目前是麻省理工的教授。

詹姆士·海曼 James Heyman

詹姆士和我在柏克萊共事一年的期間，常常為了跟我討論一些想法來到我的研究室，手上帶著他最新的烘焙作品，而這總讓我們談興更濃。他嚴格恪遵「錢不是萬能的」這句座右銘，研究重點都放在市場交易的非財務面。詹姆士最喜歡的主題，是將行為經濟學以各種方式應用在政策制定上。經過這幾年，我也慢慢發現他的這種方法深具智慧。詹姆士目前是聖湯瑪斯大學的教授（是明尼蘇達州的那所聖湯瑪斯大學，不是維京群島上的那家）。

李奧納·李 Leonard Lee

李奧納加入麻省理工博士班時，是為了研究電子商務的相關主題。由於我們都在研究室待到很晚，晚上做研究時常

常一起放下工作稍作休息，而這些休息時間讓我們有機會開始合作一些研究案。和李奧納合作的經驗非常棒，他總有旺盛的精力和無窮的熱情，他一個禮拜進行的實驗數量，差不多是其他人一學期的量。除此之外，他也是我所見過最善良的人，跟他一起聊天和工作總有許多樂趣。李奧納目前是哥倫比亞大學的教授。

強納森・李華夫 Jonathan Levav

強納森是我見過最孝順母親的人，他一生中最大的遺憾，就是違背他母親希望他進醫學院的期望。強納森很聰明、風趣、熱愛人群，能夠在短短幾秒內結交新朋友。他體格高大、頭大、牙齒大，但最寬大的是他的心。強納森目前是哥倫比亞大學的教授。

喬治・柳文斯坦 George Loewenstein

喬治是我第一個研究夥伴、也是我最喜歡的研究夥伴，和他合作研究歷史最長。他同時也是我看齊的對象。在我心目中，喬治是行為經濟學界最有創意、涉獵最廣的研究者。喬治觀察周遭世界的能力令人佩服，總能發現那些看似細瑣、卻對了解人類天性和政策有重要貢獻的人類行為。喬治目前擔任卡內基美隆大學的經濟學與心理學教授，他在那個位子上是適得其所、勝任愉快。

妮娜・瑪札爾　Nina Mazar

妮娜第一次到麻省理工時原本只想停留幾天，請教過大家對她的研究有何看法之後就走人，結果一待卻是五年。我們一起做研究的過程十分愉快，我也愈來愈倚重她的幫忙。妮娜不把困難放在眼裡，勇於接下更大的挑戰，這點讓我們得以在印度農村進行一些非常艱鉅的實驗。我一直希望她能留在麻省理工，但她離開的那一天總是會來；她目前是多倫多大學的教授，同時還身兼義大利米蘭的時尚設計師。

艾利・歐菲克　Elie Ofek

艾利是學電機工程出身的，但有一天突然看見天啟（他是這麼相信的），轉進行銷。很自然地，他主要的研究和教學領域是創新與高科技產業。艾利是很適合一起喝咖啡的朋友，因為他對事情常有與眾不同的看法。現在的艾利是哈佛商學院的教授。

葉心・歐爾洪　Yesim Orhun

從很多方面來看，葉心都很討人喜歡。她幽默、聰慧，說話喜歡帶點諷刺。遺憾的是，我和她只有緣在柏克萊共事一年。葉心的研究是蒐集行為經濟學的研究發現，為企業和政策制定者提供解決問題的處方。不知為何，只要任何研究主題包含了「等時性」（simultaneity）、「內生性」（endogeneity）這兩個詞，都能引起她的興趣。她目前是芝加哥大學的教授。

德瑞森‧普雷克 Drazen Prelec

德瑞森是我認識的人中最聰明的一位，也是我加入麻省理工的一個主要原因。我一向把德瑞森視為學術界的貴族，他知道自己在做什麼，對自己充滿自信，而且能把碰到的東西都變成黃金。我很希望他能把他的風格和深度傳染給我，但是刻意把研究室選在他隔壁顯然還不足以產生這種效果。德瑞森目前是麻省理工的教授。

克莉汀娜‧珊潘妮爾 Kristina Shampanier

克莉汀娜進入麻省理工原本是想成為一位經濟學家，但因為某些莫名其妙、卻很美妙的原因，她最後和我一起共事。克莉汀娜聰明過人，這幾年間我從她身上學到很多。為了不使她的智慧埋沒，她從麻省理工畢業後就選了一個非學術的工作，進入波士頓最優秀的顧問公司。

辛志旺 Jiwoong Shin

志旺是兼具陰陽兩極的研究員，他一方面在假設人是絕對理性的標準經濟學領域中做研究，一方面也跨足強調人是非理性的行為經濟學。他就像個哲學家一樣思緒縝密、喜愛思考，而這兩種學科之間的衝突並未阻止他勇往直前。志旺和我之所以會一起做研究，純粹是因為我們想玩在一起，我們果真也在研究中度過許多有趣的時光。志旺目前是耶魯大學的教授。

巴巴‧席夫 Baba Shiv

巴巴和我是在杜克大學念博士班時認識的。過去這幾年，巴巴在決策的各個相關領域都做過許多了不起的研究。他在各方面都很棒，是那種像變魔法一樣、會把周圍事物變得更好的人。巴巴目前是史丹佛大學的教授。

瑞貝嘉‧韋柏 Rebecca Waber

瑞貝嘉是個充滿活力、隨時都很快樂的人。她也是我所見過唯一一個在說結婚誓詞時會爆出笑聲的人。瑞貝嘉對醫療方面的決策過程特別感興趣，她願意和我一起做這類研究，是我莫大的福氣。瑞貝嘉目前是麻省理工媒體實驗室的研究生。

克勞斯‧魏坦布洛 Klaus Wertenbroch

我認識克勞斯時，他是杜克的教授，而我是杜克的博士班學生。克勞斯對決策過程之所以產生興趣，主要是因為他希望了解自己為什麼會有一些不理性的行徑，不管是他抽菸的習慣，或是為了貪看球賽轉播而耽誤了工作。我們一起研究拖延的問題，真是再適合不過了。克勞斯現在是歐洲管理學院（INSEAD）的教授。

參考書目與延伸閱讀

本書部分主題是由一些論文擴展而來，下列是各章所根據的論文，同時也列出各主題的延伸閱讀建議書籍。

前言

【延伸閱讀】

- Daniel Kahneman, Barbara L. Fredrickson, Charles A. Schreiber, and Donald A. Redelmeier, "When More Pain Is Preferred to Less: Adding a Better End," *Psychological Science* (1993).
- Donald A. Redelmeier and Daniel Kahnman, "Patient's Memories of Painful Medical Treatments—Real-Time and Retrospective Evaluations of Two Minimally Invasive Procedures," *Pain* (1996).
- Dan Ariely, "Combining Experiences over Time: The Effects of Duration, Intensity Changes, and On-Line Measurements on Retrospective Pain Evaluations," *Journal of Behavioral Decision Making* (1998).
- Dan Ariely and Ziv Carmon, "Gestalt Characteristics of Experienced Profiles," *Journal of Behavioral Decision Making* (2000).

第1章　相對性的真相

【延伸閱讀】

- Amos Tversky, "Features of Similarity," *Psychological Review*, Vol.84 (1977).
- Amos Tversky and Daniel Kahneman, "The Framing of Decisions and the Psychology of Choice," *Science* (1981).
- Joel Huber, John Payne, and Chris Puto, "Adding Asymmetrically Dominated Alternatives: Violations of Regularity and the Similarity Hypothesis," *Journal of Consumer Research* (1982).
- Itamar Simonson, "Choice Based on Reasons: The Case of Attraction and Compromise Effects," *Journal of Consumer Research* (1989).
- Amos Tversky and Itamar Simonson, "Context-Dependent Preferences," *Management Science* (1993).
- Dan Ariely and Tom Wallsten, "Seeking Subjective Dominance in Multidimensional Space: An Explanation of the Asymmetric Dominance Effect," *Organizational Behavior and Human Decision Processes* (1995).
- Constantine Sedikides, Dan Ariely, and Nils Olsen, "Contextual and Procedural Determinants of Partner Selection: On Asymmetric Dominance and Prominence," *Social Cognition* (1999).

第2章　供需的謬誤

【資料來源】

- Dan Ariely, George Loewenstein, and Drazen Prelec, "Coherent Arbitrariness: Stable Demand Curves without Stable Preferences," *Quarterly Journal of Economics* (2003).

- Dan Ariely, George Loewenstein, and Drazen Prelec, "Tom Sawyer and the Construction of Value," *Journal of Economic Behavior and Organization* (2006).

【延伸閱讀】

- Cass R. Sunstein, Daniel Kahneman, David Schkade, and Ilana Ritov, "Predictably Incoherent Judgments," *Stanford Law Review* (2002).
- Uri Simonsohn, "New Yorkers Commute More Everywhere: Contrast Effects in the Field," *Review of Economics and Statistics* (2006).
- Uri Simonsohn and George Loewenstein, "Mistake #37: The Impact of Previously Faced Prices on Housing Demand," *Economic Journal* (2006).

第3章　零成本的成本

【資料來源】

- Kristina Shampanier, Nina Mazar, and Dan Ariely, "How Small Is Zero Price? The True Value of Free Products," *Marketing Science* (2007).

【延伸閱讀】

- Daniel Kahneman and Amos Tversky, "Prospect Theory: An Analysis of Decision under Risk," *Econometrica* (1979).
- Eldar Shafir, Itamar Simonson, and Amos Tversky, "Reason-Based Choice," *Cognition* (1993).

第4章　社會規範的成本

【資料來源】

- Uri Gneezy and Aldo Rustichini, "A Fine Is a Price," *Journal of Legal Studies* (2000).
- James Heyman and Dan Ariely, "Effort for Payment: A Tale of Two Markets," *Psychological Science* (2004).
- Kathleen Vohs, Nicole Mead, and Miranda Goode, "The Psychological Consequences of Money," *Science* (2006).

【延伸閱讀】

- Margaret S. Clark and Judson Mills, "Interpersonal Attraction in Exchange and Communal Relationships," *Journal of Personality and Social Psychology*, Vol. 37 (1979), 12-24.
- Margaret S. Clark, "Record Keeping in Two Types of Relationships," *Journal of Personality and Social Psychology*, Vol. 47 (1984).
- Alan Fiske, "The Four Elementary Forms of Sociality: Framework for a Unified Theory of Social Relations," *Psychological Review* (1992).
- Pankaj Aggarwal, "The Effects of Brand Relationship Norms on Consumer Attitudes and Behavior," *Journal of Consumer Research* (2004).

第5章　性興奮的影響

【資料來源】

- Dan Ariely and George Loewenstein, "The Heat of the Moment: The Effect of Sexual Arousal on Sexual Decision Making," *Journal of Behavioral Decision Making* (2006).

【延伸閱讀】

- George Loewenstein, "Out of Control: Visceral Influences on Behavior," *Organizational Behavior and Human Decision Processes* (1996).
- Peter H. Ditto, David A. Pizarro, Eden B. Epstein, Jill A. Jacobson, and Tara K. McDonald, "Motivational Myopia: Visceral Influences on Risk Taking Behavior," *Journal of Behavioral Decision Making* (2006).

第6章　拖延和自制的問題

【資料來源】

- Dan Ariely and Klaus Wertenbroch, "Procrastination, Deadlines, and Performance: Self-Control by Precommitment," *Psychological Science* (2002).

【延伸閱讀】

- Ted O'Donoghue and Mathew Rabin, "Doing It Now or Later," *American Economic Review* (1999).
- Yaacov Trope and Ayelet Fishbach, "Counteractive Self-Control in Overcoming Temptation," *Journal of Personality and Social Psychology* (2000).

第7章　所有權的昂貴代價

【資料來源】

- Ziv Carmon and Dan Ariely, "Focusing on the Forgone: How Value Can Appear So Different to Buyers and Sellers," *Journal of Consumer Research* (2000).

- James Heyman, Yesim Orhun, and Dan Ariely, "Auction Fever: The Effect of Opponents and Quasi-Endowment on Product Valuations," *Journal of Interactive Marketing* (2004).

【延伸閱讀】

- Richard Thaler, "Toward a Positive Theory of Consumer Choice," *Journal of Economic Behavior and Organization* (1980).
- Jack Knetsch, "The Endowment Effect and Evidence of Nonreversible Indifference Curves," *American Economic Review*, Vol. 79 (1989), 1277-1284.
- Daniel Kahneman, Jack Knetsch, and Richard Thaler, "Experimental Tests of the Endowment Effect and the Coase Theorem," *Journal of Political Economy* (1990).
- Daniel Kahneman, Jack Knetsch, and Richard H. Thaler, "Anomalies: The Endowment of Effect, Loss Aversion, and Status Quo Bias," *Journal of Economic Perspectives*, Vol. 5(1991), 193-206.

第8章　不願關上門的結果

【資料來源】

- Jiwoong Shin and Dan Ariely, "Keeping Doors Open: The Effect of Unavailability on Incentives to Keep Options Viable," *Management Science* (2004).

【延伸閱讀】

- Sheena Iyengar and Mark Lepper, "When Choice Is Demotivating: Can One Desire Too Much of a Good Thing?" *Journal of Personality and Social Psychology* (2000).

- Daniel Gilbert and Jane Ebert, "Decisions and Revisions: The Affective Forecasting of Changeable Outcomes," *Journal of Personality and Social Psychology* (2002).
- Ziv Carmon, Klaus Wertenbroch, and Marcel Zeelenberg, "Option Attachment: When Deliberating Makes Choosing Feel Like Losing," *Journal of Consumer Research* (2003).

第9章　預期心理的效應

【資料來源】

- John Bargh, Mark Chen, and Lara Burrows, "Automaticity of Social Behavior: Direct Effects of Trait Construct and Stereotype Activation on Action," *Journal of Personality and Social Psychology* (1996).
- Margaret Shin, Todd Pittinsky, and Nalini Ambady, "Stereotype Susceptibility: Identity Salience and Shifts in Quantitative Performance," *Psychological Science* (1999).
- Sam McClure, Jian Li, Damon Tomlin, Kim Cypert, Latané Montague, and Read Montague, "Neural Correlates of Behavioral Preference for Culturally Familiar Drinks," *Neuron* (2004).
- Leonard Lee, Shane Frederick, and Dan Ariely, "Try It, You'll Like It: The Influence of Expectation, Consumption, and Revelation on Preferences for Beer," *Psychological Science* (2006).
- Marco Bertini, Elie Ofek, and Dan Ariely, "To Add or Not to Add? The Effects of Add-Ons on Product Evaluation," Working Paper, HBS (2007).

【延伸閱讀】

- George Loewenstein, "Anticipation and the Valuation of Delayed Consumption," *Economic Journal* (1987).
- Greg Berns, Jonathan Chappelow, Milos Cekic, Cary Zink, Giuseppe Pagnoni, and Megan Martin-Skurski, "Neurobiological Substrates of Dread," *Science* (2006).

第10章 價格的力量

【資料來源】

- Leonard Cobb, George Thomas, David Dillard, Alvin Merendino, and Robert Bruce, "An Evaluation of Internal Mammary Artery Ligation by a Double-Blind Technic," *New England Journal of Medicine* (1959).
- Bruce Moseley, Kimberly O'Malley, Nancy Petersen, Terri Menke, Baruch Brody, David Kuykendall, John Hollingsworth, Carol Ashton, and Nelda Wray, "A Controlled Trial of Arthroscopic Surgery of Osteoarthritis of the Knee," *New England Journal of Medicine* (2002).
- Baba Shiv, Ziv Carmon, and Dan Ariely, "Placebo Effects of Marketing Actions: Consumers May Get What They Pay For," *Journal of Marketing Research* (2005).
- Rebecca Waber, Baba Shiv, Ziv Carmon, and Dan Ariely, "Commercial Features of Placebo and Therapeutic Efficacy," *JAMA* (2007).

【延伸閱讀】

- Tor Wager, James Rilling, Edward Smith, Alex Sokolik, Kenneth Casey, Richard Davidson, Stephen Kosslyn, Robert Rose, and Jonathan Cohen, "Placebo-Induced Changes in fMRI in the Anticipation and Experience of Pain," *Science* (2004).
- Alia Crum and Ellen Langer, "Mind-Set Matters: Exercise and the Placebo Effect," *Psychological Science* (2007).

第 11、12 章　品格的問題（I、II）

【資料來源】

- Nina Mazar and Dan Ariely, "Dishonesty in Everyday Life and Its Policy Implications," *Journal of Public Policy and Marketing* (2006).
- Nina Mazar, On Amir, and Dan Ariely, "The Dishonesty of Honest People: A Theory of Self-Concept Maintenance," *Journal of Marketing Research* (2008).

【延伸閱讀】

- Max Bazerman and George Loewenstein, "Taking the Bias out of Bean Counting," *Harvard Business Review* (2001).
- Max Bazerman, George Loewenstein, and Don Moore, "Why Good Accountants Do Bad Audits: The Real Problem Isn't Conscious Corruption. It's Unconscious Bias," *Harvard Business Review* (2002).
- Maurice Schweitzer and Chris Hsee, "Stretching the Truth: Elastic Justification and Motivated Communication of Uncertain Information," *Journal of Risk and Uncertainty* (2002).

第13章　啤酒與免費的午餐

【資料來源】

- Dan Ariely and Jonathan Levav, "Sequential Choice in Group Settings: Taking the Road Less Traveled and Less Enjoyed," *Journal of Consumer Research* (2000).
- Richar Thaler and Shlomo Benartzi, "Save More Tomorrow: Using Behavioral Economics to Increase Employee Savings," *Journal of Political Economy* (2004).

【延伸閱讀】

- Eric J. Johnson and Daniel Goldstein, "Do Defaults Save Lives?" *Science*, (2003).

Predictably
Irrational

財經企管 BCB448A

誰說人是理性的！ 消費高手與行銷達人都要懂的行為經濟學
Predictably Irrational, Revised and Expanded Edition:
The Hidden Forces That Shape Our Decisions

作者 — 丹・艾瑞利 Dan Ariely
譯者 — 周宜芳、林麗冠、郭貞伶

總編輯 — 吳佩穎
第一版責任編輯 — 蔡慧菁、許玉意
第三版責任編輯 — 邱慧菁
版面構成 — 黃淑雅、FE 設計 葉馥儀

出版者 — 遠見天下文化出版股份有限公司
創辦人 — 高希均、王力行
遠見・天下文化・事業群　董事長 — 高希均
天下文化社長 — 林天來
天下文化總經理 — 林芳燕
國際事務開發部兼版權中心總監 — 潘欣
法律顧問 — 理律法律事務所陳長文律師
著作權顧問 — 魏啟翔律師
社址 — 臺北市 104 松江路 93 巷 1 號
讀者服務專線 — 02-2662-0012 ｜ 傳真 — 02-2662-0007；02-2662-0009
電子郵件信箱 — cwpc@cwgv.com.tw
直接郵撥帳號 — 1326703-6 號　遠見天下文化出版股份有限公司

電腦排版 — 立全電腦印前排版有限公司
製版廠 — 東豪印刷事業有限公司
印刷廠 — 中原造像股份有限公司
裝訂廠 — 中原造像股份有限公司
登記證 — 局版台業字第 2517 號
總經銷 — 大和書報圖書股份有限公司｜電話 — 02-8990-2588
出版日期 — 2010 年 6 月 25 日第一版第 1 次印行
　　　　　 2023 年 3 月 9 日第三版第 10 次印行

國家圖書館出版品預行編目（CIP）資料

誰說人是理性的！：消費高手與行銷達人都要懂的行為經濟學／丹・艾瑞利（Dan Ariely）著；周宜芳、林麗冠、郭貞伶 譯 -- 第三版 . -- 臺北市：遠見天下文化，2018.05
368 面 ; 14.8x21 公分 . --（財經企管；BCB448A）
譯自：Predictably Irrational, Revised and Expanded Edition: The Hidden Forces That Shape Our Decisions
ISBN 978-986-479-422-5（平裝）

1. 消費心理學 2. 決策管理 3. 消費者行為

496.34　　　　　　　　　　　107005759

定價 — 450 元
ISBN — 978-986-479-422-5
書號 — BCB448A
天下文化官網 — bookzone.cwgv.com.tw
本書如有缺頁、破損、裝訂錯誤，請寄回本公司調換。
本書僅代表作者言論，不代表本社立場。